彩图全解

茶经

文若愚 主编

北京联合出版公司
Beijing United Publishing Co.,Ltd.

图书在版编目（CIP）数据

彩图全解茶经 / 文若愚主编 . — 北京 : 北京联合出版公司 , 2016.1（2022.8 重印）
ISBN 978-7-5502-6790-9

Ⅰ . ①彩… Ⅱ . ①文… Ⅲ . ①茶叶 – 文化 – 中国 – 图解 Ⅳ . ① TS971–64

中国版本图书馆 CIP 数据核字（2015）第 310444 号

彩图全解茶经

主　　编：文若愚
出 品 人：赵红仕
责任编辑：徐秀琴
封面设计：韩　立
内文排版：盛小云

北京联合出版公司出版
（北京市西城区德外大街 83 号楼 9 层　100088）
北京德富泰印务有限公司印刷　新华书店经销
字数 570 千字　　720 毫米 × 1020 毫米　1/16　25 印张
2016 年 1 月第 1 版　2022 年 8 月第 3 次印刷
ISBN 978-7-5502-6790-9
定价：78.00 元

前言

　　中华茶文化源远流长，在浩如烟海的古代文化典籍中，不但有专门论茶的书，史籍、笔记、杂考等里面，也有大量关于茶事、茶史、茶法及茶叶生产技术的内容。其中陆羽的《茶经》和陆廷灿的《续茶经》，是关于茶的历史、源流、生产技术以及饮茶技艺、茶道原理等的著名的综合性论著。

　　陆羽（733-804），唐复州竟陵（今湖北天门）人。一名疾，字鸿渐，自称桑苎翁，又号东冈子。陆羽自幼好学，性淡泊。"安史之乱"后，他潜心于茶的研究，在各大茶区观察茶叶的生长规律、茶农对茶叶的加工，进一步分析了茶叶的品质优劣，在学习总结民间烹茶方法的基础上总结出一套规律，并留心于民间茶具和茶器的制作。后撰成《茶经》一书，对促进我国茶业和茶文化的发展繁荣起了积极的推动作用。后人为了纪念陆羽在茶业上的功绩，祀他为"茶神"或"茶圣"。

　　《茶经》是一部完整介绍茶的专著，包括茶的本源、制茶器具、茶的采制、煮茶方法、历代茶事、茶叶产地等十章。其内容丰富、翔实，使茶叶生产从此有了比较完整的科学依据，并将普通茶事升格为一种美妙的文化艺能，推动了中华茶文化的发展。陆羽的《茶经》一问世，即为历代人所钟爱，盛赞它为茶业的开创之功。宋代陈师道为《茶经》作序道："夫茶之著书，自羽始。其用于世，亦自羽始。羽诚有功于茶者也！"《茶经》在当时就已竞相传抄，《新唐书·隐逸传》说陆羽著《茶经》后"天下益知饮茶矣"。据传唐代北方的回纥国曾以千头良马换取《茶经》。从那以后，《茶经》传到国外，目前已被译成日、英、俄等国文字，传布于世界各地。

陆廷灿，字秩昭，自号幔亭，清代江苏嘉定人，年轻时就有"穷则独善其身，达则兼济天下"的胸怀，好古博雅。曾官崇安知县、候补主事。因在茶区为官，长于茶事，采茶、蒸茶、试汤、候火等皆颇得其道。时人评曰："衣冠举止，望而知非俗吏也！"陆廷灿一生撰有《续茶经》三卷、《艺菊志》八卷、《南村随笔》六卷等，并因编定了《续茶经》而被世人称为"茶仙"。

《续茶经》草创于崇安任上，编定于归田之后。《四库全书著录》有寿椿堂刊本。书前有雍正乙卯黄叔琳序及廷灿作凡例。陆羽《茶经》另列卷首。其目录完全与《茶经》相同，即分为茶之源、茶之具、茶之造等十个门类。但自唐至清，历时数百年，产茶之地、制茶之法以及烹煮器具等都发生了巨大的变化，而此书对唐之后的茶事资料收罗宏富，并进行了考辨，虽名为"续"，实是一部完全独立的著述。《四库全书总目》称此书"一一订定补辑，颇切实用，而征引繁富"，当为公允之论。

本书编者将《茶经》《续茶经》合编在一起，除了因为两者都是茶艺专著而且书名有传承关系之外，更因为它们都具有深层的文化内涵，基本上将唐代之前和清代之前国人对于茶的理解和茶道的演变囊括其中，是值得一读的国学经典。而在两部专著之后增加"名茶品鉴"部分，则意在将古代典籍与现代生活有机结合，从而更适合现代人品读经典、品味生活。另外，全书配以600余幅精美彩图，既图文并茂，又古色古香，实用性和艺术性兼具。

目录

《茶经》

《续茶经》

名茶品鉴

茶经

《茶经》是中国乃至世界现存最早、最完整介绍茶的第一部专著，唐代陆羽著。《茶经》使茶叶生产从此有了比较系统的科学依据，并将普通茶事升格为一种美妙的文化艺能，为历代人所钟爱，陆羽也因此而被后人尊为『茶神』『茶圣』。

一、茶之源

【原文】

茶者，南方之嘉木也。一尺、二尺乃至数十尺。其巴山、峡川，有两人合抱者，伐而掇之①。其树如瓜芦，叶如栀子，花如白蔷薇，实如栟榈②，蒂如丁香，根如胡桃。〔瓜芦木，出广州，似茶，至苦涩。栟榈，蒲葵之属，其子似茶。胡桃与茶，根皆下孕，兆至瓦砾③，苗木上抽。〕

其字，或从草，或从木，或草木并。〔从草，当作"茶"，其字出《开元文字音义》④；从木，当作"搽"，其字出《本草》。草木并，作"荼"，其字

元·赵原《陆羽烹茶图》

出《尔雅》。] 其名,一曰茶,二曰槚⑤,三曰蔎⑥,四曰茗,五曰荈⑦。[周公云:"槚,苦荼。"杨执戟⑧云:"蜀西南人谓荼曰蔎。"郭弘农⑨云:"早取为荼,晚取为茗,或一曰荈耳。"]

其地,上者生烂石,中者生栎壤,[栎字当从石为砾。] 下者生黄土。凡艺而不实⑩,植而罕茂。法如种瓜,三岁可采。

茶山

野者上,园者次。阳崖阴林,紫者上,绿者次;笋者上,芽者次;叶卷上,叶舒次⑪。阴山坡谷者,不堪采掇,性凝滞,结瘕疾⑫。

茶之为用,味至寒,为饮,最宜精行俭德之人。若热渴凝闷、脑疼目涩、四肢烦、百节不舒,聊四五啜,与醍醐、甘露⑬抗衡也。采不时,造不精,杂以卉莽⑭,饮之成疾。茶为累也,亦犹人参。上者生上党⑮,中者生百济、新罗⑯,下者生高丽⑰。有生泽州、易州、幽州、檀州者⑱,为药无效,况非此者!设服荠苨⑲使六疾不瘳⑳。知人参为累,则茶累尽矣。

【注释】

①伐而掇之:伐,砍下枝条。掇,采摘。②栟榈:棕榈树。栟,读音bīng。③根皆下孕,兆至瓦砾:下孕,在地下滋生发育。兆,指核桃与茶树生长时根将土地撑裂,方始出土成长。④《开元文字音义》:字书名。唐开元二十三年(735年)编辑的字书。早佚。⑤槚:读音jiǎ。⑥蔎:读音shè,本为香草名。⑦荈:读音chuǎn。⑧杨执戟:即扬雄,西汉人,著有《方言》等书。⑨郭弘农:即郭璞。晋时人。注释过《方言》《尔雅》等字书。⑩艺而不实:指种植技术。⑪叶卷上,叶舒次:叶片呈卷状者质量好,舒展平直者质量差。⑫性凝滞,结瘕疾:凝滞,凝结不散。瘕,腹中痞块。《正字通》:"腹中积块,坚者曰症。有物形曰瘕。"⑬醍醐、甘露:皆为古人心中最美妙的供品。醍醐,酥酪上凝聚的油,味甘美。甘露,即露水,古人说它是"天之津液"。⑭卉莽:野草。⑮上党:唐时郡名,治所在今山西长治市长子、潞城一带。⑯百济、新罗:唐时位于朝鲜半岛上的两个小国,百济在半岛西南部,新罗在半岛东南部。⑰高丽:唐时周边小国之一。⑱泽州、易州、幽州、檀州:皆为唐时州名。治所分别在今山西晋城、河北易县、北京市区北、北京市怀柔区一带。⑲荠苨:一种形似人参的野果。苨,读音nǐ。⑳六疾不瘳:六疾,指人遇阴、阳、风、雨、晦、明六气而生的多种疾病。瘳,痊愈。

【译文】

茶树是我国南方种植的一种优良植物。树有一尺、两尺甚至几十尺高。在巴山和峡川一带,最粗的茶树需两人合抱,只有先砍下枝条后才能采摘茶叶。茶树的形状如同瓜芦木,树叶如同栀子,花如同白蔷薇,种子类似于棕榈树的种子,花蒂像丁香,根类似于胡桃树的根。[瓜芦木,生长在广东,和茶树相似,但味道苦涩。棕榈,属于蒲葵类，它的籽类似于茶籽。核桃和茶树，根都在地下滋长发育，把土壤撑裂，钻出地面生长。〕茶，当作字，从部首上看，或从属于"草"部，或从属于"木"部，或者"草""木"并从。〔从草，写作"茶"，这个字出于《开元文字音义》一书。从木，写作"搽"，出于《唐新修本草》，草、木并从，写作"茶"，出于《尔雅》。〕茶的名称，第一叫茶，第二叫槚，第三叫蔎，第四叫茗，第五叫荈。〔周公所著的《尔雅·释木篇》中说："槚，就是苦茶。"扬雄的《方言》中说："四川西南部的人把茶叫作蔎"。郭璞的《尔雅注》中说："早采的叫茶，晚采的叫茗或者叫荈。"〕

从《茶经》开始，茶文化呈现出全新的局面，它是唐代茶文化形成的标志。

　　茶树生长的土地，以长在乱石缝隙间的品种最好，其次是长在沙石砾壤里，〔"栎"应当从石写作"砾"〕品质最差的生长于黄土中。凡是种植技术不严密扎实的，尽管种植了也不会长得茂盛。种茶倘若能像种瓜那样精心照顾，3年就可以采摘茶叶。生长在山林野外的茶叶品质比较好，园林栽培的品质比较差。生长在向阳山坡而且有树木遮阴的茶树，芽叶呈现紫色的品质比较好，呈绿色的则比较差；芽叶如同春笋似的品质较好，芽叶短小的品质较差；芽叶成卷状的品质较好，芽叶舒展平直的品质较差。背阴山谷里生长的茶树，就不能采摘茶叶，因为它有太重的寒性，喝了会凝聚滞留在腹内，使人患腹中长痞块的疾病。

　　茶的用途，因为它品味寒，最适合人们做饮料。品行优良、德性俭朴的人最爱饮它。如果有人感觉干热口渴、心胸郁闷、头疼脑痛、眼睛干涩、四肢烦乱、全身骨节不舒服，只要喝上四五口茶，就好像醍醐灌顶、喝了甘露一样清爽甜美。但假如采的时节不对，制造又不精细，而且还掺杂了野草，喝了就会生病。饮茶也会喝出毛病，

就像人们吃人参也会受害一样。品质最好的人参出产于上党，品质中等的出产于百济、新罗，品质差的出产于高丽。而泽州、易州、幽州、檀州出产的人参，就没有什么疗效，更何况用不是人参的冒牌货来充真的人参呢！假如把荠苨假冒的人参喝了，那么人就有可能得多种疾病。知道了人参有时也会对人体有害处这个道理后，那么茶叶使人体受害的道理也就完全清楚了。

二、茶之具

【原文】

籯①：一曰篮，一曰笼，一曰筥②。以竹织之，受五升，或一斗、二斗、三斗者，茶人负以采茶也。[籯，音盈，《汉书》所谓"黄金满籯，不如一经③。"颜师古④云："籯，竹器也，容四升耳。"]

灶：无用突者⑤。

釜：用唇口者。

甑⑥：或木或瓦，匪腰而泥。篮以箅之，篾以系之⑦。始其蒸也，入乎箅；既其熟也，出乎箅。釜涸，注于甑中，[甑，不带而泥之。]又以榖木枝三亚者制之，[亚字当作桠，木桠枝也。]散所蒸芽笋并叶，畏流其膏。

杵臼：一名碓，惟恒用者为佳。

规：一曰模，一曰棬。以铁制之，或圆、或方、或花。

承：一曰台，一曰砧。以石为之。不然，以槐、桑木半埋土中，遣无所摇动。

襜⑧：一曰衣。以油绢或雨衫单服败者为之。以襜置承上，又以规置襜上，以造茶也。茶成，举而易之。

芘莉⑨：一曰籝子，一曰蒡莨⑩，以二小竹，长三尺，躯二尺五寸，柄五寸。以篾织方眼，如圃人箩，阔二尺，以列茶也。

棨⑪：一曰锥刀。柄以坚木为之。用穿茶也。

扑：一曰鞭。以竹为之。穿茶以解茶也。

焙：凿地深二尺，阔二尺五寸，长一丈。上作短

籯

灶、釜、甑

五代·定窑白釉瓷茶臼

墙，高二尺，泥之。

贯：削竹为之，长二尺五寸。以贯茶焙之。

棚：一曰栈。以木构于焙上，编木两层，高一尺，以焙茶也。茶之半干，升下棚；全干，升上棚。

穿：江东、淮南剖竹为之；巴山峡川，纫谷皮为之。江东以一斤为上穿，半斤为中穿，四五两为小穿。峡中以一百二十斤为上穿，八十斤为中穿，四五十斤为小穿。穿，旧作钗钏之"钏"字，或作贯"串"。今则不然，如"磨、扇、弹、钻、缝"五字，文以平声书之，义以去声呼之，其字以"穿"名之。

育：以木制之，以竹编之，以纸糊之。中有隔，上有覆，下有床，旁有门，掩一扇。中置一器，贮塘煨火，令煴煴然⑫。江南梅雨时，焚之以火。［育者，以其藏养为名。］

【注释】

① 籝：读音 yíng。竹制的箱子、笼子、篮子等用来盛放物品的器具。② 筥：读音 jǔ。圆形的盛物竹器。③ 黄金满籝，不如一经：语出《汉书·韦贤传》。说的是留给儿孙满箱黄金，不如留给他们一本经书。④ 颜师古：名籀。唐初经学家，曾注《汉书》。⑤ 无用突者：突，烟囱。成语有"曲突徙薪"。⑥ 甑：读音 zèng。古代用来蒸食物的炊器。即今蒸笼。⑦ 箄以算之，箪以系之：算，读音 bì。蒸笼中的竹屉。箪，读音 miè。长条细薄竹片，在此处是指从甑中取出算的提耳。⑧ 襜：读音 chān。系在衣服前面的围裙。⑨ 芘莉：芘，读音 bì。芘莉，竹制的盘子类器具。⑩ 莽莨：读音 páng láng。笼子、盘子一类的盛物器具。⑪ 棨：读音 qǐ。穿茶饼时用的锥刀。⑫ 令煴煴然：煴，读音 yūn。没有火焰的火。煴煴然，火光微弱的样子。

【译文】

籝：有人称为篮子，有人称为笼子，有人称为筥。是用竹篾编织而成的，通常可以盛放五升茶叶，还有盛放一斗、二斗、三斗的，是采茶人背在背上盛放茶叶的。［籝，《汉书》音盈所说的"黄金满籝，不如一经"的"籝"。颜师古说："籝，是竹编器具，可盛四升。"］

灶：不使用烟囱的。

釜：要使用锅的边缘向外翻如同口唇形状的。

甑：有木制或陶制的。不要使用细腰形状的，缘口和锅接缝的地方要用泥封严。竹算是篮子形状，两边的提耳是用竹篾系牢。开始蒸茶时，把鲜茶叶放到算里；等到蒸熟了，再从算里拿出。锅中的水倘若干了，可从甑口加些水。［甑，不要细腰的像系了腰带的那种，接缝处一定用泥封严。］再把有三个枝桠的木棍削制成搅拌器，［亚字应是"桠"，就是树木的枝桠。］把蒸好的茶芽、茶笋、茶叶抖匀松散放置，以免流失了茶汁。

杵臼：又叫作碓，以长期使用的为好。

规：又叫作模，或者叫作棬。用铁制造而成，有圆形、方形、花形三种。

承：又叫作台，或者叫作砧。用石头制造而成，可以用槐木、桑木深埋一半在地下，为了在拍茶饼时不至于摇晃。

规、承

襜：又叫作衣。用油布或雨衫、单衣剪成一片就制成了。把襜布铺在砧板上，再把模放到襜布上，然后拍打即可制成茶饼。茶饼拍成后，取出茶饼和襜布，再拍打时另外换一块。

芘莉：又称为籯子，或叫蒡莨。用两只小竹片，各长三尺，其中竹身长二尺五寸，手柄长五寸。竹身上用竹篾织成方眼格子，就像农民用的笿，宽度为二尺，是用来摆放茶饼的。

芘莉

棨：又叫作锥刀。把柄是用坚硬的木棒制作而成，是用来穿茶饼孔眼的。

扑：又叫作鞭。用竹子制作而成。是用来串联茶饼并送到焙炉上去的用具。

焙：在地面上挖一个深二尺、宽二尺五寸、长一丈的坑，坑四周筑低墙，高二尺，用泥抹平。

贯：用竹子削制而成。长二尺五寸，是串上茶饼以供焙烤之用。

焙、贯、棚

棚：又称为栈。用木料制作而成放在焙窑上的架子，分为两层，高一尺，用来焙制茶饼的。茶饼焙到半干时，由下层挪到上层；全部焙干后，依次从上层取下。

穿

穿：江东、淮南一带的人用竹篾制作而成，巴山峡川一带的人用縠皮搓制而成。江东一带，把重量一斤的茶饼串成大穿，半斤重的茶饼串成中穿，四五两重的茶饼串成小穿。三峡一带，把一百二十斤的茶饼串叫大穿，八十斤的茶饼串叫中穿，四五十斤的茶饼串叫小穿。"穿"字，过去曾经写成钏钏的"钏"字，或者写成贯串的"串"字。如今不这样写，就像"磨、扇、弹、钻、缝"五个字，书面上的字形读平声，如果按着另一意思用，则又读去声。所以就用"穿"字来称呼这种扎成串的茶饼。

育：用木头制成的架子，四周用竹篾编成竹壁，竹壁用纸裱糊，里面有隔间，上面有盖，下面有床，两旁有门，其中一扇门关闭。在中间放置一个盛火器，蓄积着细小的火灰让它们略微地燃烧。到江南梅雨季节时烧水用火温烘干茶饼。［这温室之所以叫作育，就是因为它可以收藏和养育茶饼而命名的。］

育

三、茶之造

【原文】

凡采茶，在二月、三月、四月之间。茶之笋者，生烂石沃土，长四五寸，若薇、蕨始抽，凌露采焉①。茶之芽者，发于藂薄之上②，有三枝、四枝、五枝者，选其中枝颖拔者采焉。其日，有雨不采，晴有云不采，晴，采之、蒸之、捣之、拍之、焙之、穿之、封之，茶之干矣。

茶有千万状，卤莽而言，如胡人靴者，蹙缩然；[京锥文也③。]犎牛臆者，廉襜然④；[犎，音朋，野牛也。]浮云出山者，轮囷然⑤；轻飙拂水者，涵澹然。有如陶家之子，罗膏土以水澄泚之；[谓澄泥也。]又如新治地者，遇暴雨流潦之所经；此皆茶之精腴。有如竹箨⑥者，枝干坚实，艰于蒸捣，故其形籭簁然⑦；[上离下师。]有如霜荷者，茎叶凋沮，易其状貌，故厥状委悴然。此皆茶之瘠老者也。

自采至于封，七经目。自胡靴至于霜荷，八等。或以光黑平正言佳者，斯鉴之下也。以皱黄坳垤⑧言佳者，鉴之次也。若皆言佳及皆言不佳者，鉴之上也。何者？出膏者光，含膏者皱，宿制者则黑，日成者则黄；蒸压则平正，纵之则坳垤；此茶与草木叶一也。茶之否臧⑨，存于口诀。

【注释】

①若薇、蕨始抽，凌露采焉：薇、蕨，都是野菜。凌，带着。②藂薄：指有灌木、杂草丛生的地方。《汉书注》："灌木曰丛。"扬雄《甘草赋注》："草丛生曰薄。"③京锥文也：京，高大。锥，刀锥。文，同"纹"。全句意为：大钻子刻钻而成的花纹。④臆者，廉襜然：臆，指牛胸肩部位的肉。廉，边侧。襜，帷幕。全句意为：牛胸肩部位的肉，像侧边的帷幕。⑤轮囷：轮，车轮。囷，圆顶的仓。意为：像车轮、圆仓那样卷曲盘曲。⑥竹箨：竹笋的外壳。箨，读音 tuò。⑦籭簁：

两字意思相通，读音亦同：shī。皆为竹器。《集韵》说就是竹筛。⑧坳垤：土地低下处叫作坳，小土堆叫作垤。形容茶饼表面的凸凹不平。⑨否臧：否，读音 pǐ，贬，非议。臧，褒奖。

【译文】

采摘茶叶，都是在每年农历二月、三月、四月间。茶芽嫩得像竹笋的，大都生长在山洼石隙的肥沃土壤中，等新芽条长到四五寸的时候，就像薇蕨等野菜新发的嫩长细枝，这时要踏着早晨的露水及时采摘。茶的嫩芽，通常都生长在灌木杂草丛生的茶丛里。抽出的嫩枝有三枝、四枝、五枝，应该选取其中主枝挺拔的采摘。下雨的时候不要采摘，多云间晴天也不要采摘。天气晴朗了，就采茶、蒸青、捣碎、拍压、焙干、串扎、包封，这样茶饼就完全制成干透的了。

茶饼千形万状。大致说，有的像胡人的靴子褶皱蹙缩；[像用钻子钻刻的皱纹。]有的像野牛胸肩上突起的肉；有的像侧面墙壁上悬挂的帷帐；有的像浮云出山卷曲盘曲；有的如同清风吹拂的水面微波荡漾；有的如同陶工筛出的陶泥，用水澄清后，细润光滑[澄泚，就是用水把泥澄清]；有的像新开垦的土地，遇到大雨冲刷，形成了条条沟壑。这些都是优良丰厚的好茶的形状。有的茶如同竹笋的硬壳，枝干坚硬，很难蒸熟捣烂，好像破竹筛一样。还有的好像经霜打过的荷花，枝干和花朵都衰颓凋谢，改变了原来的形态，显得枯萎干黄。这些都是粗老品质低的茶叶。

茶叶的制作，从采摘到封存，一共要经过七道流程。从茶饼的形态颜色看，像胡人皮靴到好似霜打的荷花，茶叶大概共有八个品种。有人认为黑泽光亮形体平整的茶饼品质好，这是不高明的鉴别品评；有人认为色泽黄褐形体多皱的茶饼品质好，这是中等眼力的鉴别品评。如果对这两种茶饼，既能说出它的优点又能说出它的缺点，这才是鉴别品评茶叶的行家。为什么这样说呢？因为茶饼表面有茶汁浸润时颜色就光润；茶汁没有流出而含在茶饼里，表面就干缩起皱，制作时间久了过了夜的茶饼颜色就黑，当天制成的茶饼颜色就黄；蒸得透、压得紧，茶饼就平整；不认真蒸压，茶饼就起皱凸凹不平。茶叶和其他草木叶子都是这种性质。所以鉴别品评茶叶的好坏，自有它行内的口诀，不能仅仅用"好"或"不好"来评论。

古代制茶的几个工序

四、茶之器

风炉［灰承］ 筥 炭挝 火筴 鍑 交床 夹 纸囊 碾［拂末］ 罗 合 则 水方 漉水囊 瓢 竹筴 鹾簋［揭］ 碗 熟盂 畚 札 涤方 滓方 巾 具列 都篮

风炉［灰承］：风炉以铜、铁铸之，如古鼎形。厚三分，缘阔九分，令六分虚中，致其杇墁[1]。凡三足，古文书二十一字：一足云：“坎上巽下离于中[2]”；一足云：“体均五行去百疾”；一足云：“圣唐灭胡明年铸[3]”。其三足之间，设三窗，底一窗以为通风漏烬之所。上用古文书六字：一窗之上书“伊公”二字；一窗之上书“羹陆”二字；一窗之上书“氏茶”二字，所谓“伊公羹，陆氏茶[4]”也。置墆㙪[5]于其内，设三格：其一格有翟焉，翟者，火禽也，画一卦曰离；其一格有彪焉，彪者，风兽也，画一卦曰巽。其一格有鱼焉，鱼者，水虫也，画一卦曰坎。巽主风，离主火，坎主水，风能兴火，火能熟水，故备其三卦焉。其饰，以连葩垂蔓、曲水方文之类。其炉，或锻铁为之，或运泥为之。其灰承作三足，铁枅[6]抬之。

风炉

筥：以竹织之，高一尺二寸，径阔七寸。或用藤，作木楦如筥形织之。六出圆眼。其底盖若莉箧[7]口，铄之。

筥

炭挝：以铁六棱制之。长一尺，锐上丰中执细，头系一小𫓹，以饰挝也，若今之河陇军人木吾[8]也。或作槌，或作斧，随其便也。

火筴：一名箸，若常用者，圆直一尺三寸。顶平截，无葱薹句锁[9]之属。以铁或熟铜制之。

鍑［音辅，或作釜，或作鬴］：以生铁为之。今人有业冶者，所谓

火筴　　　炭挝

急铁，其铁以耕刀之趄⑩炼而铸之。内抹土而外抹沙。土滑于内，易其摩涤；沙涩于外，吸其炎焰。方其耳，以令正也。广其缘，以务远也。长其脐，以守中也。脐长，则沸中；沸中，末易扬，则其味淳也。洪州⑪以瓷为之，莱州⑫以石为之。瓷与石皆雅器也，性非坚实，难可持久。用银为之，至洁，但涉于侈丽。雅则雅矣，洁亦洁矣，若用之恒，而卒归于铁也。

交床：以十字交之，剜中令虚，以支镀也。

夹：以小青竹为之，长一尺二寸。令一寸有节，节以上剖之，以炙茶也。彼竹之筱⑬，津润于火，假其香洁以益茶味。恐非林谷间莫之致。或用精铁、熟铜之类，取其久也。

纸囊：以剡藤纸⑭白厚者夹缝之，以贮所炙茶，使不泄其香也。

碾[含拂末]：碾以橘木为之，次以梨、桑、桐、柘为之。内圆而外方。内圆，备于运行也；外方，制其倾危也。内容堕而外无余。木堕，形如车轮，不辐而轴焉。长九寸，阔一寸七分。堕径三寸八分，中厚一寸，边厚半寸。轴中方而执圆。其拂末，以鸟羽制之。

罗、合：罗末以合盖贮之，以则置合中。用巨竹剖而屈之，以纱绢衣之。其合，以竹节为之，或屈杉以漆之。高三寸，盖一寸，底二寸，口径四寸。

则：以海贝、蛎蛤之属，或以铜、铁、竹匕⑮、策之类。则者，量也，准也，度也。凡煮水一升，用末方寸匕⑯，若好薄者减之，嗜浓者增之。故云则也。

水方：以椆[音胄，木名也]木、槐、楸、梓等合之，其里并外缝漆之。受一斗。

漉水囊⑰：若常用者，其格以生铜铸之，以

夹

纸囊

碾

拂末

水方

则

漉水囊

竹筴

瓢

备水湿，无有苔秽、腥涩之意；以熟铜，苔秽；铁，腥涩也。林栖谷隐者或用之竹木。木与竹非持久涉远之具，故用之生铜。其囊，织青竹以卷之，裁碧缣以缝之，纫翠钿以缀之，又作绿油囊以贮之。圆径五寸，柄一寸五分。

瓢：一曰牺杓，剖瓠为之，或刊木为之。晋舍人杜毓[18]《荈赋》云："酌之以匏。"匏，瓢也，口阔，胫薄，柄短。永嘉中，余姚人虞洪入瀑布山采茗，遇一道士云："吾，丹丘子，祈子他日瓯牺之余，乞相遗也。"牺，木杓也。今常用以梨木为之。

竹筴：或以桃、柳、蒲葵木为之，或以柿心木为之。长一尺，银裹两头。

鹾簋[19][含揭]：以瓷为之，圆径四寸，若合形。或瓶、或罍，贮盐花也。其揭，竹制，长四寸一分，阔九分。揭，策也。

熟盂：以贮熟水。或瓷、或砂。受二升。

碗：越州上，鼎州、婺州次[20]；岳州上，寿州、洪州次。或以邢州处越州上[21]，殊为不然。若邢瓷类银，则越瓷类玉，邢不如越一也；若邢瓷类雪，则越瓷类冰，邢不如越二也；邢瓷白而茶色丹，越瓷青而茶色绿，邢不如越三也。晋杜毓《荈赋》所谓："器择陶拣，出自东瓯。"瓯，越州也，瓯越上，口唇不卷，底卷而浅，受半升以下。越州瓷、岳瓷皆青，青则益茶，茶作红白之色。邢州瓷白，茶色红；寿州瓷黄，茶色紫；洪州瓷褐，茶色黑，悉不宜茶。

畚[22]：以白蒲卷而编之，可贮碗十枚，或用筥。其纸帊以剡纸夹缝令方，亦十之也。

札：缉栟榈皮，以茱萸木夹而缚之，或截竹束而管之，若巨笔形。

涤方：以贮洗涤之余。用楸木合之，制如水方，受八升。

滓方：以集诸滓，制如涤方，受五升。

碗

彩图全解

茶经

二二

巾：以绝布^㉓为之。长二尺，作二枚，互用之，以洁诸器。

具列：或作床，或作架。或纯木、纯竹而制之；或木或竹，黄黑可扃^㉔漆者。长三尺，阔二尺，高六寸。具列者，悉敛诸器物，悉以陈列也。

都篮：以悉设诸器而名之，以竹篾，内作三角方眼，外以双篾阔者经之，以单篾纤者缚之，递压双经，作方眼，使玲珑。高一尺五寸，底阔一尺，高二寸，长二尺四寸，阔二尺。

巾

【注释】

①杇墁：本意为涂墙用的工具。这里用来指涂泥。②坎上巽下离于中：坎、巽、离都是八卦的卦名。③圣唐灭胡明年铸：盛唐灭胡，指唐平息"安史之乱"，当时正值唐广德元年（763年），这个鼎就铸于公元764年。④伊公羹，陆氏茶：伊公，指商汤时的大尹伊挚。相传他善于调配汤味，世称"伊公羹"。陆，即陆羽自己。"陆氏茶"，陆羽的茶具。⑤ 㡛嵲：读音 dié niè，贮藏。⑥铁柈：柈，通"盘"，盘子。⑦莉筥：用小竹篾编成的长方形箱子。⑧木吾：木棒。⑨葱薹句镮：薹，读音 tái，葱的籽实，长在葱的顶部，呈圆珠形。句，通"勾"，弯曲形。镮，即"锁"。⑩耕刀之趄：耕刀，即锄头、犁头。趄，读音 jū，艰难行走之意，成语有"越趄不前"，此处引申为坏的、旧的。⑪洪州：唐时州名。治所在今江西南昌一带。⑫莱州：唐时州名。治所在今山东莱州市一带。⑬彼竹之筱：筱，竹的一种，也称为小箭竹。⑭剡藤纸：产于唐时浙江剡县、用藤为原材料制成的纸，洁白细腻有韧性，为唐时包茶专用纸。⑮竹匕：匕，读音 bǐ，匙子。⑯用末方寸匕：用竹匙挑起茶叶末一平方寸。⑰漉水囊：漉，读音 lù，滤过。漉水囊，即滤水的袋子。⑱杜毓：西晋时人，字方叔，曾任中书舍人等职。⑲醝簋：盐罐，醝，读音 cuó，盐。簋，读音 guǐ，古代盛食物的圆口竹器。⑳越州、鼎州、婺州：越州，治所在今浙江省绍兴地区。唐时越窑主要在余姚，所产青瓷，极其名贵。鼎州，治所在今陕西省泾阳三原一带。婺州，治所在今浙江省金华一带。㉑岳州、寿州、洪州、邢州：都是唐时州郡名。治所分别在今湖南岳阳、安徽寿县、江西南昌、河北邢台一带。㉒畚：读音 běn。即簸箕。㉓绝红布：绝，读音 shī，粗绸。㉔扃：读音 jiōng。可关可锁的门。

【译文】

风炉：用铜或铁铸造而成，形如古代的鼎。壁体厚三分，口沿宽九分，比炉壁多出的六分让它虚悬在口沿下，用泥涂抹上。所有风炉都有三只脚，铸造的古体字有二十一个。其中一只脚上刻有："坎上巽下离于中"；一只脚上刻有："体均五行去百疾"；另一只脚上刻有："圣唐灭胡明年铸"。在鼎的三脚之间，设置三个窗户，底下设置的窗户是用来通风漏灰的。三个窗户上共刻有六个古体字：一只窗上刻有"伊公"二字，一只窗上刻有"羹陆"二字，一只窗上刻有"氏茶"二字，连在一起读就是"伊公羹""陆氏茶"。炉口放置一个可堆放东西的支垛，里面设置三层格子：一层

竹制茶具

格上铸一只野鸡，野鸡也就是火禽，铸上离卦符号"离"；另一层格上铸一只小老虎，虎属于风兽，铸上巽卦的符号"巽"；再有一层格上铸一条鱼，鱼属于水族，铸上坎卦的符号"坎"。巽代表风，离代表火，坎代表水，风能使火旺盛，火能把水煮沸，所以窗上刻有这三个卦的符号。炉壁上还铸上连缀的花朵、垂悬的草蔓、回曲的水波或者方块图案等当作装饰。风炉可以用熟铁铸成，也可以用泥塑造。而灰承，是用来制成三只脚的铁盘，承托着风炉的。

筥：用竹篾编织而成，高一尺二寸，直径七寸。或者用藤编织，先制作一个木楦头，用藤绕着它编织，六角圆眼花纹要明显。它的底盖要像长方形箱子口一样削平整。

炭挝：是用铁打造成的六棱形铁棒。长一尺，一头细，从中间开始逐渐粗大。手拿细头，细头顶端安一小锤做装饰，就像现在河陇军人巡逻时用的木棒。也可以打造成锤形，或者打造成斧形，这些全凭个人的爱好。

火筴：又叫作火筷，像人们平时用的火钳。两叉股是圆直的，长一尺三寸。两股交叉的上半部，做成平顶就行，不必打造成球形或勾锁形。一般用铁或熟铜制造。

鍑［音辅，或作釜，或作鬴］：用生铁制造而成。如今有人经营冶炼业就用"急铁"，也就是坏锄头之类回炉再炼的铁。铸造时，模芯外面涂抹泥土，外模里面涂抹细沙。土能使锅内面光滑，便于洗刷，沙使锅外粗涩，吸热很快。两个锅耳制成方形，使锅提起时端正。锅沿要宽，可以用得时间长些；锅腹要深，使煮茶的水不超过中部。这样，锅深了，茶水就在锅的中部沸腾，茶叶在沸水中翻滚不会溢出，这种方法煮的茶水味道就格外的醇厚。洪州人用瓷制造锅，莱州人用石头制造锅。瓷锅和石锅都是雅致的东西，但天性不坚固不结实，很难持久使用。也有人用银制造锅，当然是很干净，但是过于奢侈华丽。而这些用瓷、石、银制造的锅，要说雅致，确实很雅致；要论洁净，也非常洁净，但如果想长久耐用，还是以铁制的为好。

交床：是用十字交叉的木架拼制而成的，中间掏空，用来支放茶锅。

夹子：用小青竹制成。长一尺二寸。青竹的上端一寸处，要留有竹节。竹节以下对半剥开，用来夹烤茶饼。小青竹的汁液，受到火烤后就会散发香气，增加茶叶的香味。但不去丛林深谷是找不见这种小青竹的，也可用精铁、熟铜打造夹子，会更经久耐用。

纸囊：选取洁白而厚实的剡藤纸缝成夹层，把烤好的茶饼夹在里面贮藏，茶叶的香气就不容易泄漏。

碾［包含拂末］：用橘木制作最好，其次是用梨、桑、桐、柘等木制作。形状内圆外方。内圆，便于碾轮滚碾；外方，可提防碾的倾倒。碾槽以恰好容下碾轮没有多余的地方为最佳。碾轮，形状像车轮，但没有辐条只有一个轴穿在中间。碾槽长九寸，宽一寸七分。碾轮直径三寸八分。中心厚一寸，周边厚半寸。轴的中心是方形，两手

唐·鎏金天马流云纹银茶碾

抓的地方是圆形。用来刷茶末的"拂末"，是用鸟的羽毛制作而成的。

罗、合：由箩筛下来的茶末，用茶盒贮藏，把挑匙也放在盒里。罗，先削一大竹片弯曲成圆形，用纱或绢蒙上绷紧做筛面。茶盒，用竹子的枝节制作而成，也可将杉木弯曲成圆形，外面涂抹上漆。盒高三寸，其中盒盖高一寸，盒身高二寸，口径为四寸。

则：用海贝、牡蛎、蛤蜊之类的小介壳制作，或者用铜、铁、竹制作成匙形。则，就是称度、标准、量取的意思，大概煮一升水，用茶末一平方寸。如喜欢喝淡茶，就少放些茶末，习惯喝浓茶就多加些茶末。挑匙就是标准量器，所以称为"则"。

水方：用椆木［音胄，一种树木的名称］、槐木、楸木、梓木等木片合制而成的桶，它的里外包括缝隙都要严密并用漆漆好。每只桶盛一斗水。

漉水囊：如同人们常用的过滤袋一样。承托滤水袋的框格，要用生铜铸造，以便水浸湿后没有铜绿苔臭和腥涩的气味。若用熟铜铸造，会生铜绿苔臭；用铁铸造，有腥涩气味。在树林中和山谷里隐居的人，经常用竹木制作。木和竹长久不耐用，不易远行携带很容易损坏，所以最好还是用生铜铸造。滤水的袋子，用青竹片卷制而成，再裁一块碧绿色的丝绢缝上，可以装饰一些细小的翠玉、螺钿。再制作一个绿色的油绢袋，把滤水袋装起来。滤水袋的口径长五寸，手握处长一寸五分。

瓢：又叫作牺、杓。是用熟的葫芦剥开制作而成的，或者用杂木掏空而成。西晋的中书舍人杜毓在《荈赋》里写道："酌之以匏。"匏就是瓢，口径大，壳薄，把柄处短。西晋永嘉年间，余姚人虞洪到瀑布山采茶，遇到一名道士对他说："我叫丹丘子，希望你以后牺杯里有多余的茶水时，就赠送我一些。"牺，就是木勺。现在人们通常用

茶漏常用于冲泡乌龙茶时，借其遮挡、汇拢的作用防止茶叶外撒。

茶则的主要功用是衡量茶叶用量，确保投茶量的准确。

茶匙可帮助将茶则中的茶叶耙入茶壶、茶盏。

唐·带托青瓷莲瓣碗

梨木制作。

竹筴：可以用桃木、柳木或者蒲葵木制作，也可以用柿心木制作。长一尺，两端用银包裹。

鹾簋[包含揭]：用瓷制作而成，口径四寸，形状像盒子。也可以用瓶子，或者陶盒，储存细盐。揭，用竹子制作而成，长四寸一分，宽九分。揭，就是竹片。

熟盂：开水瓶，储存开水用的。可以用瓷制作，也可用沙石制作。可以盛放二升水。

碗：茶碗，越州出产的为上等品，其次是鼎州、婺州出产的。岳州的茶碗也属于上等品，寿州、洪州的就稍差些。有人认为邢州的茶碗质地位于越州之上，其实绝对不是这样。如果说邢州的瓷器像白银，那越州的瓷器就如同玉石，这是邢瓷比不上越瓷的第一点；如说邢瓷像雪，那越瓷就像冰，这是邢瓷比不上越瓷的第二点；邢州的瓷碗颜色白，用来盛茶水，茶水呈现红色；越州的瓷碗颜色青，用来盛茶水，茶水呈现绿色，这是邢瓷比不上越瓷的第三点。西晋杜毓的《荈赋》说："器择陶拣，出自东瓯。"瓯，就是指越州，说明越瓷属于上等品。这种茶碗口沿不外翻，底向外卷而不高，每碗盛放茶水半升以下。越州瓷和岳州瓷都是青色，青色衬托茶水能增强茶色，茶水呈现绿色。邢州瓷是白色，茶水呈现红色；寿州瓷是黄色，茶水呈现紫色；洪州瓷是褐色，茶水呈现黑色，都不适合做茶碗。

畚：籧篨，用白蒲叶卷拢编织而成，可用来装储十只茶碗，也可以用筥装储。包裹茶碗用的纸套，用双层剡藤纸缝合成方形，也可装储十个。

札：收集一些棕榈丝片，夹在茱萸木的一端，或者截一段竹子，将棕榈丝片束绑在一端，形状就像一只大毛笔。

涤方：洗涤盆，用来储存洗涤用水的。是用楸木板拼合制成的，制法和"水方"一样，通常可盛放八升水。

滓方：茶渣盆，用来储存喝过的茶滓。制作方法和"涤方"相同。能盛放五升茶滓。

巾：用粗布绸制作而成。每条长二尺，做两条，轮换使用，用它清洁擦拭各种器具。

具列：陈列架，可以制作成床，也可以制成架。有的用纯木制作，有的用纯竹制作。木制的和竹制的架子，颜色黑黄，有可关锁的门，都漆上了油漆。每个长三尺、宽二尺、高六寸。称作"具列"，可以把各种器具全都存放在里面。

都篮：因可以存放各种器具而得名。用竹篾制作而成，里面编织成三角形方眼，外面有较宽的双层竹篾制成经线，再用较窄的单层竹篾缚绑，单篾依次压住双篾经线，并编成方形孔眼使它看起来精巧细致，玲珑美观。"都篮"高一尺五寸[其中底部宽一尺，高二寸]，长二尺四寸、宽二尺。

唐·琉璃茶碗、托子

五、茶之煮

【原文】

凡炙茶，慎勿于风烬间炙，熛焰如钻，使凉炎不均。持以逼火，屡其翻正，候炮出培塿状虾蟆背[1]，然后去火五寸。卷而舒，则本其始，又炙之。若火干者，以气熟止；日干者，以柔止。

其始，若茶之至嫩者，蒸罢热捣，叶烂而芽笋存焉。假以力者；持千钧杵亦不之烂，如漆科珠[2]，壮士接之，不能驻其指。及就，则似无穰骨也。炙之，则其节若倪倪如婴儿之臂耳。既而，承热用纸囊贮之，精华之气无所散越，候寒末之。[末之上者，其屑如细米；末之下者，其屑如菱角。]

其火，用炭，次用劲薪。[谓桑、槐、桐、枥之类也。]其炭曾经燔炙，为膻腻所及，及膏木、败器，不用之。[膏木，谓柏、松、桧也。败器，谓朽废器也。]古人有劳薪之味[3]，信哉！

明·仇英《松亭试泉图》

其水，用山水上，江水中，井水下。[《荈赋》所谓："水则岷方之注，挹[4]彼清流。"]其山水，拣乳泉、石池漫流者上；其瀑涌湍漱，勿食之。久食，令人有颈疾。又水多流于山谷者，澄浸不泄，自火天至霜郊[5]以前，或潜龙蓄毒于其间，饮者可决之，以流其恶，使新泉涓涓然，酌之。其江水，取去人远者。井水，取汲多者。

其沸，如鱼目[6]，微有声，为一沸；缘边如涌泉连珠，为二沸；腾波鼓浪，为三沸；已上，

清·蒲华《茶熟菊开图》

水老，不可食也。初沸，则水合量，调之以盐味，谓弃其啜余，[啜，尝也，市税反，又市悦反。]无乃"餡餾"而钟其一味乎？[餡，古暂反。餾，吐滥反。无味也。]第二沸，出水一瓢，以竹筴环激汤心，则量末当中心而下。有顷，势若奔涛溅沫，以所出水止之，而育其华也。

凡酌，至诸碗，令沫饽均。[《字书》并《本草》："沫、饽，均茗沫也。"饽，薄笏反。]沫饽，汤之华也。华之薄者曰沫，厚者曰饽，轻细者曰花，如枣花漂漂然于环池之上；又如回潭曲渚青萍之始生；又如晴天爽朗，有浮云鳞然。其沫者，若绿钱浮于水湄⑦；又如菊英堕于樽俎⑧之中。饽者，以滓煮之，及沸，则重华累沫，皤皤然⑨若积雪耳。《荈赋》所谓"焕如积雪，烨若春荣⑩"，有之。

第一煮水沸，弃其沫，之上有水膜如黑云母，饮之则其味不正。其第一者为隽永，[徐县、全县二反。至美者曰隽永。隽，味也。永，长也。味长曰隽永，《汉书》蒯通著《隽永》二十篇也。]或留熟盂以贮之。以备育华救沸之用。诸第一与第二、第三碗次之，第四、第五碗外，非渴甚莫之饮。凡煮水一升，酌分五碗，[碗数少至三，多至五。若人多至十，加两炉。]乘热连饮之，以重浊凝其下，精英浮其上。如冷，则精英随气而竭，饮啜不消亦然矣。

茶性俭⑪，不宜广，广则其味黯澹。且如一满碗，啜半而味寡，况其广乎！

其色缃也，其馨欦也，[香至美曰欦。上必下土，欦音使。]其味甘，槚也；不甘而苦，荈也；啜苦咽甘，茶也。

【注释】

①炮出培塿状虾蟆背：炮，烘烤。培塿，小土堆。塿，读音lòu。虾蟆背，有很多丘泡，不光滑，形容茶饼的表面起泡好像蛙背一样。②如漆科珠：科，用斗称量。句意为用漆斗量珍珠，滑溜难量。③劳薪之味：用旧车轮之类的燃料烧烤，食物会有异味。④把：读音yì，留取。⑤自火天至霜郊：火天，酷暑时节。霜郊，秋末冬初霜降大地。二十四节气中，"霜降"在农历九月下旬。⑥如鱼目：水刚刚沸时，水面有许多小气泡，像鱼的眼睛，故称鱼目。后人又称"蟹眼"。⑦水湄：有水草的河边。⑧樽俎：樽是盛酒的器具，俎是切东西时垫在底下的器具，这里指各种餐具。⑨皤皤然：皤，读音pó。皤皤，满头白发的样子。这里形容白色水沫。

⑩烨若春荂：烨，读音 yè，光辉明亮。荂，读音 fū，花。⑪茶性俭：俭，俭朴无华。比喻茶叶中可溶于水的物质不多。

【译文】

凡是炙烤茶饼，必须注意不要在大风中或者剩余的火里进行。因为这时的火焰飘忽不定，火舌尖细如钻，会使茶饼烤得冷热不均匀。应该用竹筴夹住茶饼贴近火焰，不断翻烤正反两面，待茶饼表面烤得如同小土堆和蛤蟆背一样微凸而且生起小丘点时，移开离火五寸的距离慢慢地烤。等到卷凸起的茶叶逐渐平伏下去，再夹到火跟前炙烤。茶饼如果原来是用火烘干的，那么烤到茶熟散发出香气时为好；如果原来是日光晒干的茶饼，那就烤到茶饼完全发软为止。

开始采茶时，新鲜茶叶是特别柔嫩的，蒸熟后必须趁热捣碎，叶子虽烂了但芽笋还硬挺着。这时，就是请力气很大的人拿着千斤重的大棒捣也捣不烂，就像用光滑的漆盘量光滑的珠子，大力士也无法让珠子停留在漆盘上一样。最后，芽笋依旧留在茶叶里，炙烤时这些芽笋就像婴儿的手臂一样圆圆的显露在茶饼上。此时烤好的茶饼，要趁热装进纸袋储存，以防茶的香气散发掉，待冷却后，再碾碎成茶末。[上等茶叶末，呈颗粒状如细米，品质低的茶叶末，粗糙得像菱角。]

烤茶饼的火，用木炭最好，其次是用硬柴火。[指桑、槐、桐、栎之类木材。]如果原来烧过的木炭，沾染上了腥膻油腻气味，以及本身含脂膏多的木料和腐烂不能使用的木器，都不能使用。[含脂膏多的，指柏木、松木、桧木一类。废器，指废旧腐朽的木器。]古人曾发过"劳木之气"的议论，说得可真贴切呀！

煮茶饼的水，山水为上等、江水为中等、井水最次。[像《荈赋》所说的："水要像岷江流注的活水，用瓢舀取它的清流。"]用山水，要找钟乳滴下的和山崖中流出的泉水；山谷中汹腾猛荡的急流不可喝。长时间喝的话，会使人患大脖子病。还有，泉水流到山洼谷地停滞不动的死水，从农历六七月起到九月霜降之前，会有毒龙虫蛇吐出的毒素聚集水中，喝之前要先打开一个口子进行疏导，让沉积的污水流尽，而使新的泉水缓缓流入再舀取。江河中的水，要到离人

元·王蒙《煮茶图》

《煮茗图》

家远的地方舀取。井水，要从长期有人喝的井中汲取。

煮茶时，当水煮到有鱼眼睛一样的小水泡上浮并略有沸腾声音时，叫第一沸腾；接着，锅边沿的水像珠子在泉池翻动，叫第二沸腾；随后，锅里的水像波浪一样大翻滚，叫第三沸腾。这时的水已经煮老了，不适宜使用。在第一沸腾时，要依据水的多少，调上盐，尝一下水的咸淡。[啜，就是尝。读音用市税反切拼读，或用市悦反切拼读。]也有的人不加盐，那说明只钟爱于无味的淡茶。[餂，用古暂反切拼读。鹾，用吐滥反切拼读。两字是说没有味道。]到第二沸腾时，舀出一瓢水，用竹筷在锅中心旋转搅动，再放入适量的茶末，茶末就会随着旋涡由中心沉下去。过一会儿，待锅里茶水像惊涛翻涌并有水沫溅出时，立即用先舀出的那瓢水缓缓倒入，让茶水在锅里缓缓滚动，以保留茶的精华。

分盛到茶碗的茶水，泡沫要均匀。[《字书》和《本草》同样记载，沫和饽，都是茶水的泡沫。饽，用薄笏反切拼读。]沫和饽，是茶水的精华，薄的叫沫，厚的叫饽，细而轻的叫花。花，有时像枣花在园池中轻轻飘荡，又像萦回的水潭和曲折的沙洲旁漂游的新生青萍，又像高爽晴朗的天空上浮动的鱼鳞云。那些沫，如绿色的浮萍漂浮在水草之旁，又像堕落的菊花降在锅碗之中。而饽，是用煮过一次的茶末再煮而形成的，当茶煮沸时，它们堆积叠压在锅边，像一堆堆洁白的雪花。《荈赋》中说："明亮如积雪，光艳若春花"，真的是这样。

水煮到第一沸腾时，要舀掉水面上一层像黑云母一样的水膜，不然喝的时候茶味不纯正。煮开的茶水，最好的叫隽永。[隽永，用徐县或全县反切拼读。最甜美的才称为隽永。隽，味美。永，长久。史书上说隽永，《汉书》载有蒯通著《隽永》二十篇。]可以储在熟盂里，当锅里茶水沸腾时，可以倒入以防止沸腾。后来再从锅里舀出第一、第二、第三碗茶水，味道要比隽永差些。第四、第五碗以后，除了很渴时就不要喝了。一般煮一升茶水，可舀五碗，[人少了舀三碗，人多了舀五碗。要是多到十人，那就加煮两炉。]要趁热连续喝。因为茶水中的重浊渣汁会沉淀到下面，气味美的精华会在上面，如果放冷了，好气味的精华会随热气散发完，一碗茶如不趁热喝就可惜了。

茶的品性俭朴，不适合多加水，水加多了茶味就淡薄无味。一碗茶只喝一半就感觉味道平淡了，何况煮茶时加很多水呢！

好茶水的颜色是淡黄的，香味醇厚。[最香叫致。致，音备。]茶水的味道甘甜，叫槚；不甜而带点苦味，叫荈；喝在嘴里略微苦，等到咽下后回味甘甜的，就叫茶。

茶是文化交流的媒介

六、茶之饮

　　翼而飞，毛而走，呿而言^①，此三者俱生于天地间，饮啄以活，饮之时义远矣哉！至若救渴，饮之以浆；蠲忧忿^②，饮之以酒；荡昏寐，饮之以茶。

　　茶之为饮，发乎神农氏^③，闻于鲁周公^④，齐有晏婴^⑤，汉有扬雄、司马相如^⑥，吴有韦曜^⑦，晋有刘琨、张载、远祖纳、谢安、左思之徒^⑧，皆饮焉。滂时浸俗，盛于国朝，两都并荆俞〔俞，当作渝。巴渝也。〕间^⑨，以为比屋之饮。

　　饮有粗茶、散茶、末茶、饼茶者。乃斫、乃熬、乃炀、乃舂，贮于瓶缶之中，以汤沃焉，谓之痷茶^⑩。或用葱、姜、枣、橘皮、茱萸、薄荷之等，煮之百沸，或扬令滑，或煮去沫，斯沟渠间弃水耳，而习俗不已。

　　于戏！天育万物，皆有至妙，人之所工，但猎浅易。所庇者屋，屋精极；所著者衣，衣精极；所饱者饮食，食与酒皆精极；凡茶有九难：一曰造，二

《宫乐图》描绘的品茶场景，说明唐时品茶已很普遍。

曰别，三曰器，四曰火，五曰水，六曰炙，七曰末，八曰煮，九曰饮。阴采夜焙，非造也。嚼味嗅香，非别也。膻鼎腥瓯，非器也。膏薪庖炭，非火也。飞湍壅潦⑪，非水也。外熟内生，非炙也。碧粉缥尘，非末也。操艰搅遽⑫，非煮也。夏兴冬废，非饮也。

夫珍鲜馥烈者，其碗数三；次之者，碗数五。若座客数至五，行三碗；至七，行五碗；若六人以下，不约碗数，但阙一人而已，其隽永补所阙人。

【注释】

①呿而言：呿，读音 qū，张口。这里指开口会说话的人类。②蠲忧忿：蠲，读音 juān，免除。③神农氏：传说中的上古三皇之一，教民稼穑，号神农，后世尊为炎帝。因有后人伪作的《神农本草》等书流传，其中提到茶，所以称为"发乎神农氏"。④鲁周公：名姬旦，周文王之子，辅佐武王灭商，建西周王朝，"制礼作乐"，后世尊为周公，因封国在鲁，又称鲁周公。后人伪托周公作《尔雅》，讲到茶。⑤晏婴：字平仲，春秋之际大政治家，为齐国名相。相传著有《晏子春秋》，讲到他饮茶事。⑥扬雄、司马相如：扬雄，见前注。司马相如（约前179-前118），字子卿，蜀郡成都人。西汉著名文学家，著有《子虚赋》《上林赋》等。⑦韦曜（204-273）：字弘嗣，三国时人，在东吴历任中书仆射、太傅等要职。⑧晋有刘琨、张载、远祖纳、谢安、左思之徒：刘琨（271-318），字越石，中山魏昌（今河北无极县）人。曾任西晋平北大将军等职。张载，字孟阳，安平（今河北安平）人。文学家，有《张孟阳集》传世。远祖纳，即陆纳（约320-395），字祖言，吴郡吴（今江苏苏州）人。东晋时任吏部尚书

白瓷茶具

等职。陆羽与其同姓，故尊为远祖。谢安（320-385），字安石，陈国阳夏（今河南太康县）人，东晋名臣，历任太保、大都督等职。左思（250-305），字太冲，山东临淄人。著名文学家，代表作有《三都赋》《咏史》诗等。⑨两都并荆俞间：两都，长安和洛阳。荆，荆州，治所在今湖北江陵。俞，当作渝。渝州，治所在今重庆一带。⑩痷茶：痷，读音 ān，病。⑪飞湍壅潦：飞湍，飞奔的急流。壅潦，停滞的积水。潦，雨后的积水。⑫操艰搅遽：操作艰难、慌乱。遽，读音 jù，惶恐、窘急。

【译文】

有翅膀飞鸟，长有毛皮的兽类，会说话的人类，这三者都生活在天地之间，凭借饮食维持生命，可见"饮"的意义有多古远、多重要了。至于人类，要解口渴，就喝汤水；要排除忧闷，就喝酒；要清醒头脑，就喝茶。

茶当作饮料，始于神农氏，传说是一名叫鲁周公的人发明的。春秋之际齐国的晏婴，汉代的扬雄、司马相如，三国时东吴的韦曜，两晋的刘琨、张载，我的远祖陆纳、谢安、左思这些著名人物都喝茶。茶已渗透到整个社会生活中，但流行最兴盛的要数

唐朝。从西都长安到东都洛阳，从江陵到重庆，家家户户都喝茶。

茶有粗茶、散茶、末茶、饼茶四大品种。有的人喝茶时，又是斫、又是熬、又是烤、又是捶，储藏在瓶子、瓦罐里，再用开水冲泡，这是非常不正确的喝茶方法。也有的人把葱、姜、枣、橘皮、茱萸、薄荷等加到茶里，煮得沸腾，或者一再扬汤，使茶水像膏汁一样滑腻，或者把茶水上面的沫饽撇掉，这样的茶，就相当于沟渠里的废水，但在民间就有这么喝的习俗。

可叹！天地孕育的万物，都有它的精妙之处，人类研究它们，常常只涉及浅在的外表现象。房屋是人类保护自己的住所，现在它的建造已特别精美；人类穿的衣服，衣冠服饰也已特别精美；人类填饱肚子的是饮食，食物和酒也已特别精美。

中国古代文人墨客多从品茶中寻找修身养性的快乐。

茶，有九个方面是很难做好的：一是采摘制作，二是鉴别品评，三是器具，四是用火，五是选水，六是烤炙，七是碾末，八是烹煮，九是饮用。阴雨天采摘夜里加工，这不是采摘制作茶的优良方法。口嚼干茶辨别味道，用鼻闻茶的香气，这不是鉴别茶的专家。有膻味的鼎和沾腥味的碗，这不是烹制茶的器具。含脂膏多的柴、厨房用过的木炭，这些都不是烤茶的燃料。飞流湍急的河水或淤滞不流的死水，这些不是煮茶的水。把茶饼烤得外焦里生，是使用了不正确的烤法。碾出的茶末颜色青白，这不是好茶末。煮茶操作不灵活、动作急慌之凌乱，这算不上会煮茶。夏天才喝茶、冬天不喝茶，这不是真正的饮茶者。

如果是滋味鲜醇、馨香袭人的珍贵佳茗，一锅最多只投入煮三碗水的茶末；品质略差点的，投入够煮五碗的茶末。如果座客是五位，就用煮三碗的好茶；是七位，就用煮五碗的稍差点的茶；是六位以下，预先不定碗数，一旦缺一位客人的茶，就将那碗最先舀出的"隽永"的茶代替给他。

七、茶之事

【原文】

三皇：炎帝神农氏。

周：鲁周公旦，齐相晏婴。

汉：仙人丹丘子，黄山君，司马文园令相如，扬执戟雄。

吴：归命侯①，韦太傅弘嗣。

晋：惠帝②，刘司空琨，琨兄子兖州刺史演，张黄门孟阳③，傅司隶咸④，江洗马统⑤，孙参军楚⑥，左记室太冲，陆吴兴纳，纳兄子会稽内史俶，谢冠军安石，郭弘农璞，桓扬州温⑦；杜舍人毓，武康小山寺释法瑶，沛国夏侯恺⑧，余姚虞洪，北地傅巽，丹阳弘君举，新安任育长⑨，宣城秦精，敦煌单道开⑩，剡县陈务妻，广陵老姥，河内山谦之。

中国历史上关于茶最早的记载是《神农本草经》，传说是神农氏发现了茶，认为茶有解毒的神奇功效。

后魏：琅琊王肃⑪。

宋：新安王子鸾，鸾弟豫章王子尚⑫，鲍昭妹令晖⑬，八公山沙门谭济⑭。

齐：世祖武帝⑮。

梁：刘廷尉⑯，陶先生弘景⑰。

皇朝：徐英公勣⑱。

《神农食经》⑲："茶茗久服，令人有力，悦志。"

周公《尔雅》："槚，苦荼。"

《广雅》⑳云："荆巴间采叶作饼，叶老者，饼成以米膏出之。欲煮茗饮，先炙令赤色，捣末，置瓷器中，以汤浇覆之，用葱、姜、橘子芼之。其饮醒酒，令人不眠。"

《晏子春秋》㉑："婴相齐景公时，食脱粟之饭，炙三弋、五卵，茗菜而已。"

司马相如《凡将篇》㉒："乌喙、桔梗、芫华、款冬、贝母、木蘖、蒌芩、草、芍药、桂、漏芦、蜚廉、雚菌、荈诧、白敛、白芷、菖蒲、芒硝、莞、椒、茱萸。”

《方言》：“蜀西南人谓荼曰菠。”

《吴志·韦曜传》：“孙皓每飨宴，座席无不悉以七升为限，虽不尽入口，皆浇灌取尽。曜饮酒不过二升，皓初礼异，密赐茶荈以代酒。”

《晋中兴书》[23]：“陆纳为吴兴太守时，卫将军谢安尝欲诣纳，[《晋书》以纳为吏部尚书。] 纳兄子俶怪纳无所备，不敢问之，乃私蓄十数人馔。安既至，所设惟茶果而已。俶遂陈盛馔，珍羞毕具。及安去，纳杖俶四十，云：‘汝既不能光益叔父，奈何秽吾素业？’”

《晋书》：“桓温为扬州牧，性俭，每宴饮，惟下七奠柈茶果而已。”

吴帝孙皓经常暗暗赐茶给韦曜，以喝茶代替喝酒。

《搜神记》[24]：“夏侯恺因疾死，宗人字苟奴察见鬼神，见恺来收马，并病其妻。著平上帻、单衣，入坐生时西壁大床，就人觅茶饮。”

刘琨《与兄子南兖州[25]刺史演书》云：“前得安州[26]干姜一斤，桂一斤，黄芩一斤，皆所需也。吾体中溃 [溃，当作愦。] 闷，常仰真茶，汝可致之。”

傅咸《司隶教》曰：“闻南方有蜀妪作茶粥卖，为廉事打破其器具。后又卖饼于市，而禁茶粥以困蜀妪何哉？”

《神异记》[27]：“余姚人虞洪，入山采茗，遇一道士，牵三青牛，引洪至瀑布山，曰：‘予，丹丘子也。闻子善具饮，常思见惠。山中有大茗，可以相给，祈子他日有瓯牺之余，乞相遗也。’因立奠祀。后常令家人入山，获大茗焉。”

左思《娇女诗》[28]：“吾家有娇女，皎皎颇白皙。小字为纨素，口齿自清历。有姊字蕙芳，眉目灿如画。驰骛翔园林，果下皆生摘。贪华风雨中，倏忽数百适。心为茶荈剧，吹嘘对鼎䥶。”

张孟阳《登成都楼诗》[29]云：“借问扬子舍，想见长卿庐。程卓累千金，骄侈拟五侯。门有连骑客，翠带腰吴钩。鼎食随时进，百和妙且殊。披林采秋橘，临江钓春鱼。黑子过龙醢，

陆纳的侄子陆俶看见叔父没有做任何宴客的准备，于是就自作主张准备了丰盛的美味佳肴。

华佗像

果馔逾蟹蝑。芳茶冠六清，溢味播九区。人生苟安乐，兹土聊可娱。”

傅巽《七诲》：“蒲桃、宛柰，齐柿、燕栗，恒阳黄梨，巫山朱橘，南中茶子，西极石蜜。”

弘君举《食檄》：“寒温既毕，应下霜华之茗；三爵而终，应下诸蔗、木瓜、元李、杨梅、五味、橄榄、悬豹、葵羹各一杯。”

孙楚《歌》：“茱萸出芳树颠，鲤鱼出洛水泉。白盐出河东，美豉出鲁渊。姜桂茶荈出巴蜀，椒橘木兰出高山。蓼苏出沟渠，精稗出中田。”

华佗《食论》[30]：“苦茶久食，益意思。”

壶居士[31]《食忌》：“苦茶久食，羽化。与韭同食，令人体重。”

郭璞《尔雅注》云：“树小似栀子，冬生叶，可煮羹饮。今呼早取为茶，晚取为茗，或一曰荈，蜀人名之苦茶。”

《世说》[32]：“任瞻，字育长，少时有令名，自过江失志。既下饮，问人云：‘此为茶？为茗？’觉人有怪色，乃自申明云：‘向问饮为热为冷耳。’”

《续搜神记》[33]：“晋武帝，宣城人秦精，常入武昌山采茗，遇一毛人，长丈余，引精至山下，示以丛茗而去。俄而复还，乃探怀中橘以遗精。精怖，负茗而归。”

《晋四王起事》[34]：“惠帝蒙尘，还洛阳，黄门以瓦盂盛茶上至尊。”

《异苑》[35]：“剡县陈务妻，少与二子寡居，好饮茶茗。以宅中有古冢，每饮，辄先祀之。二子患之，曰：‘古冢何知？徒以劳！’意欲掘去之，母苦禁而止。其夜，梦一人云：‘吾止此冢三百余年，卿二子恒欲见毁，赖相保护，又享吾佳茗，虽潜壤朽骨，岂忘翳桑之报[36]！’及晓，于庭中获钱十万，似久埋者，但贯新耳。母告二子，惭之，从是祷馈愈甚。”

《广陵耆老传》：“晋元帝时，有老姥每旦独提一器茗，往市鬻之。市人竞买，自旦至夕，其器不减。所得钱散路旁孤贫乞人。人或异之。州法曹絷之狱中。至夜老姥执所鬻茗器，从狱牖中飞出。”

《艺术传》[37]：“敦煌人单道开，不畏寒暑，常服小石子，所服药有松、桂、蜜之气，所饮茶苏而已。”

释道该说《续名僧传》：“宋释法瑶，姓杨氏，河东人。元嘉中过江，遇沈台真君武康小山寺，年垂悬车。［悬车，喻日入之候，指垂老时也。《淮南子》[38]曰："日至悲泉，爰息其马"，亦此意也。〕饭所饮茶。永明中，敕吴兴礼致上京，年七十九。"

宋《江氏家传》[39]："江统，字应元，迁愍怀太子[40]洗马。尝上疏谏云：'今西园卖醯[41]、面、篮子、菜、茶之属，亏败国体。'"

《宋录》："新安王子鸾、豫章王子尚，诣县济道人于八公山。道人设茶茗，子尚味之，曰：'此甘露也，何言茶茗？'"

王微《杂诗》[42]："寂寂掩高阁，寥寥空广厦。待君竟不归，收领今就槚。"

鲍昭妹令晖著《香茗赋》。

南齐世祖武皇帝《遗诏》[43]："我灵座上慎勿以牲为祭，但设饼果、茶饮、干饭、酒脯而已。"

道教茅山派陶弘景在《杂录》中说茶能轻身换骨，可见茶已被夸大为轻身换骨和羽化成仙的"妙药"。

梁刘孝绰《谢晋安王饷米等启》[44]："传诏李孟孙宣教旨，垂赐米、酒、瓜、笋、菹、脯、酢、茗八种。气苾新城，味芳云松。江潭抽节，迈昌荇之珍。疆场擢翘，越茸精之美。羞非纯束野麏，裛似雪之鲈；鲊异陶瓶河鲤，操如琼之粲。茗同食粲，酢类望柑。免千里宿春，省三月粮聚。小人怀惠，大懿难忘。"

陶弘景《杂录》："苦茶，轻身换骨，昔旦丘子、黄山君服之。"

《后魏录》："琅琊王肃[45]，仕南朝，好茗饮、莼羹。及还北地，又好羊肉、酪浆。人或问之：'茗何如酪？'肃曰：'茗不堪与酪为奴。'"

《桐君录》[46]："西阳、武昌、庐江、晋陵[47]好茗，皆东人作清茗。茗有饽，饮之宜人。凡可饮之物，皆多取其叶，天门冬、菝葜取根，皆益人。又巴东[48]别有真茗茶，煎饮令人不眠。俗中多煮檀叶并大皂李作茶，并冷。又南方有瓜芦木，亦似茗，至苦涩，取为屑茶饮，亦可通夜不眠。煮盐人但资此饮，而交、广[49]最重，客来先设，乃加以香芼辈。"

明·王问《煮茶图》

《坤元录》[50]："辰州溆浦县西北三百五十里无射山，云蛮俗当吉庆之时，亲族集会，歌舞于山上。山多茶树。"

《括地图》[51]："临遂[52]县东

《文苑图》

中国古代的文人墨客常常把儒家思想引入茶道，谈论"茶理"时往往也离不开儒家思想。

一百四十里有茶溪。"

山谦之《吴兴记》[53]："乌程县[54]西二十里，有温山，出御荈。"

《夷陵图经》[55]："黄牛、荆门、女观、望州[56]等山，茶茗出焉。"

《永嘉图经》："永嘉县[57]东三百里有白茶山。"

《淮阴图经》："山阴县[58]南二十里有茶坡。"

《茶陵图经》："茶陵[59]者，所谓陵谷生茶茗焉。"

《本草·木部》[60]："茗，苦茶。味甘苦，微寒，无毒。主瘘疮，利小便，去痰渴热，令人少睡。秋采之苦，主下气消食。《注》云：'春采之。'"

《本草·菜部》："苦菜，一名茶，一名选，一名游冬，生益州川谷，山陵道旁，凌冬不死。三月三日采，干。《注》云：'疑此即是今荼，一名茶，令人不眠。'"

《本草注》："按，《诗》云：谁谓荼苦[61]，又云：堇荼如饴[62]，皆苦菜也。陶谓之苦茶，木类，非菜流。茗，春采谓之苦荼［途遐反］。"

《枕中方》："疗积年瘘：苦茶、蜈蚣并炙，令香熟，等分，捣筛，煮甘草汤洗，以末敷之。"

《孺子方》："疗小儿无故惊厥，以苦茶、葱须煮服之。"

【注释】

①归命侯：即孙皓。东吴亡国之君。公元280年，晋灭东吴，孙皓投降，封"归命侯"。②惠帝：晋惠帝司马衷，公元290-307年在位。③张黄门孟阳：张载字孟阳，但未任过黄门侍郎。任黄门侍郎的是他的弟弟张协。④傅司隶咸：傅咸（239-294），字长虞，北地泥阳（今陕西铜川）人，官至司隶校尉，简称司隶。⑤江洗马统：江统（？-310），字应元，陈留圉县（今河南杞县东）人。曾任太子洗马。⑥孙参军楚：孙楚（？-293），字子荆，太原中都（今山西平遥）人。曾任扶风王的参军。⑦桓扬州温：桓温（312-373），字符子，龙亢（今安徽怀远县西）人。曾任扬州牧等职。⑧沛国夏侯恺：晋书无传。干宝《搜神记》中提到他。⑨新安任育长：任育长，生卒年不详，新安（今河南渑池）人。名詹，字育长，曾任天门太守等职。⑩敦煌单道开：晋时著名道士，敦煌人。《晋书》有传。⑪琅琊王肃：王肃（464-501），字恭懿，琅

琊（今山东临沂）人，北魏著名文士，曾任中书令等职。⑫ 新安王子鸾，鸾弟豫章王子尚：刘子鸾、刘子尚，都是南北朝时宋孝武帝的儿子。一封新安王，一封豫章王。但子尚为兄，子鸾为弟，这里是作者误记。⑬ 鲍昭妹令晖：鲍昭，即鲍照（414-466），字明远，东海郡（今江苏镇江）人，南朝著名诗人。其妹令晖，擅长词赋，钟嵘《诗品》说她："耿诗往往嵚新清巧，拟古尤胜。"⑭ 八公山沙门谭济：八公山，在今安徽寿县北。沙门，佛家指出家修行的人。谭济，应为昙济，即下文说的"昙济道人"。⑮ 世祖武帝：南北朝时南齐的第二个皇帝，名萧赜，483-493年在位。⑯ 刘廷尉：刘孝绰（480-539），彭城（今江苏徐州）人。为梁昭明太子赏识，任太子仆兼延尉卿。⑰ 陶先生弘景：陶弘景（456-536），字通明，秣陵（今江苏南京）人，有《神农本草经集注》传世。⑱ 徐英公勣：徐世勣（592-667），字懋功，唐开国功臣，封英国公。⑲《神农食经》：古书名，已佚。⑳《广雅》：字书。三国时张揖撰，是对《尔雅》的补作。㉑《晏子春秋》：又称《晏子》，旧题齐晏婴撰，实为后人采晏子事迹编辑而成。成书约在汉初。此处陆羽引书有误。《晏子春秋》原为"炙三弋五卵苔菜而矣"。不是"茗菜"。㉒《凡将篇》：伪托司马相如作的字书。已佚。此处引文为后人所辑。㉓《晋中兴书》：佚书。有清人辑存一卷。㉔《搜神记》：东晋干宝著，计三十卷，为我国志怪小说之始。㉕ 南兖州：晋时州名。治所在今江苏镇江市。㉖ 安州：晋时州名。治所在今湖北安陆市一带。㉗《神异记》：西晋王浮著。原书已佚。㉘ 左思《娇女诗》：原诗五十六句，陆羽所引仅为有关茶的十二句。㉙ 张孟阳《登成都楼诗》：张孟阳，见前注。原诗三十二句，陆羽仅录有关茶的十六句。㉚ 华佗《食论》：华佗（约141-208），字符化，是东汉末著名医师。《三国志·魏书》有传。㉛ 壶居士：道家传说的真人之一，又称壶公。㉜《世说》：即《世说新语》，南朝宋临川王刘义庆著，为我国志人小说之始。㉝《续搜神记》：旧题陶潜著，实为后人伪托。㉞《晋四王起事》：南朝卢綝著。原书已佚。㉟《异苑》：东晋末刘敬叔所撰。今存十卷。㊱ 翳桑之报：翳桑，古地名。春秋时晋赵盾，曾在翳桑救了将要饿死的灵辄，后来晋灵公欲杀赵盾，灵辄扑杀恶犬，救出赵盾。后世称此事为"翳桑之报"。㊲《艺术传》：即唐房玄龄所著《晋书·艺术列传》。㊳《淮南子》：又名《淮南鸿烈》，为汉淮南王刘安及其门客所著。今存二十一篇。㊴《江氏家传》：南朝宋江统著。已佚。㊵ 愍怀太子：晋惠帝之子，立为太子，元康元年（300年）被贾后害死，年仅21岁。㊶ 醯：读 xī，醋。㊷ 王微《杂诗》：王微，南朝诗人。㊸ 南齐世祖武皇帝《遗诏》：南朝齐武皇帝名萧赜。《遗诏》写于齐永明十一年（493年）。㊹ 梁刘孝绰《谢晋安王饷米等启》：刘孝绰，见前注。他本名冉，孝绰是他的字。晋安王名萧纲，昭明太子卒后，继为皇太子。后

明·文徵明《林榭煎茶图》

登位称简文帝。㊺王肃：王肃，本在南朝齐做官，后降北魏。北魏是北方少数民族鲜卑族拓跋部建立的政权，该民族习性喜食牛羊肉、饮牛羊奶加工的酪浆。王肃为讨好新主子，所以当北魏高祖问他时，他贬低说茶还不配给酪浆当奴仆。这话传出后，北魏朝贵遂称茶为"酪奴"，并且在宴会时，"虽设茗饮，皆耻不复食"。（见《洛阳伽蓝记》）㊻《桐君录》：全名《桐君采药录》，已佚。㊼西阳、武昌、庐江、晋陵：西阳、武昌、庐江、晋陵均为晋郡名，治所分别在今湖北黄冈、湖北武昌、安徽舒城、江苏常州一带。㊽巴东：晋郡名。治所在今重庆万州一带。㊾交、广：交州和广州。交州，在今广西合浦、北海市一带。㊿《坤元录》：古地学书名，已佚。51《括地图》：即《括地志》，唐萧德言等人著，已散佚，清人辑存一卷。52临遂：晋时县名，今湖南衡东县。53《吴兴记》：南朝宋山谦之著，共三卷。54乌程县：治所在今浙江湖州市。55《夷陵图经》：夷陵，在今湖北宜昌地区，这是陆羽从方志中摘出自己加的书名。（下同）56黄牛、荆门、女观、望州：黄牛山在今宜昌市向北80里处。荆门山在今宜昌市东南30里处。女观山在今宜都县西北。望州山在今宜昌市西。57永嘉县：治所在今浙江温州市。58山阴县：今称淮安市。59茶陵：即今湖南茶陵县。60《本草·本部》：《本草》即《唐新修本草》又称《唐本草》或《唐英本草》，因唐英国公徐勣任该书总监。下文《本草》同。61谁谓荼苦：用菜时，荼作二解，一为茶，一为野菜。这里是野菜。62堇荼如饴：荼也是野菜。

【译文】

古代三皇时，炎帝神农氏。

周代：周朝鲁周公旦，齐国宰相晏婴。

汉代：仙人丹丘子、黄山君，文园令司马相如，执戟黄门侍郎扬雄。

三国东吴：归命侯孙皓，太傅韦弘嗣。

晋代：晋惠帝司马衷，司空刘琨，刘琨之侄兖州刺史刘演，黄门侍郎张孟阳，司隶校尉傅咸，太

西汉·彩绘云凤纹漆盂

子洗马江统，参军孙楚，记室左太冲，吴兴太守陆纳，陆纳之侄会稽内史陆俶，冠军将军谢安石，弘农太守郭璞，扬州牧桓温，中书舍人杜毓，武康小山寺禅师法瑶，沛国人夏侯恺，余姚人虞洪，北地人傅巽，丹阳人弘君举，乐安太守任育长，宣城人秦精，敦煌道士单道开，剡县陈务的妻子，广陵郡的老姥，河内人山谦之。

北魏：琅琊人王肃。

南朝宋：新安王刘子鸾，鸾之弟豫章王刘子尚，鲍昭的妹妹鲍令晖，八公山道人昙济。

南北朝南齐：世祖武帝萧赜。

南朝梁：廷尉卿刘孝绰，贞白先生陶弘景。

唐代：英国公徐勣。

《神农食经》记载说："长期喝茶，使人身体强壮有力、精神愉快。"

周公《尔雅》说："槚，就是苦茶。"

《广雅》说："湖北江陵以及重庆一带的人，采摘茶叶制作茶饼。叶子老了，就用米膏掺和

《尔雅》内页

在一起制成饼。若想煮茶喝，先把茶饼烤成赤红色，捣成碎末，放到瓷器里，用开水浇泡并加上盖，再往茶水里加入葱、姜、橘子等。这样喝茶，不但可以醒酒，还会让人兴奋得睡不着觉。"

《晏子春秋》记载："晏婴在给齐景公做相国时，吃的是粗米饭，菜只是两三只烤野禽，几道腌菜和茶水而已。"

司马相如的《凡将篇》记载："乌喙、桔梗、芫华、款冬、贝母、木、蘗、蒌、芩、草、芍药、桂、漏芦、蜚廉、雚菌、荈诧、白敛、白芷、菖蒲、芒硝、莞、椒、茱萸。"

《方言》记载："四川西南部的人把茶叫作蔎。"

《吴忠·韦曜传》记载："孙皓每次摆酒设宴，对入座的人都命令其喝满七升酒，凡是喝不完的，都硬给灌进嘴里。韦曜酒量一向没有超过二升，孙皓刚开始看重他时，暗中赏赐他以茶水代替酒。"

《晋中兴书》记载："陆纳任吴兴太守时，卫将军谢安拜访陆纳。[《晋书》说是陆纳任吏部尚书时的事。]他的侄儿陆俶得知他未做招待客人的准备，又不敢问他，就私下准备了十来个人的酒菜。谢安来了，陆纳只摆上茶和果品招待。陆俶便把丰盛酒菜端上来，各种珍贵美味的食品样样齐全。等到谢安告辞之后，陆纳把陆俶叫来，打了40板子，说：'你这样做不但没有使为叔增加光彩，反而还玷污了我一向崇尚俭朴的节操。'"

《晋书》记载："桓温任扬州牧时，品性俭朴，每次宴请客人，只摆上7种果子和茶水而已。"

《搜神记》记载："夏侯恺患病死去，他的族人有个名叫苟奴的，看见了他的鬼魂，见他来收生前骑过的马，并且作祟使他妻子得病。当时，夏侯恺的鬼魂戴着平顶帽、穿着单衣进入屋内，坐在活着时候常坐的靠西墙的大床上，吩咐下人找茶水给他喝。"

刘琨在《与兄子南兖州刺史演书》中说："先前收到你给的安州干姜一斤，肉桂一斤，黄芩一斤，这些都是我正需要的。我身体不舒服，胸中烦闷[溃，应该是"愦"]，常想喝点真正的茶，你可给我采买一些。"

傅咸《司隶教》说："听说四川有个老太太制作茶粥出卖，四川的官员为执行皇帝提倡节俭的命令，打破了这位老太太的制粥器具。后来她又在市场上卖大饼，我想不明白官吏们为什么要禁止老太太卖茶粥让她为难呢？"

《神异记》记载："余姚人虞洪，到山里采摘茶叶，遇见一名道士，牵着三条青牛，指引虞洪到瀑布山，说：'我叫丹丘子，听说你善于制茶煮茶，常常想得到你的馈赠。这山里有大叶茶树，可以送给你采摘，希望你以后茶杯中有多余的茶水，就赠送我一些。'回到家中虞洪就立了丹丘子的牌位，经常用茶奠祀。后来经常让家里人进山采茶，每次都能采摘到大叶茶。"

左思《娇女诗》写道："我家有娇女，皎皎颇白皙。小字为纨素，口齿自清历。有姊字蕙芳，眉目灿如画。驰骛翔园林，果下皆生摘。贪华风雨中，倏忽数百适。心为茶荈剧，吹嘘对鼎𨩦。"

三彩陶杯盘
以黄、赭、绿为基本色调，色彩斑斓。

张孟阳的《登成都楼诗》写道："借问扬子舍，想见长卿庐。程卓累千金，骄侈拟五侯。门有连骑客，翠带腰吴钩。鼎食随时进，百和妙且殊。披林采秋橘，临江钓春鱼。黑子过龙醢，吴馔逾蟹蝑。芳茶冠六清，溢味播九区。人生苟安乐，兹土聊可娱。"

傅巽的《七海》记载："蒲板的桃子，南阳的苹果，山东的柿子，河北的板栗，恒阳的黄梨，巫山的朱橘，云南的茶子饼，西域［主要指印度］的石蜜。"

弘君举的《食檄》写道："客人来了问过寒暖后，就应该斟上沫饽如霜的最好的茶。三杯喝过后，再摆出甘蔗、木瓜、大李子、杨梅、五味子、橄榄、山莓，每人再上一杯莼菜汤。"

孙楚的《歌》写道："芳香的茱萸生长在树枝尖，鲜肥的鲤鱼出自洛水泉。洁白的池盐出于山西，美味的豆豉出于齐鲁间。姜桂茶叶产在四川，椒橘木兰长在高山。蓼辣紫苏生在沟渠，精细的白米出自农田。"

华佗的《食论》说："长期喝茶，对大脑思维有好处。"

壶居士的《食忌》讲："长期喝茶，可以羽化成仙。如果与韭菜一起吃，可以增加人的体重。"

郭璞的《尔雅注》说："茶树矮小的像栀子，冬天生长的树叶，可以煮成汤喝。现在人们把早采摘的叫作茶，晚采摘的叫作茗，还有一个名字叫作荈，四川人称作苦茶。"

《世说新语》记载："任瞻，字育长，年轻时就有好名声。自从北方避难到江南后再没喝到好茶。有人用茶招待他，他问主人：'这是茶，还是茗？'看到主人脸上有惊奇的神色，便强调说：'我是问是喝热茶还是凉茶。'"

《续搜神记》记载："西晋武帝时，宣城人秦精经常到武昌山中采摘茶叶。遇见一个毛人，身高一丈多，引他到一座山峰下，指给他一丛茶树就走开了。过了一会儿毛人又回来，还从怀里掏出橘子送给秦精。秦精感到害怕，忙背着茶叶跑回家。"

《晋四王起事》说："惠帝被迫离开宫廷在外，后来回到洛阳宫中，宦官用瓦罐呈茶给他喝。"

《异苑》记载："郯县陈务的妻子，年轻时带着两个儿子守寡，喜欢喝茶。因为院里有一座古墓，每次喝茶，都先向古墓奠祀一杯。时间长了两个儿子感到厌烦，说：'古墓知道什么？白费你的精神。'于是便想挖掉古墓，经过母亲再三劝阻才没有挖。这天夜里，母亲梦见一个人来对她说：'我在这墓冢里已住了300余年，您的两个儿子常常想掘毁它，幸亏有您的保护，又经常用佳茗祭奠我，我虽是黄泉的枯骨，但也不会忘记报答您的恩情。'到了早晨，她在院子里看见10万枚铜钱，好像埋了很长时间，但穿钱的绳子却是新的。她把这奇事说给儿子，两个儿子都有些惭愧，从此更加殷勤地用茶茗向古墓祈祷祭奠。"

青瓷执壶

执壶是中唐以后才出现的器形，通常刻有各类纹饰。

《广陵耆老传》记载："晋元帝时，有位老太太每天早晨独自提一壶茶水到市场上去卖。街上的人都争着买，但从早晨卖到晚上，壶里的茶水却一点也不减少。所卖的钱都散发给路旁孤苦贫民和乞丐。有人怀疑她有神奇的法术。于是州郡官派掌刑事的衙吏把她抓走关入牢中。到了半夜，这老太太便提着卖茶的壶从牢狱窗口飞走了。"

清·金廷标《品泉图》

《艺术传》记载："敦煌人单道开，不怕冷也不怕热，经常吃小石子，他服用的药有松子、桂圆、蜂蜜气味，所喝的也是茶和紫苏汤。"

释道该宣讲《续名僧传》说："南朝宋有个释法瑶和尚，姓杨，山西河东郡人。元嘉年间，从北方渡江到南方，在浙江武康县小山寺遇见沈台真，两人都已老耄。所吃的只是茶粥。南齐永明年间，武帝命令吴兴太守准备礼品请他进京，这时，他已经 79 岁。"

南朝宋《江氏家传》记载："江统，字应元，迁升为愍怀太子洗马时，曾经上书劝谏太子说：'现在西园卖醋、面、篮子、菜、茶之类东西，有损国家体面。'"

《宋录》记载："新安王刘子鸾，豫章王刘子尚，在八公山拜访释昙济道长。道长呈献茶茗，刘子尚品尝茶茗后说："这是甘露啊，为什么叫它茶茗？"

王微《杂诗》写道："寂寂掩高阁，寥寥空广厦。待君竟不归，收领今就槚。"

鲍照之妹鲍令晖著有《香茗赋》。

南齐世祖武皇帝，临终时写下《遗诏》说："我的灵座前千万不要用牛羊牲品祭奠，只要供奉饼果、茶茗、干饭、酒类就可以了。"

南朝梁刘孝绰在《谢晋安王饷米等启》中写道："传诏官李孟孙宣示了您的教旨，恭蒙您赏赐了米、酒、瓜、笋、腌菜、肉干、醋、茶八种。醇香芬芳的美酒，真像新丰、松花的佳酿。江滨新长的竹笋，可以与菖蒲、荇菜媲真。园圃中摘来的瓜儿，味道醇美到了极点。腊味虽不是白茅纯束的獐鹿，但也是雪白肥嫩的肉脯；腌鱼胜过陶侃坛装的河鲤，又加上晶莹如玉的白米。茶茗真是最好的饮品，陈醋正如又酸又甜的柑橘。赏赐的物品这么多，好几个月也不必再去采买。小人感恩不尽，盛德永难忘怀。"

陶弘景的《杂录》说："苦茶，可以使人轻身换骨，从前的丹丘子、黄山君就经常喝茶而羽化成仙。"

《后魏录》记载："琅琊人王肃，在南朝齐为官，爱喝茶和莼茶汤。后来到了北

《丹丘子晓露烹茶图》

方，又爱吃羊肉和酪浆。有人问他：'茶比酪浆怎么样？'王肃说：'茶给酪浆做奴隶还不配呢。"

《桐君录》记载："西阳、武昌、庐江、晋陵的人都爱喝茶，做东道主的就烹煮清茶。茶水里有沫饽，常喝对人体有好处。凡是可以当作饮料的，大都是选取其叶子，但天门冬、菝葜却取根，都对人有好处。又四川巴东郡有真茶茗，烹饮使人兴奋得睡不着觉。民间多有用檀树叶和大皂李制作茶，喝它们有种清凉感觉。南方还有种叫瓜芦木的，也像茶，滋味又苦又涩，采取制成碎末当茶喝，也可使人彻夜不眠。沿海各地煮盐的人专门拿它当作饮料，而以交州、广州两地最为重视，客人来了，就首先献上这种饮料，还加入一些芳香调料。"

《坤元录》记载："湖南辰州溆浦县西北方350里有座无射山，据说当地少数民族风俗在吉庆的时候，亲族友人在山上聚集在一起歌舞。山中长有许多茶树。"

《括地图》记载："湖南临遂县东140里有茶溪。"

山谦之的《吴兴记》说："浙江乌程县西20里，有座温山，出产贡茶。"

《夷陵图经》记载："湖北峡州的黄牛、荆门、女观、望州等山，都出产茶叶。"

《永嘉图经》记载："浙江永嘉县东300里有座白茶山。"

《淮阴图经》记载："山阴县南20里处有茶坡。"

《茶陵图经》说："茶陵县，就是因为山陵河谷中盛产茶叶而得名。"

《本草·木部》说："茗，又叫苦茶。味道甘甜带有苦味，略微寒，没有毒。主治瘘疮，利尿、去痰、止渴解热，使人兴奋得不能入睡。秋天采集的茶味道苦，主要功能是下气消化食物。陶弘景的《神农本草集注》说：'要春天采制。'"

《本草·菜部》说："苦菜，又叫茶，又叫选，或者叫游冬，出产于四川益州川谷山陵路旁，严寒的冬天也冻不死。第二年春天三月三采集阴干。"陶弘景《神农本草集注》说："怀疑这就是现在人说的茶，又叫茶，让人兴奋地不能入睡。"《本草注》按："《诗经》说：'谁说茶苦'，又说：'堇茶如饴'，这都是苦菜。"陶弘景说的苦茶，是木本植物的茗，不是草本植物菜类。茗，在春天采摘的叫苦茶。

《枕中方》记载："治疗多年来没有治愈的瘘疮，用茶叶和蜈蚣一起烧，炙熟散发出香气，再等分两份，捣碎，过筛，拿一份加甘草煮汤洗患处，另一份敷在疮口。"

《孺子方》记载："治疗小儿没有原因的惊厥，可以用茶叶加葱煮成汤服用。"

唐·阎立本《萧翼赚兰亭图》

八、茶之出

【原文】

山南^①：以峡州^②上，[峡州生远安、宜都、夷陵三县^③山谷。]襄州、荆州^④次，[襄州生南漳县^⑤山谷，荆州生江陵县山谷。]衡州^⑥下，[生衡山^⑦、茶陵二县山谷。]金州、梁州^⑧又下。[金州生西城、安康^⑨二县山谷。梁州生褒城、金牛^⑩二县山谷。]

淮南^⑪：以光州上^⑫，[生光山县黄头港者，与峡州同。]义阳郡^⑬、舒州^⑭次，[生义阳县钟山^⑮者，与襄州同。舒州生太湖县潜山^⑯者，与荆州同。]寿州^⑰下，[生盛唐县霍山^⑱者，与衡州同。]蕲州^⑲、黄州^⑳又下。[蕲州生黄梅县山谷，黄州生麻城县山谷，并与荆州、梁州同也。]

北朝·青瓷双流鸡首壶

浙西^㉑：以湖州^㉒上，[湖州，生长城县^㉓顾渚山^㉔谷，与峡州、光州同；若生山桑、儒师二寺、白茅山悬脚岭^㉕，与襄州、荆州、义阳郡同；生凤亭山伏翼阁飞云、曲水二寺^㉖、啄木岭^㉗，与寿州、常州同。生安吉、武康二县山谷，与金州、梁州同。]常州^㉘次，[常州义兴县^㉙生君山^㉚悬脚岭北峰下，与荆州、义阳郡同；生圈岭善权寺^㉛、石亭山，与舒州同。]宣州、杭州、睦州、歙州^㉜下，[宣州生宣城县雅山^㉝，与蕲州同；太平县生上睦、临睦^㉞，与黄州同；杭州临安、於潜^㉟二县生天目山^㊱，与舒州同。钱塘生天竺、灵隐二寺^㊲；睦州生桐庐县山谷；歙州生婺源山谷；与衡州同。]润州^㊳、苏州^㊴又下。[润州江宁县生傲山^㊵，苏州长州生洞庭山^㊶，与荆州、蕲州、梁州同。]

剑南^㊷：以彭州^㊸上，[生九陇县、马鞍山至德寺、棚口^㊹，与襄州同。]绵州、蜀州次^㊺，[绵州龙安县生松岭关^㊻，与荆州同，其西昌、昌明、神泉县、西山^㊼者，并佳；有过松岭者，不堪采。蜀州青城县生丈人山^㊽，与绵州同。青城县有散茶、木茶。]邛州^㊾次，雅州、泸州^㊿下，[雅州百丈山、名

老茶树

茶树在中国分布非常普遍。超过千年树龄的茶树也很多。其中在贵州发现的一棵古老的茶树树龄已超过了3000年。

山[51]，泸州[52]泸川者，与金州同也。]眉州[53]、汉州[54]又下。[眉州丹棱县生铁山者，汉州绵竹县生竹山者[55]，与润州同。]

浙东[56]：以越州[57]上，[余姚县生瀑布泉岭曰仙茗，大者殊异，小者与襄州同。]明州[58]、婺州[59]次，[明州鄮县[60]生榆荚村，婺州东阳县东白山[61]，与荆州同。]台州[62]下。[台州始丰县[63]生赤城[64]者，与歙州同。]

黔中[65]：生思州、播州、费州、夷州[66]。

江西[67]：生鄂州、袁州、吉州[68]。

岭南[69]：生福州、建州、韶州、象州[70]。[福州生闽方山[71]山阴。]其思、播、费、夷、鄂、袁、吉、福、建、韶、象十一州未详，往往得之，其味极佳。

【注释】

①山南：唐贞观十道之一。唐贞观元年，划全国为十道，道辖郡州，郡辖县。②峡州：又称夷陵郡，治所在今湖北宜昌市。③远安、宜都、夷陵三县：即今湖北远安县、宜都市、宜昌市。④襄州、荆川：襄州，今湖北襄阳；荆州，今湖北江陵县。⑤南漳县：今仍名南漳县。（以下遇古今同名都不再加注）⑥衡州：今湖南衡阳地区。⑦衡山：县治所在今衡阳朱亭镇对岸。⑧金州、梁州：金州，今陕西安康一带；梁州，今陕西汉中一带。⑨西城、安康：西城，今陕西安康市；安康，治所在今安康市城西50里汉水西岸。⑩襃城、金牛：襃城，今汉中襃城镇；金牛，今四川广元一带。⑪淮南：唐贞观十道之一。⑫光州：又称弋阳郡。今河南潢川、光山县一带。⑬义阳郡：今河南信阳市及其周边地区。⑭舒州：又名同安郡。今安徽太湖、安庆一带。⑮义阳县钟山：义阳县，今河南信阳。钟山，在信阳市东18里。⑯太湖县潜山：潜山，在安徽潜山县西北30里。⑰寿州：又中寿春郡。今安徽寿县一带。⑱盛唐县霍山：盛唐县，今安徽六安市。霍山，在今霍山县境。⑲蕲州：又名蕲州郡。今湖北蕲春一带。蕲，读音qí。⑳黄州：又名齐安郡。今湖北黄冈一带。㉑浙西：唐贞观十道之一。㉒湖州：又名吴兴郡。今浙江吴兴一带。㉓长城县：今浙江长兴县。㉔顾渚山：在长兴县西30里。㉕白茅山悬脚岭：在长兴县渚顾山东面。㉖凤亭山：在长兴县西北40里。伏翼阁、飞云寺、曲水寺，都是山里的寺院。㉗啄木岭：在长兴县北60里，山中多啄木鸟。㉘常州：又名晋陵郡。今江苏常州市一带。㉙义兴县：今江苏宜兴县。㉚君山：在宜兴县南20里。㉛圈岭善权寺：善权，相传是尧时隐士。㉜宣州、杭州、睦州、歙州：宣州，又称宣城郡。今安徽宣城、当涂一带。杭州，又名余杭郡。今浙江杭州、余杭一带。睦州，又称新定郡。今浙江建德、桐庐、淳安一带。歙州，又名新安郡。今安徽歙县、祁门一带。㉝雅山：又称鸦山、鸭山、丫山。在宁国市北。㉞上睦、临睦：太平县二乡名。㉟於潜县：现已并入临安区。㊱天目山：又名浮玉山。

山脉横亘于浙江西、皖东南边境。㊲钱塘生天竺、灵隐二寺：钱塘县，今浙江杭州市，灵隐寺在市西灵隐山下。天竺寺分上、中、下三寺。下天竺寺在灵隐飞来峰。㊳润州：又称丹阳郡。今江苏镇江、丹阳一带。㊴苏州：又称吴郡。今江苏苏州一带。㊵江宁县生傲山：江宁县在今南京市。傲山在南京市郊。㊶长州生洞庭山：长洲县在今苏州市一带。洞庭山是太湖中的一些小岛。㊷剑南：唐贞观十道之一。㊸彭

饼茶

州：又叫濛阳郡。今四川彭州市一带。㊹九陇县、马鞍山至德寺、堋口：九陇县，今彭州市。马鞍山，即至德山，在鼓城西。堋口，在鼓城西。㊺锦州、蜀州：又称巴西郡，今四川绵阳、安县一带。蜀州，又称唐安郡，今重庆、四川都江堰市一带。㊻龙安县生松岭关：龙安县，今四川安县。松岭关，在今龙安县西 50 里。㊼西昌、昌明、神泉县、西山：西昌，在今四川安县东南花荄镇。昌明，在今四川江油市附近。神泉县，在安县南 50 里。西山，岷山山脉之一部分。㊽青城县生丈人山：今四川都江堰市南 40 里。因境内有青城山而得名。丈人山为青城山三十六峰之主峰。㊾邛州：又称临邛郡。今四川邛崃、大邑一带。㊿雅州、泸州：雅州，又称卢山郡，今四川雅安一带。泸州，又称泸川郡，今四川泸州市及其周边。51百丈山、名山：百丈山，在今四川雅安市名山区东 40 里。名山，在名山区北。52泸州：今四川泸县。53眉州：又名通义郡，今四川眉山、洪雅一带。54汉州：又称德阳郡，今四川广汉、德阳一带。55铁山、竹山：铁山，又名铁桶山，在四川丹棱县境内。竹山，即绵竹山，在四川绵竹县境内。56浙东：浙江东道节度使方镇的简称。节度使驻地浙江绍兴。57越州：又称会稽郡。今浙江绍兴、嵊州一带。58明州：又称余姚郡。今浙江宁波、奉化一带。59婺州：又名东阳郡。今浙江金华、兰溪一带。60鄮县：今浙江宁波市东南的东钱湖畔。鄮，读音 mào。61东白山：在今浙江东阳市巍

采茶图

山镇北。⑥台州：又名临海郡。今浙江临海、天台一带。⑥始丰县：今浙江天台县。⑥赤城：山名。天台山十景之一。⑥黔中：唐开元十五道之一。⑥思州、播州、费州、夷州：思州，又称宁夷郡。今贵州沿河一带。播州，又名播川郡，今贵州遵义一带。费州，又称涪川郡，今贵州思南、德江一带。夷州，又名义泉郡，今贵州凤冈、绥阳一带。⑥江西：江西团练观察使方镇的简称。观察使驻地在今江西南昌市。⑥鄂州、袁州、吉州：鄂州，又称江夏郡，今湖北武昌、黄石一带。袁州，又名宜春郡，今江西省宜春市。吉州，今江西吉安、宁冈一带。⑥岭南：唐贞观十道之一。⑦福州、建州、韶州、象州：福州，又名长乐郡，今福建福州、莆田一带。建州，又称建安郡，今福建建阳一带。韶州，又名始兴郡，今广东韶关、仁化一带。象州，又称象山郡，今广西象州县一带。⑦方山：在福建福州市闽江南岸。

【译文】

　　山南地区，以峡州出产的茶为上等品，[峡州茶生产于远安、宜都、宜昌三县山谷中。]襄州、荆州出产的茶为二等品，[襄州茶生产于南漳县山陵，荆州茶生产于江陵县山陵。]衡州出产的茶为三等品，[生产于衡山、茶陵二县山谷。]金州、梁州出产的茶为四等品。[金州茶生产于安康、汉阴二县山谷。梁州茶生产于褒城、金牛二县山谷。]

　　淮南地区，以光州出产的茶为上等品，[产于光山县黄头港，品质与峡州茶相同。]义阳郡、舒州出产的茶为二等品，[产于今信阳市钟山，品质与襄州茶相同。舒州茶产于太湖县潜山，品质与荆州茶相同。]寿州出产的茶是三等品，[生产于盛唐县霍山，品质与衡州茶相同。]蕲州、黄州出产的茶是四等品。[蕲州茶生产于黄梅县山谷，黄州茶生产于今麻城市山谷，都与荆州、梁州茶品质相同。]

　　浙西，以湖州出产的茶为上等品，[湖州茶生产于长兴县顾渚山，与峡州、光州茶品质一样，是一等品；如果生产于山桑、儒师二寺和白茅山悬脚岭的，与襄州、荆州、义阳郡茶品质一样，是二等品；生产于凤亭山伏翼阁、飞云寺、曲水寺、啄木岭的，品质与寿州、常州茶一样，是三等品；生产于安吉和武康两县的，与金州、梁州的茶品质一样，是四等品。]常州出产的茶是二等品，[常州宜兴县出产在君山悬脚岭北峰下的茶，品质与荆州、义阳郡的茶一样，是二等品，出产于圈岭善权寺和石亭山的茶，品质与舒州的茶相同，也是二等品。]宣州、杭州、睦州、歙州出产的是三等品，[宣州出产在今宣城市雅山的茶，品质与蕲州的茶一样：出产于太平县上睦、临睦二镇的，品质与黄州的茶一样；杭州临安、於潜二县出产于天目山的，与舒州茶一样，是二等品；钱塘县天竺寺、灵隐寺，睦州桐庐县山陵，歙州婺源县山谷等地出产的茶叶，品质都与衡州茶一样，是三等品。]润州、苏州出产的茶是四等品。[润州江宁县产于傲山，苏州长洲县产于西洞庭山的茶叶，都与金州、蕲州、梁州茶品质相同，是四等品。]

《玉川碾茶图》

　　剑南地区，以彭州出产的茶为上等品，[出产于彭县马鞍山至德寺和埘口的，与襄州茶品质相同，是二等品。]绵州、蜀州出产的茶是二等品，[绵州龙安县产于松岭关的茶叶，与荆州茶品质一样，是二等品。西昌、昌明、神泉县西山的茶，品质都非常好；越过松岭以西的，就不值得采摘。蜀州青城县丈人峰产的茶叶品质与绵州茶一样。青城县还产有散茶、木茶。]邛州、雅川、泸州出产的茶，是三等品，[雅州百丈山、名山，四川泸县产的茶，品

武夷山茶园

质却与金州茶相同，是四等品。]眉州、汉州出产的茶是四等品。[眉州丹棱县出产于铁桶山的，汉州绵竹县产于绵竹山的茶，品质都与润州茶一样，是四等品。]

　　浙东，以越州出产的茶为上等品，[今余姚市出产在瀑布泉岭的叫仙茗，叶片大的，品质特别优异，叶片小的，品质与襄州茶相同，是二等品。]明州、婺州出产的茶是二等品。[明州出产在鄮县榆荚村的、婺州出产于今东阳市东白山的茶，品质与荆州茶相同，是二等品。]台州出产的茶是三等品。[台州天台县出产在赤城峰的茶，品质与歙州茶相同。]

　　黔中的茶出产于思州、播州、费州、夷州。

　　江西的茶出产于鄂州、袁州、吉州。

　　岭南的茶出产于福州、建州、韶州、象州。[福州主要产于闽县方山的北坡。]以上思、播、费、夷、鄂、袁、吉、福、建、韶、象十一州的产地和茶叶品质等次并不详细准确。往往得到这些地方的茶叶，品尝之后感觉品质非常好。

汤色明亮、
香味持久、
醇厚味甘。

外形条索粗壮、
饱满秀丽。

叶嫩匀整。

茶芽隐露，
青翠多毫。

庐山云雾茶及茶汤

九、茶之略

其造具，若方春禁火之时①，于野寺山园丛手而掇，乃蒸、乃舂，乃复以火干之，则棨、扑、焙、贯、棚、穿、育等七事皆废。

其煮器，若松间石上可坐，则列具废。用槁薪、鼎锅之属，则风炉、灰承、炭挝、火筴、交床等废。若瞰泉临涧，则水方、涤方、漉水囊废。若五人以下，茶可末而精者，则罗废。若援藟跻岩②，引絚入洞③，于山口炙而末之，或纸包、合贮，则碾、拂末等废。既瓢、碗、筴、札、熟盂、鹾簋悉以一筥盛之，则都篮废。但城邑之中，王公之门，二十四器阙一，则茶废矣。

【注释】

① 方春禁火之时：禁火，古时民间习俗，即在清明前一二日禁火3天，吃冷食，叫"寒食节"。② 援藟跻岩：藟，读音lěi，藤蔓。跻，读音jī，登、升。③ 引絚入洞：絚，读音gēng，绳索。

【译文】

准备好制茶所用的器具，如果恰逢在春天寒食节前后，在野外寺院或者山间茶园，大家一起动手采摘，马上蒸青，舂捣，用火烘干，那么，棨、扑、焙、贯、棚、穿、育这七种器具便可以不用。

对煮茶所用的器具而言，如果松林里有石头可以放置，就不需要用器具陈列。如果用干柴鼎锅煮茶，那么风炉、灰承、炭挝、火筴、交床也都可以省去。如果是泉水旁溪涧侧烹茶，那么水方、篠方、漉水囊也可以不要。如果是五人以下同时旅游，采制的茶芽细嫩而干燥，可以碾成精细的茶末，那么箩就不需再用。如果攀藤上山，拉着绳子

进入山洞烹饮，可以先在山下将茶烤好碾成细末，用纸包裹或茶盒装储，那么碾和拂末便不必带。假如瓢、碗、筴、札、熟盂、鹾簋等全用一个筥盛装，那么都篮就不需要了。但在城市人家，王公门第，那二十四种烹饮器具缺少一样，都谈不上品茶了。

十、茶之图^①

【原文】

以绢素或四幅，或六幅分布写之，陈诸座隅，则茶之源、之具、之造、之器、之煮、之饮、之事、之出、之略，目击而存^②，于是《茶经》之始终备焉。

【注释】

①茶之图：第十章，挂图。是指把《茶经》本文写在素绢上挂起来。②目击而存：击，接触。此处作看见讲。俗语有"目击者"。

【译文】

用白色绢子四幅或六幅，分别把以上九章写在上面、张挂在座旁的墙壁上，这样，对茶的起源、制茶工具、茶的采制、烹饮茶具、煮茶方法、茶的饮用、历代茶事、茶叶产地、茶具省用，都会看在眼里，牢记在心里。于是，《茶经》从头到尾便全部可以看清楚了。

竹简《茶经》

续茶经

『续茶经』为清代陆廷灿著。其目录完全与『茶经』相同，对唐之后的茶事资料收罗宏富，并进行了考辨，虽名为『续』，实是一部完全独立的著述。陆廷灿因此书而被世人称为『茶仙』。

凡　例

【原文】

一、《茶经》著自唐桑苎翁，迄今千有余载，不独制作各殊而烹饮迥异，即出产之处亦多不同。余性嗜茶，承乏崇安，适系武夷产茶之地。值制府满公郑重进献，究悉源流，每以茶事下询。查阅诸书，于武夷之外每多见闻，因思采集为《续茶经》之举。曩以簿书鞅掌，有志未遑。及蒙量移奉文赴部，以多病家居，翻阅旧

古代制茶图

稿，不忍委弃，爰为序次第。恐学术久荒，见闻疏漏，为识者所鄙。谨质之高明，幸有以教之，幸甚。

一、《茶经》之后有《茶记》及《茶谱》《茶录》《茶论》《茶疏》《茶解》

《续茶经》内页

等书，不可枚举。而其书亦多湮没无传。兹特采所见各书，依《茶经》之例，分之源、之具、之造、之器、之煮、之饮、之事、之出、之略、之图。至其图无传，不敢臆补，以茶具、茶器图足之。

二、《茶经》所载，皆初唐以前之书。今自唐、宋、元、明以至本朝，凡有绪论，皆行采录。有其书在前而《茶经》未录者，亦行补入。

三、《茶经》原本止三卷，恐续者太繁，是以诸书所见，止摘要分录。

四、各书所引相同者，不取重复。偶有议论各殊者，姑两存之，以示论定。至历代

诗文暨当代名公巨卿著述甚多，因仿《茶经》之例，不敢备录，容俟另编以为外集。

　　五、原本《茶经》另列卷首。

　　六、历代茶法附后。

【译文】

　　《茶经》是唐代陆羽编著的，至今已经有 1000 多年了，现在不仅制作方法各不相同，而且烹制和饮用的方法也很不一样，就是出产的地方也与当时大不相同。我特别喜欢喝茶，当时正值我出任崇安知县，刚好是武夷产茶的地方。正好制府满公郑重地前来献茶，探究历史渊源，常常就有关茶的问题向他询问。查看到其他相关书籍，在武夷之外的所见所闻，让我产生了编选撰写《续茶经》的想法。虽然这本书已经握在了掌上，思想上仍不免惶恐。后来奉命到部里上任，因为身体多病常在家里休养，翻阅旧稿，不忍心丢弃它，所以重新作序整理。只怕因为时间过长学问有些荒废，见闻难免有疏漏的地方，被有识之人所鄙弃。谨在这里向各位请教，如果有幸得到您的指导，对于我来说将是一件十分荣幸的事情。

　　《茶经》之后有《茶记》《茶谱》《茶录》《茶论》《茶疏》《茶解》等书，在这里就不一一列举了，而这些书大部分也已经失传了。我现在特意收集能够见到的这些书，参照《茶经》为例，分为源、具、造、器、煮、饮、事、出、略、图。而那些相关的图已经失传，我不敢随意添补，只好用茶具、茶器这些图画来充实。

　　《茶经》中所摘录的都是初唐以前的书。本书从唐、宋、元、明到本朝，只要有这方面的论述，都加以采录。有的书年代虽然在《茶经》之前但是没有被它录用的，在这里也一并加以引用。

　　《茶经》本来只有三卷，因为续写的人太多，所以这本书上只摘录要点。

　　各书引用相同的地方，就不再重复取用。偶尔有争议的地方，姑且保留各自的看法和观点，等待以后的定论。至于历代的诗词文赋和当代名士所著的文章很多，因为参考《茶经》为例，便不加补录，等以后再编为外集。

　　《茶经》原书附在书的前面。

　　历代的茶法附在书的后面。

陆羽陶像

一、茶之源

【原文】

许慎《说文》：茗，荼芽也。

王褒《僮约》前云"烹荼尽具"；后云"武阳买茶"。〔注：前为苦菜，后为茗。〕

张华《博物志》：饮真茶，令人少眠。

《诗疏》：椒树似茱萸，蜀人作茶，吴人作茗，皆合煮其叶以为香。

《唐书·陆羽传》：羽嗜茶，著《经》三篇，言茶之源、之具、之造、之器、之煮、之饮、之事、之出、之略、之图尤备，天下益知饮茶矣。

《唐六典》：金英、绿片，皆茶名也。

《李太白集·赠族侄僧中孚玉泉仙人掌茶序》：余闻荆州玉泉寺近青溪诸山，山洞往往有乳窟，窟多玉泉交流。中有白蝙蝠，大如鸦。按《仙经》："蝙蝠，一名仙鼠。千岁之后，体白如雪。栖则倒悬，盖饮乳水而长生也。"其水边处处有茗草罗生，枝叶如碧玉。惟玉泉真公常采而饮之，年八十余岁，颜色如桃花，而此茗清香滑熟异于他茗，所以能还童振枯，扶人寿也。余游金陵，见宗僧中孚示余茶数十片，拳然重叠，其状如掌，号为"仙人掌"茶。盖新出乎玉泉之山，旷古未觌。因持之见贻，兼赠诗，要余答之，遂有此作。俾后之高僧大隐，知"仙人掌"茶发于中孚禅子及青莲居士李白也。

古人常将"茶"字暗示分解为"人在草木中"，既合情理，又寓意境。

《皮日休集·茶中杂咏诗序》：自周以降，及于国朝茶事，竟陵子陆季疵言之详矣。然季疵以前称茗饮者，必浑以烹之，与夫瀹蔬而啜者无异也。季疵之始为《经》三卷，由是分其源，制其具，教其造，设其器，命其煮。俾饮之者除痟而去疠，虽疾医之未若也。其为利也，于人岂小哉？余始得季疵书，以为备矣，后又获其《顾渚山记》二篇，其中多茶事；后又太原温从云、武威段硌之。各补茶事十数节，并存于方册。茶之事由周而至于今，竟无纤遗矣。

《封氏闻见记》：茶，南人好饮之，北人初不多饮。开元中，泰山灵岩寺有降魔师，大兴禅教。学禅务于不寐，又不夕食，皆许饮茶。人自怀挟，到处煮饮。从此转相仿效，遂成风俗。起自邹、齐、沧、棣，渐至京邑，城市多开店铺煎茶卖之，不问道俗，投钱取饮。其茶自江淮而来，色额甚多。

《唐韵》：荼字，自中唐始变作茶。

裴汶《茶述》：茶，起于东晋，盛于今朝。其性精清，其味浩洁，其用涤烦，其功致和。参百品而不混，越众饮而独高。烹之鼎水，和以虎形，人人服之，永永不厌。得之则安，不得则病。彼艺术黄精，徒云上药，致效在数十年后，且多禁忌，非此伦也。或曰：多饮令人体虚病风。余曰：不然。夫物能祛邪，必能辅正，安有蠲逐聚病而靡裨太和哉？今宇内为土贡实众，而顾渚、蕲阳、蒙山为上，其次则寿阳、义兴、碧涧、沮湖、衡山。最下有鄱阳、浮梁。今者其精无以尚焉，得其粗者，则下里兆庶，瓯碗纷糅。顷刻未得，则胃腑病生矣。人嗜之若此者，西晋以前无闻焉。至精之味或遗也。因作《茶述》。

宋徽宗《大观茶论》：茶之为物，擅瓯闽之秀气，钟山川之灵禀。祛襟涤滞，致清导和，则非庸人孺子可得而知矣。冲淡闲洁，韵高致静，则非遑遽之时可得而好尚矣。而本朝之兴，岁修建溪之贡，龙团、凤饼，名冠天下，而壑源之品，亦自此而盛。延及于今，百废俱举，海内宴然，垂拱密勿，幸致无为。缙绅之士，韦布之流，沐浴膏泽，薰陶德化，咸化雅尚相推，从事茗饮。故近岁以来，采择之精，制作之工，品第之胜，烹点之妙，莫不盛造其极。呜呼！至治之世，岂惟人得以尽其材，而草木之灵者，亦得以尽其用矣。偶因暇日，研究精微，所得之妙，后人有不知

《大观茶论》是宋徽宗赵佶的著作。他虽身为亡国之君，却在书画、茶学上造诣颇深。

为利害者，叙本末二十篇，号曰《茶论》。一曰产地，二曰天时，三曰择采，四曰蒸压，五曰制造，六曰鉴别，七曰白茶，八曰罗碾，九曰盏，十曰筅，十一曰瓶，十二曰勺，十三曰水，十四曰点，十五曰味，十六曰香，十七曰色，十八曰藏，十九曰品，二十曰外焙。名茶各以所产之地，如叶耕之平原、台星岩，叶刚之高峰青凤髓，叶思纯之大风，叶屿之屑山，叶五崇林之罗汉上水桑芽，叶坚之碎石窠、石臼窠［一作六窠］。叶琼、叶辉之秀皮林，叶师复、师贶之虎岩，叶椿之无双岩芽，叶懋之老窠园，各擅其美，未尝混淆，

不可概举。焙人之茶，固有前优后劣，昔负今胜者，是以园地之不常也。

丁谓《进新茶表》：右件物产异金沙，名非紫笋。江边地暖，方呈"彼茁"之形，阙下春寒，已发"其甘"之味。有以少为贵者，焉敢韫而藏诸。见谓新茶，实遵旧例。

蔡襄《进茶录表》：臣前因奏事，伏蒙陛下谕臣先任福建运使日，所进上品龙茶，最为精好。臣退念草木之微，首辱陛下知鉴，若处之得地，则能尽其材。昔陆羽《茶经》，不第建安之品；丁谓《茶图》，独论采造之本。至烹煎之法，曾未有闻。臣辄条数事，简而易明，勒成二篇，名曰《茶录》。伏惟清闲之宴，或赐观采，臣不胜荣幸。

蔡襄辨茶

欧阳修《归田录》：茶之品，莫贵于龙凤，谓之"团茶"，凡八饼重一斤。庆历中，蔡君谟始造小片龙茶以进，其品精绝，谓之"小团"，凡二十饼重一斤，其价值金二两。然金可有而茶不可得。每因南郊致斋，中书、枢密院各赐一饼，四人分之。宫人往往缕金花于其上，盖其贵重如此。

赵汝砺《北苑别录》：草木至夜益盛，故欲导生长之气，以渗雨露之泽。茶于每岁六月兴工，虚其本，培其末，滋蔓之草，遏郁之木，悉用除之，政所以导生长之气而渗雨露之泽也。此之谓开畬。惟桐木则留焉。桐木之性与茶相宜，而又茶至冬则畏寒，桐木望秋而先落，茶至夏而畏日，桐木至春而渐茂。理亦然也。

龙凤茶是宋代最著名的茶，有"始于丁谓，成于蔡襄"的说法。

王辟之《渑水燕谈》：建茶盛于江南，近岁制作尤精，龙团最为上品，一斤八饼。庆历中，蔡君谟为福建转运使，始造小团，以充岁贡，一斤二十饼，所谓上品龙茶者也。仁宗尤所珍惜，虽宰相未尝辄赐，惟郊礼致斋之夕，两府各四人，共赐一饼。宫人剪金为龙凤花贴其上。八人分蓄，以为奇玩，不敢自试，有佳客出为传玩。欧阳文忠公云："茶为物之至精，而小团又其精者也。"嘉祐中，小团初出时也。今小团易得，何至如此多贵？

清刊本《梦溪笔谈》书影

周辉《清波杂志》：自熙宁后，始贡"密云龙"。每岁头纲修贡，奉宗庙及贡玉食外，赉及臣下无几。戚里贵近丐赐尤繁。宣仁太后令建州不许造"密云龙"，受他人煎炒不得也。此语既传播于缙绅间，由是"密云龙"之名益著。淳熙间，亲党许仲启官苏沙，得《北苑修贡录》，序以刊行。其间载岁贡十有二纲，凡三等，四十有一名。第一纲曰"龙焙贡新"，止五十余铸。贵重如此，独无所谓"密云龙"者。岂以"贡新"易其名耶？抑或别为一种，又居"密云龙"之上耶？

沈存中《梦溪笔谈》：古人论茶，惟言阳羡、顾渚、天柱、蒙顶之类，都未言建溪。然唐人重串茶粘黑者，则已近乎建饼矣。建茶皆乔木，吴、蜀惟丛茭而已，品自居下。建茶胜处曰郝源、曾坑，其间又有垄根、山顶二品尤胜。李氏号为北苑，置使领之。

胡仔《苕溪渔隐丛话》：建安北苑，始于太宗太平兴国三年，遣使造之，取象于龙凤，以别入贡。至道间，仍添造石乳、蜡面。其后大小龙，又起于丁谓而成于蔡君谟。至宣、政间，郑可简以贡茶进用，久领漕，添续入，其数渐广，今犹因之。

细色茶五纲，凡四十三品，形制各异，共七千余饼，其间贡新、试新、龙团胜雪、白茶、御苑玉芽，此五品乃水拣，为第一；余乃生拣，次之。又有粗色茶七纲，凡五品。大小龙凤并拣芽，悉入龙脑，和膏为团饼茶，共四万余饼。盖水拣茶即社前者，生拣茶即火前者，粗色茶即雨前者。闽中地暖，雨前茶已老而味加重矣。又有石门、乳吉、香口三外焙，亦隶于北苑，皆采摘茶芽，送官焙添造。每岁糜金共二万余缗，日役千夫，凡两月方能迄事。第所造之茶不许过数，入贡之后市无货者，人所罕得。惟壑源诸处私焙茶，其绝品亦可敌官焙，自昔至今，亦皆入贡，其流贩四方者，悉私焙茶耳。北苑在富沙之北，隶建安县，去城二十五里，乃龙焙造贡茶之处，亦名凤凰山。自有一溪，南流至富沙城下，方与西来水合而东。

车清臣《脚气集》：《毛诗》云："谁谓荼苦，其甘如荠。"注：荼，苦菜也。《周礼》："掌荼以供丧事。"取其苦也。苏东坡诗云："周《诗》记苦荼，茗饮出近世。"乃以今茶为荼。夫茶，今人以清头目，自唐以来，上下好之，细民亦饮茶过程中所追求的自然、恬淡意境极符合苏轼的脾性，弥漫的茶香总能冲淡万丈的豪情。

日数碗，岂是茶也。茶之粗者是为茗。

宋子安《东溪试茶录序》：茶宜高山之阴，而喜日阳之早。自北苑凤山，南直苦竹园头，东南属张坑头，皆高远先阳处，岁发常早，芽极肥乳，非民间所比。次出壑源岭，高土沃地，茶味甲于诸焙。丁谓亦云凤山高不百丈，无危峰绝崦，而冈翠环抱，气势柔秀，宜乎嘉植灵卉之所发也。又以建安茶品甲天下，疑山川至灵之卉，天地始和之气，尽此茶矣。又论石乳出壑岭断崖缺石之间，盖草木之仙骨也。近蔡公亦云："惟北苑凤凰山连属诸焙，所产者味佳，故四方以建茶为名，皆曰北苑云。"

黄儒《品茶要录序》：说者尝谓陆羽《茶经》不第建安之品。盖前此茶事未甚兴，灵芽真笋往往委翳消腐而人不知惜。自国初以来，士大夫沐浴膏泽，咏歌升平之日久矣。夫身世洒落，神观冲淡，惟兹茗饮为可喜。园林亦相与摘英夸异，制棬鬻新，以趋时之好。故殊异之品，始得自出于榛莽之间，而其名遂冠天下。借使陆羽复起，阅其金饼，味其云腴，当爽然自失矣。因念草木之材，一有负瑰伟绝特者，未尝不遇时而后兴，况于人乎。

苏轼《书黄道辅品茶要录后》：黄君道辅讳儒，建安人，博学能文，淡然精深，有道之士也。作《品茶要录》十篇，委曲微妙，皆陆鸿渐以来论茶者所未及。非至静无求，虚中不留，乌能察物之情如此其详哉。

《茶录》：茶，古不闻食，自晋、宋已降，吴人采叶煮之，名为"茗粥"。

叶清臣《煮茶泉品》：吴楚山谷之间，气清地灵，草木颖挺，多孕茶荈。大率右于武夷者为白乳，甲于吴兴者为紫笋，产禹穴者以天章显，茂钱塘者以径山稀。至于桐庐之岩，云衢之麓，雅山著于宣、歙，蒙顶传于岷、蜀，角立差胜，毛举实繁。

周绛《补茶经》：芽茶只作早茶，驰奉万乘，尝之可矣。如一旗一枪，可谓奇茶也。

胡致堂曰：茶者，生人之所日用也。其急甚于酒。

陈师道《茶经丛谈》：茶，洪之双井，越之日注，莫

《茶录》不仅得到皇帝的鉴赏，还勒石传后世，对当时福建的茶业有很大的推动作用。

能相先后，而强为之第者，皆胜心耳。

陈师道《茶经序》：夫茶之著书自羽始，其用于世亦自羽始，羽诚有功于茶者也。上自宫省，下逮邑里，外及异域遐陬，宾祀燕飨，预陈于前；山泽以成市，商贾以起家，又有功于人者也，可谓智矣。《经》曰："茶之否臧，存之口诀。"则书之所载，犹其粗也。夫茶之为艺下矣，至其精微，书有不尽，况天下之至理，而欲求之文字纸墨之间，其有得乎？昔者先王因人而教，因欲而治，凡有益于人者，皆不废也。

吴淑《茶赋》注：五花茶者，其片作五出花也。

姚氏《残语》：绍兴进茶，自高文虎始。

王楙《野客丛书》：世谓古之荼，即今之茶。不知茶有数种，非一端也。《诗》曰"谁谓荼苦，其甘如荠"者，乃苦菜之荼，如今苦苣之类。《周礼》"掌荼"、毛诗"有女如荼"者，乃茅莠之荼也，此萑苇之属。惟荼槚之荼，乃今之茶也。世莫知辨。

《魏王花木志》：茶叶似栀，可煮为饮。其老叶谓之荈，嫩叶谓之茗。

《瑞草总论》：唐宋以来有贡茶，有榷茶。夫贡茶，犹知斯人有爱君之心。若夫榷茶，则利归于官，扰及于民，其为害又不一端矣。

元熊禾《勿斋集》：北苑茶焙记贡古也。茶贡不列《禹贡》《周·职方》而昉于唐，北苑又其最著者也。苑在建城东二十五里，唐末里民张晖始表而上之。宋初丁谓漕闽，贡额骤益，斤至数万。庆历承平日久，蔡公襄继之，制益精巧，建茶遂为天下最。公名在四谏官列，君子惜之。欧阳公修虽实不与，然犹夸侈歌咏之。苏公轼则直指其过矣。君子创法可继，焉得不重慎也。

《说郛·臆乘》：茶之所产，六经载之详矣，独异美之名未备。唐宋以来，见于诗文者尤伙，颇多疑似，若蟾背、虾须、雀舌、蟹眼、瑟瑟、沥沥、霭霭、鼓浪、涌泉、琉璃眼、碧玉池，又皆茶事中天然偶字也。

《茶谱》：衡州之衡山，封州之西乡，茶研膏为之，皆片团如月。又彭州蒲村堋口，其园有"仙芽""石花"等号。

明人《月团茶歌序》：唐人制茶碾末，以酥滫为团，宋世尤精，元时其法遂绝。予效而为之，盖得其似，始悟古人咏茶诗所谓"膏油首面"，所谓"佳茗似佳人"，所谓"绿云轻绾湘娥鬟"之句。饮啜之余，因作诗记之，并传好事。

屠本畯《茗笈评》：人论茶叶之香，未知茶花之香。余往岁过友大雷山中，正值花开，童子摘以为供，幽香清越，绝自可人，惜非瓯中物耳。乃予著《瓶史月表》，以插茗花为斋中清玩。而高濂《盆史》，亦载"茗花足助玄赏"云。

《茗笈赞》十六章：一曰溯源，二曰得地，三曰乘时，四曰揆制，五曰藏茗，六曰品泉，七曰候火，八曰定汤，九曰点沦，十曰辨器，十一曰申忌，十二曰防滥，十三曰戒淆，十四曰相宜，十五曰衡鉴，十六曰玄赏。

谢肇淛《五杂俎》：今茶品之上者，松萝也，虎丘也，罗岕也，龙井也，阳羡也，天池也。而吾闽武夷、清源、彭山三种，可与角胜。

六安、雁宕、蒙山三种，祛滞有功而色香不称，当是药笼中物，非文房佳品也。

《西吴枝乘》：湖人于茗，不数顾渚，而数罗岕。然顾渚之佳者，其风味已远出龙井。下岕稍清隽，然叶粗而作草气。丁长孺尝以半角见饷，且教余烹煎之法，迨试之，殊类羊公鹤。此余有解有未解也。余尝品茗，以武夷、虎丘第一，淡而远也。松萝、龙井次之，香而艳也。天池又次之，常而不厌也。余子琐琐，勿置齿喙。

屠长卿《考槃余事》：虎丘茶最号精绝，为天下冠，惜不多产，皆为豪右所据，寂寞山家无由获购矣。天池青翠芳馨，噉之赏心，嗅亦消渴，可称仙品。诸山之茶，当为退舍。阳羡俗名罗岕，浙之长兴者佳，荆溪稍下。细者其价两倍天池，惜乎难得，须亲自收采方妙。六安品亦精，入药最效，但不善炒，不能发香而味苦，茶之本性实佳。龙井之山不过数十亩，外此有茶似皆不及。大抵天开龙泓美泉，山灵特生佳茗以副之耳。山中仅有一二家，炒法甚精。近有山僧焙者亦妙，真者天池不能及也。天目为天池、龙井之次，亦佳品也。《地志》云："山中寒气早严，山僧至九月即不敢出。冬来多雪，三月后方通行，其萌芽较他茶独晚。"

《岕茶汇钞》书影

包衡《清赏录》：昔人以陆羽饮茶比于后稷树谷，及观韩翃《谢赐茶启》云："吴王礼贤，方闻置茗；晋人爱客，才有分茶。"则知开创之功，非关桑苎老翁也。若云在昔茶勋未普，则比时赐茶已一千五百串矣。

陈仁锡《潜确类书》："紫琳腴、云腴，皆茶名也。""茗花白色，冬开似梅，亦清香。"［按：冒巢民《岕茶汇钞》云："茶花味浊无香，香凝叶内。"二说不同，岂岕与他茶独异欤。］

《农政全书》：六经中无茶，茶即茶也。

《毛诗》云："'谁谓荼苦，其甘如荠'，以其苦而味甘也。""夫茶灵草也，种之则利薄，饮之则神清。上而王公贵人之所尚，下而小夫贱隶之所不可阙，诚民生食用之所资，国家课利之一助也。"

罗廪《茶解》："茶固不宜杂以恶木，惟古梅、丛桂、辛夷、玉兰、玫瑰、苍松、翠竹，与之间植，足以蔽霜雪，掩映秋阳。其下可植芳兰、幽菊清芬之品。最忌菜畦相逼，不免渗漉，滋厥清真。""茶地南向为佳，向阴者遂劣。故一山之中，美恶相悬。"

李日华《六研斋笔记》：茶事于唐末未甚兴，不过幽人雅士手撷于荒园杂秽中，拔其精英，以荐灵爽，所以饶云露自然之味。至宋设茗纲，充天家玉食，士大夫益复贵之。民间服习寝广，以为不可缺之物。于是营植者拥溉拿粪，等于蔬薮，而茶亦颇其品味矣。人知鸿渐到处品泉，不知亦到处搜茶。皇甫冉《送羽摄山采茶》诗数言，仅存公案而已。

徐岩泉《六安州茶居士传》：居士姓茶，族氏众多，枝叶繁衍遍天下。其在六安一枝最著，为大宗；阳羡、罗岕、武夷、匡庐之类，皆小宗；蒙山又其别枝也。

乐思白《雪庵清史》：夫轻身换骨，消渴涤烦，茶荈之功，至妙至神。昔在有唐，吾闽茗事未兴，草木仙骨，尚闵其灵。五代之季，南唐采茶北苑，而茗事兴。迨宋至道初，有诏奉造，而茶品日广。及咸平、庆历中，丁谓、蔡襄造茶进奉，而制作益精。至徽宗大观、宣和间，而茶品极矣。断崖缺石之上，木秀云腴，往往于此露灵。倘微丁、蔡来

《茶谱》中首次提出茶乃君子修身养性之物的见解。

自吾闽，则种种佳品，不几于委翳消腐哉？虽然，患无佳品耳。其品果佳，即微丁、蔡来自吾闽，而灵芽真笋岂终于委翳消腐乎。吾闽之能轻身换骨，消渴涤烦者，宁独一茶乎？兹将发其灵矣。

冯时可《茶谱》：茶全贵采造，苏州茶饮遍天下，专以采造胜耳。徽郡向无茶，近出松萝，最为时尚。是茶始比丘大方，大方居虎丘最久，得采造法。其后于徽之松萝结庵，采诸山茶，于庵焙制，远迩争市，价忽翔涌。人因称松萝，实非松萝所出也。

胡文焕《茶集》：茶至清至美物也，世皆不味之，而食烟火者又不足以语此。医家论茶，性寒能伤人脾。独子有诸疾，则必借茶为药石，每深得其功效，噫！非缘之有自，而何契之若是耶！

《群芳谱》：蕲州蕲门团黄，有一旗一枪之号，言一叶一芽也。欧阳公诗有"共约试新茶，旗枪几时绿"之句。王荆公《送元厚之》句云"新茗斋中试

一旗"。世谓茶始生而嫩者为一枪，寖大开者为一旗。

鲁彭《刻〈茶经〉序》：夫茶之为经，要矣。兹复刻者，便览尔。刻之竟陵者，表羽之为竟陵人也。按羽生甚异，类令尹子文。人谓子文贤而仕，羽虽贤，卒以不仕。今观《茶经》三篇，固具体用之学者。其曰伊公羹、陆氏茶，取而比之，实以自况。所谓易地皆然者非欤？厥后茗饮之风，行于中外。而回纥亦以马易茶，由宋迄今，大为边助。则羽之功，固在万世，仕不仕奚足论也。

沈石田《书岕茶别论后》：昔人咏梅花云"香中别有韵，清极不知寒"，此惟岕茶足当之。若闽之清源、武夷，吴郡之天池、虎丘，武林之龙井，新安之松萝，匡庐之云雾，其名虽大噪，不能与岕相抗也。顾渚每岁贡茶三十二斤，则岕于国初，已受知遇。施于今，渐远渐传，渐觉声价转重。既得圣人之清，又得圣人之时，蒸、采、烹、洗，悉与古法不同。

李维桢《茶经序》：羽所著《君臣契》三卷，《源解》三十卷，《江表四姓谱》十卷，《占梦》三卷，不尽传，而独传《茶经》，岂他书人所时有，此其觭长，易于取名耶？太史公曰："富贵而名磨灭，不可胜数，惟俶傥非常之人称焉。"鸿渐穷厄终身，而遗书遗迹，百世下宝爱之。以为山川邑里重。其风足以廉顽立懦，胡可少哉。

杨慎《丹铅总录》：茶，即古荼字也。周《诗》记荼苦，《春秋》书齐荼，《汉志》书荼陵。颜师古、陆德明虽已转入茶音，而未易字文也。至陆羽《茶经》、玉川《茶歌》、赵赞《茶禁》以后，遂以茶易荼。

董其昌《茶董题词》：荀子曰："其为人也多暇，其出人也不远矣。"陶通明曰："不为无益之事，何以悦有涯之生。"余谓茗碗之事足当之。盖幽人高士，蝉蜕势利，以耗壮心而送日月。水源之轻重，辨若淄渑；火候之文武，调若丹鼎。非枕漱之侣不亲，非文字之饮不比者也。当今此事，惟许夏茂卿拈出。顾渚、阳羡，肉食者往焉，茂卿亦安能禁。一似强笑不乐，强颜无欢，茶韵故自胜耳。予夙秉幽尚，入山十年，差可不愧茂卿语。今者驱车入闽，念凤团龙饼，延津为论，岂必士思，如廉颇思用赵？惟是《绝交书》所谓"心不耐烦，而官事鞅掌"者，竟有负茶灶耳。茂卿能以同味谅吾耶！

童承叙《题陆羽传后》：余尝过竟陵，憩羽故寺，访雁桥，观茶井，慨然想见其为人。夫羽少厌髡缁，笃嗜坟素，本非忘世者。卒乃寄号桑苎，遁迹苕雪，啸歌独行，继以痛哭，其意必有所在。时乃比之接舆，岂知羽者哉。至其性甘茗荈，味辨淄渑，清风雅趣，脍炙今古。张颠之于酒也，昌黎以为有所托而逃，羽亦以是夫。

《谷山笔麈》：茶自汉以前不见于书，想所谓槚者，即是矣。李贽谓古人冬则饮汤，夏则饮水，未有茶也。李文正《资暇录》谓："茶始于唐崔宁，黄伯思已辨其非，伯思尝见北齐杨子华作《邢子才魏收勘书图》，已有煎茶者。"《南窗记谈》谓："饮茶始于梁天监中，事见《洛阳伽蓝记》。及阅《吴志·韦曜传》，赐茶荈以当酒，则茶又非始于梁矣。"余谓饮茶亦非始于吴也。《尔雅》曰："槚，苦荼。"郭璞注："可以为羹饮。早采为茶，晚采为茗，一名荈。"则吴之前亦以茶作茗矣。第未如后世之日用不离也。盖自陆羽出，茶之法始讲。自吕惠卿、蔡君谟辈出，茶之法始精。而茶之利国家且借之矣。此古人所不及详者也。

陈继儒像

王象晋《茶谱小序》：茶，嘉木也。一植不再移，故婚礼用茶，从一之义也。虽兆自《食经》，饮自隋帝，而好者尚寡。至后兴于唐，盛于宋，始为世重矣。仁宗贤君也，颁赐两府，四人仅得两饼，一人分数钱耳。宰相家至不敢碾试，藏以为宝，其贵重如此。近世蜀之蒙山，每岁仅以两计。苏之虎丘，至官府预为封识，公为采制，所得不过数斤。岂天地间，尤物生固不数数然耶。瓯泛翠涛，碾飞绿屑，不藉云腴，孰驱睡魔？作《茶谱》。

陈继儒《茶董小序》：范希文云："万象森罗中，安知无茶星。"余以茶星名馆，每与客茗战旗枪，标格天然，色香映发。若陆季疵复生，忍作《毁茶论》乎？夏子茂卿叙酒，其言甚豪。予曰，何如隐囊纱帽，潇然林涧之间，摘露芽，煮云腴，一洗百年尘土胃耶？热肠如沸，茶不胜酒；幽韵如云，酒不胜茶。酒类侠，茶类隐。酒固道广，茶亦德素。茂卿茶之董狐也，因作《茶董》。东佘陈继儒书于素涛轩。

夏茂卿《茶董序》：自晋唐而下，纷纷邾莒之会，各立胜场，品别淄渑，判若南董，遂以《茶董》名篇。语曰："穷《春秋》，演河图，不如载茗一车"，诚重之矣。如谓此君面目严冷，而且以为水厄，且以为乳妖，则请效綦毋先生无作此事。冰莲道人识。

《本草》：石蕊，一名云茶。

卜万祺《松寮茗政》：虎丘茶，色味香韵，无可比拟。必亲诣茶所，手摘监制，乃得真产。且难久贮，即百端珍护，稍过时即全失其初矣。殆如彩云易散，故不入供御耶。但山岩隙地，所产无几，为官司禁据，寺僧惯杂赝种，非精鉴家卒莫能辨。明万历中，寺僧苦大吏需索，薙除殆尽。文肃公震孟作《薙

明末清初精刻本《茶疏》内页

茶说》以讥之。至今真产尤不易得。

袁了凡《群书备考》：茶之名，始见于王褒《僮约》。

许次杼《茶疏》：唐人首称阳羡，宋人最重建州。于今贡茶，两地独多。阳羡仅有其名，建州亦上品，惟武夷雨前最胜。近日所尚者，为长兴之罗岕，疑即古顾渚紫笋。然岕故有数处，今惟峒山最佳。姚伯道云："明月之峡，厥有佳茗。韵致清远，滋味甘香，足称仙品。其在顾渚亦有佳者，今但以水口茶名之，全与岕别矣。若歙之松萝，吴之虎丘，杭之龙井，并可与岕颉颃。"郭次甫极称黄山，黄山亦在歙，去松萝远甚。往时土人皆重天池，然饮之略多，令人胀满。浙之产曰雁宕、大盘、金华、日铸，皆与武夷相伯仲。钱塘诸山产茶甚多，南山尽佳，北山稍劣。武夷之外，有泉州之清源，倘以好手制之，亦是武夷亚匹。惜多焦枯，令人意尽。楚之产曰宝庆，滇之产曰五华，皆表表有名，在雁茶之上。其他名山所产，当不止此，或余未知，或名未著，故不及论。

李诩《戒庵漫笔》：昔人论茶，以枪旗为美，而不取雀舌、麦颗。盖芽细则易杂他树之叶而难辨耳。枪旗者，犹今称壶蜂翅是也。

《四时类要》：茶子于寒露候收晒干，以湿沙土拌匀，盛筐笼内，穰草盖之，不尔即冻不生。至二月中取出，用糠与焦土种之。于树下或背阴之地开坎，圆三尺，深一尺，熟劚，著粪和土，每坑下子六七十颗，覆土厚一寸许，相离二尺，种一丛。性恶湿，又畏日，大概宜山中斜坡、峻坂、走水处。若平地，须深开沟垄以泄水，三年后方可收茶。

张大复《梅花笔谈》：赵长白作《茶史》，考订颇详，要以识其事而已矣。龙团、凤饼、紫茸、拣芽，决不可用于今之世。予尝论今之世，笔贵而愈失其传，茶贵而愈出其味。天下事，未有不身试而出之者也。

文震亨《长物志》：古今论茶事者，无虑数十家，若鸿渐之《经》，君谟之《录》，可为尽善。然其时法，用熟碾为丸、为挺，故所称有"龙凤团""小龙团""密云龙""瑞云翔龙"。至宣和间，始以茶色白者为贵。漕臣郑可简始创为银丝水芽，以茶剔叶取心，清泉渍之，去龙脑诸香，惟新铸小龙蜿蜒其上，称"龙团胜雪"。当时以为不更之法，而吾朝所尚又不同。其烹试之法，亦与前人异。然简便异常，天趣悉备，可谓尽茶之味矣。而至于洗茶、候汤、择器，皆各有法，宁特侈言乌府、云屯等目而已哉。

《虎丘志》：冯梦桢云："徐茂吴品茶，以虎丘为第一。"

周高起《洞山茶系》：岕茶之尚于高流，虽近数十年中事，而厥产伊始，则自卢仝隐居洞山，种于阴岭，遂有茗岭之目。相传古有汉王者，栖迟茗岭之阳，课童艺茶，踵卢仝幽致，故阳山所产，香味倍胜茗岭。所以老庙后一带茶，犹唐宋根株也。贡山茶今已绝种。

辽代备茶壁画

徐𤊹《茶考》：按《茶录》诸书，闽中所产茶，以建安北苑为第一，壑源诸处次之，武夷之名未有闻也。然范文正公《斗茶歌》云："溪边奇茗冠天下，武夷仙人从古栽。"苏文忠公云："武夷溪边粟粒芽，前丁后蔡相笼加。"则武夷之茶在北宋已经著名，第未盛耳。但宋元制造团饼，似失正味。今则灵芽仙萼，香色尤清，为闽中第一。至于北苑壑源，又泯然无称。岂山川灵秀之气，造物生殖之美，或有时变易而然乎？

劳大与《瓯江逸志》：按茶非瓯产地，而瓯亦产茶，故旧制以之充贡，及今不废。张罗峰当国，凡瓯中所贡方物，悉与题蠲，而茶独留。将毋以先春之采，可荐馨香，且岁费物力无多，姑存之，以稍备芹献之义耶！乃后世因按办之际，不无恣取，上为一，下为十，而艺茶之圃遂为怨丛。惟愿为官于此地者，不滥取于数外，庶不致大为民病。

冒襄像

《天中记》：凡种茶树必下子，移植则不复生。故俗聘妇，必以茶为礼，义固有所取也。

《事物记原》：榷茶起于唐建中、兴元之间。赵赞、张滂建议税其什一。

《枕谭》：古传注："茶树初采为茶，老为茗，再老为荈。"今概称茗，当是错用事也。

熊明遇《岕山茶记》：产茶处，山之夕阳胜于朝阳，庙后山西向，故称佳。总不如洞山南向，受阳气特专，足称仙品云。

冒襄《岕茶汇钞》：茶产平地，受土气多，故其质浊。岕茗产于高山，浑是风露清虚之气，故为可尚。

吴拭云：武夷茶赏自蔡君谟始，谓其味过于

北苑、龙团，周右文极抑之。盖缘山中不谙制焙法，一味计多徇利之过也。余试采少许，制以松萝法，汲虎啸岩下语儿泉烹之，三德俱备，带云石而复有甘软气。乃分数百叶寄右文，令茶吐气；复酹一杯，报君谟于地下耳。

释超全《武夷茶歌注》：建州一老人始献山茶，死后传为山神，喊山之茶始此。

《中原市语》：茶曰渲老。

陈诗教《灌园史》：予尝闻之山僧言，茶子数颗落地，一茎而生，有似连理，故婚嫁用茶，盖取一本之义。旧传茶树不可移，竟有移之而生者，乃知晁采寄茶，徒袭影响耳。

唐李义山以对花啜茶为杀风景。予苦渴疾，何啻七碗，花神有知，当不我罪。

《金陵琐事》：茶有肥瘦，云泉道人云："凡茶肥者甘，甘则不香。茶瘦者苦，苦则香。"此又《茶经》《茶诀》《茶品》《茶谱》之所未发。

野航道人朱存理云："饮之用必先茶，而茶不见于《禹贡》，盖全民用而不为利。后世榷茶立为制，非古圣意也。陆鸿渐著《茶经》，蔡君谟著《茶谱》。孟谏议寄卢玉川三百月团，后侈至龙凤之饰，当责备于君谟。然清逸高远，上通王公，下逮林野，亦雅道也。"

佩文斋《广群芳谱》：茗花即食茶之花，色月白而黄心，清香隐然，瓶之高斋，可为清供佳品。且蕊在枝条，无不开遍。

王新城《居易录》：广南人以蓉为茶。予顷著之《皇华记闻》。阅《道乡集》有《张纠送吴洞蓉》绝句，云："茶选修仁方破碾，蓉分吴洞忽当筵。君谟远矣知难作，试取一瓢江水煎。"盖志完迁昭平时作也。

《分甘余话》：宋丁谓为福建转运使，始造"龙凤团"茶上供，不过四十饼。天圣中，又造小团，其品过于大团。神宗时，命造"密云龙"，其品又过于小团。元祐初，宣仁皇太后曰："指挥建州，今后更不许造'密云龙'，亦不要团茶，拣好茶吃了，生得甚好意智。"宣仁改熙宁之政，此其小者。顾其言，实可为万世法。士大夫家，膏粱子弟，尤不可不知也。谨备录之。

《百夷语》：茶曰芽。以粗茶曰芽以结，细茶曰芽以完。缅甸夷语，茶曰腊扒，吃茶曰腊扒仪索。

徐葆光《中山传信录》：琉球呼茶曰札。

《武夷茶考》：按丁谓制"龙团"，蔡忠惠制"小龙团"，皆北苑事。其武夷修贡，自元时浙省平章高兴始，而谈者辄称丁、蔡。苏文忠公诗云："武夷溪边粟粒芽，前丁后蔡相笼加。"则北苑贡时，武夷已为二公赏识矣。至高兴武夷贡后，而北苑渐至无闻。昔人云，茶之为物，涤昏雪滞，于务学勤政未必无助，其与进荔枝、桃花者不同。然充类至义，则亦宦官、宫妾之爱君也。忠惠直道高名，与范、欧相亚，而进茶一事乃侪晋公。君子举措，可不慎欤。

《随见录》：按沈存中《笔谈》云："建茶皆乔木。吴、蜀惟丛茇而已。"以余所见，武夷茶树俱系丛茇，初无乔木，岂存中未至建安欤？抑当时北苑与此日武夷有不同欤？《茶经》云："巴山、峡川有两人合抱者"，又与吴、蜀丛茇之说互异。姑识之以俟参考。

《万姓统谱》载：汉时人有茶恬，出《江都易王传》。按《汉书》：茶恬苏林曰，荼食邪反。则茶本两音，至唐而荼、茶始分耳。

焦氏说：槚茶曰玉蕤。[补]

许慎像

【译文】

许慎的《说文解字》中说：茗，也就是茶。

王褒在《僮约》的前面说"烹鳌烹茶"；后面说"武阳买茶"。[注：前面指的是苦菜，后面指的是茗。]

李白月下独酌

张华在《博物志》中说：喝真正的茶，能够使人睡眠减少。

《诗疏》记载：椒树跟茱萸很相似，蜀地的人把它叫作茶，吴地的人把它叫作茗，都是拿它的叶子煮出清香的气味。

《唐书·陆羽传》记载：陆羽特别喜欢喝茶，著有《茶经》三篇，说的是茶之源、茶之具、茶之造、茶之器、茶之煮、茶之饮、茶之事、茶之出、茶之略、茶之图等，渐渐天下的人都知道喝茶了。

《唐六典》中说：金英、绿片，都是茶叶的名称。

《李太白集·赠族侄僧中孚玉泉仙人掌茶序》中有这么一段：我听说在荆州玉泉寺附近青溪等山里，山洞里面往往有钟乳窟，窟里面大多有泉水流出。里面有白色的蝙蝠，如乌鸦一般大。按照《仙经》里面记载的："蝙蝠，又叫作仙鼠。千年之后，身体如同雪一样洁白。

栖息的时候是倒悬的，它就是因为饮用了钟乳水才长生的。"这种水边到处长着茶叶，枝叶像碧玉一样。玉泉真人常常采摘下来喝，他到了80多岁，脸色还和桃花一样，而这里的茶叶清香滑热也与其他茶叶不同，所以能够延年益寿、防止过早衰老。我到金陵游玩时，高僧中孚拿了几十片茶叶给我看，这种茶叶卷起来重叠在一起，形状就像"手掌"一样，所以叫作"仙人掌茶"。这是玉泉山新出产的，以前从来没有见过。因为他拿给我看完了之后又做了诗，要我答复，所以才有了这首诗。以后的高僧和出名的隐士，都知道"仙人掌茶"来源于中孚禅子以及青莲居士李白了。

《皮日休集·茶中杂咏诗序》中说：从周朝以后到我朝关于茶的记录，竟陵人陆季疵所说的最为详尽。然而在陆季疵以前喝茶的人，都是糊里糊涂地烹制，跟我们这些学问浅薄的喝茶人没有什么差别。季疵最早写了《茶经》三卷，从此之后，区分了茶叶的来源、制造了工具、教人如何制茶，设计了器具，将它煮熟。喝茶能够消除疲劳防治疾病，即使是医生也不一定能够有这样的效果。它的好处，对人来说难道还小吗？我最初得到季疵书的时候，认为还有可以补充的，后来又得到了他的《顾渚山记》两篇，发现里面有很多关于茶的内容。再后来又从太原温从云、武威段碣之那里各自补充了关于茶的内容十几节，一起存放到书里面。关于茶的事情从周朝到现在，竟然再也没有一点的遗漏了。

《封氏闻见记》中记载：茶，南方人喜欢喝，而北方人最初很少喝。开元年间，泰山灵岩寺有降魔师，大力倡导禅教。学禅不能睡觉，又不能吃晚饭，只允许喝茶。人们把茶叶夹在腋下，到处煮着喝，从此以后彼此之间开始争相效仿，于是形成了喝茶的风气。从邹、齐、沧、棣，渐渐传到了京都，城里有许多人开店铺专门煎茶卖，不论是否修道，花钱就能饮茶。他们的茶叶是从江淮运来的，颜色很重。

《唐韵》中记载：荼字，是从中唐的时候才开始变为茶字的。

宋代赵佶《文会图》中文人品茶的场面

裴汶《茶述》中记载：茶起源于东晋，从我朝开始变得盛行。茶特别清爽，味道很好，可以祛除烦恼，调和机理。即使在上百种东西中都不会混，比所有饮品都好。茶用开水来烹制，浑然虎形，人人都喝，永远不会厌烦。喝了就好，没喝的就会生病。那些芝术黄精，徒称为上药，效果要在几十年后才显现出来，而且还有很多禁忌，不能和茶相比。有人说：多喝茶会让人体格虚弱容易生病。我不这样认为。既然它能驱除邪气，那就一定能够辅助正气，怎么会有既能够使人沾染疾病而又能调和人身体的东西呢？现在各地出产的品种实在是太多了，顾渚、蕲阳、蒙山这些地方产的茶是上等的，其次就是寿阳、义兴、碧涧、澧湖、衡山，最差的有鄱阳、浮梁。现在得到上好的茶就不用说了，得到比较粗糙的，在乡下庶里，用瓯碗来喝。一会儿不喝，那么肠胃就会生病。人人都这么喜好它，这在西晋以前还没有听说过。因为害怕最精妙的味道遗失了，因此写了《茶述》。

宋徽宗在《大观茶论》中说：茶叶这种植物，长于瓯闽的秀气，饱含山川的灵禀。它能够祛除体内滞留之物，使人清醒调和，那就不是凡夫俗子可以知道的了。冲淡闲杂、高雅宁静，那就不是惊慌紧张的时候可以得到而崇尚的了。而本朝兴起的风气，每年在建溪制造贡茶，"龙团""凤饼"由此天下闻名，而壑源那些品种，也是从这里开始繁盛起来的。延续到了现在，百废俱兴，宴请宾客时，都少不了它，幸好还不至于没有。上到王公贵族，下到平民百姓，沐浴在茶水之中，在它的熏陶影响之下，都很推崇这种高雅的风气，喝起茶来。所以近几年来，采摘的精细、制作的精良、品质的优良、烹煮的美妙，都达到了极致。哎呀！至于治理国家的道理，难道不是让每个人都能够完全发挥自己的才华，而草木这些有灵性的东西也能尽到它的作用吗？我在闲暇的时候，研究茶精妙的地方，所得到的好的感悟，恐怕后人不知道，所以从头到尾写了20篇，叫作《茶论》。第一说的是产地，二说的是天时，三说的是采摘，四说的是蒸压，五说的是制造，六说的是鉴别，七说的是白茶，八说的是罗碾，九说的是茶杯，十说的是筷子，十一说的是茶瓶，十二说的是勺子，十三说的是水，十四说的是点茶，十五说的是茶味，十六说的是香气，十七说的是颜色，十八说的是储藏，十九说的是品尝，二十说的是在外面烘焙。好的茶叶都有各个产地的特点，如平园、台星岩是在园子里种植，高峰青凤髓茶性刚，大风茶纯净，屑山茶产自岛上，罗汉上水桑芽产自五崇林，碎石窠、石臼窠茶坚实，秀皮林茶的叶子闪光，虎岩茶师复、师贶，无双岩芽似椿芽，老窠园茶叶茂。各有各的美妙之处，大不相同，不能够一一列举出来。制茶的人所焙出的茶，也有前面好而后来差，过去好而今天差的，那是因为茶的产地不一样。

丁谓在《进新茶表》中说：金沙出产一种茶，名叫非紫笋。江边很温暖，才能有这种茁壮的形态，阙下春天还冷，已经散发出了甘甜的香味。物以稀为贵，怎么还敢私自藏匿起来呢？见谓新茶，实遵旧例。

蔡襄在《进茶录表》中说：臣以前因事奏请，听皇上说：以前臣任福建转运使的时候，所进贡的上等龙茶是最好的。臣想到草木的卑微，还要劳烦皇上您亲自来鉴定，如果处理得当的话，就能尽到它的作用了。前人陆羽所作的《茶经》，没有记载建安的茶叶；丁谓的《茶图》，又只说采摘茶叶这些最基本的事情。至于茶的烹煎方法，还没有听说过。所以我列出这些事情，简明扼要，写成两篇，起名为《茶录》。伏请皇上在清闲的宴会上，能够让大家一起观看，那我就感到万分荣幸了。

欧阳修在《归田录》中记载：茶叶中的品种，最贵重的就是龙凤茶了，也作"团茶"，每8块茶饼重1斤。庆历年间，蔡君谟才开始制作小片的龙茶进贡，它的品质精绝，被称作"小团"，每20块重1斤，它的价钱相当于2两黄金。但是金子可以有而这样的好茶叶却不一定能够得到。每次南效致斋，也不过赐给中书、枢密院各一块，

欧阳修像

四个人一起分。宫里面的人往往还在它的上面用金花装饰上，由此可见它贵重的程度。

赵汝砺在《北苑别录》中说：草木到了晚上更加兴盛，这是为了吸收生长所需的气息，吮吸雨露的精华。茶树在每年6月的时候修整，虚其本，培其末，把四周滋生的杂草和其他乱七八糟的树木都清理掉，这也是为了让茶能够吸收生长所需的气息，吮吸雨露的精华，这叫作开畲。只留下桐木。因为桐木与茶叶是相辅相成的，茶到冬天就怕寒冷，桐木到了秋天就先落下叶子来了，茶到了夏天就怕太阳晒，而桐木到了春天已经变得茂盛起来了。

王辟之的《渑水燕谈》说：建茶盛行于江南，近几年来制作的尤其精良，最好的是"龙团"，1斤有8块。庆历年间，蔡君谟任福建转运使的时候，才开始制造小团，用来作为每年进贡的物品，1斤有20块，这就是所说的上等龙茶了。仁宗尤为珍惜，即使是宰相也没有赏赐过，只有在郊礼致斋的时候，两府各四个人，每府赏赐一块。宫里面的人把金纸剪成龙凤图形贴在它的上面。八个人分别保存起来，作为很奇特的物品，自己都不敢尝试，相当好的客人来了才拿出来把玩观赏。欧阳修曾说："茶叶这种东西本身就很精细，而小团又更精细了。"嘉祐年间，小团刚刚出来。现在，小团已经很容易就能够得到了，何至于如此昂贵呢？

周辉的《清波杂志》中记载：自从熙宁年间以后，才开始进贡"密云龙"。每年开春的时候进贡第一纲，献给宗庙和皇宫大内之外，轮到臣子就没有多少了。亲戚和亲信请求赏赐得特别多。宣仁太后曾命令建州不许制造"密云龙"，其他人不能煎炒。这样的消息在官绅之间传播后，"密云龙"的名气因此更大了。淳熙年间，皇上的亲信许仲启到苏沙任职，得到了《北苑修贡录》，作序加以印刷发行。这里面记载每年的贡品十有两纲，共三个等次41种。第一纲叫"龙焙贡新"，只有50多铸。贵重到了这种地步，也只有所谓的"密云龙"了。但怎么又把它的名字改作"贡新"了呢？要么是还有另外一种，比"密云龙"还好？

沈括在《梦溪笔谈》中说：古代的人评论茶，只有阳羡、顾渚、天柱、蒙顶这些，都没有提到建溪。然而唐朝的人重视串茶粘黑的，那就已经跟块状的建茶很相近了。建茶都是乔木，而吴、蜀两地只有聚在一起的草根而已，品质自然不好。好的建茶叫郝源、曾坑，这中间又有垄根、山顶这两个更好的品种。李氏把它叫作北苑，还设置专人管理。

胡仔的《苕溪渔隐丛话》中记载：建安的北苑茶，在太宗太平兴国三年的时候开始制造，派专人制造，把它印成龙凤的样子，用来进贡。到了至道年间，才添加制造了石乳、蜡面。后来的大小龙

沈括像

茶，又开始于丁谓，而成形于蔡君谟的时候。到宣、政年间，郑可简开始以贡茶进献，以后领了漕运，再添加进去，数量渐渐多了起来，今天还因袭这种做法。

细色茶叶有 5 个系列，一共 43 个品种，制造的形状各有不同，共有 7000 多块，其中的贡新、试新、龙团胜雪、白茶、御苑玉芽这 5 种是在水里面挑拣的最好的；其他的都是直接挑拣的，稍微差一点。还有成色粗一点的茶叶 7 类，共 5 个品种。大小龙凤和拣芽，都加入了龙脑，制成圆形的茶饼，总共 4 万多块。水拣茶也就是社前的茶，生拣茶是火前的，粗色茶就是雨前的。福建天气暖和，雨前的茶叶已经老了而且味道很重。又有石门、乳吉、香口这 3 种外面烘焙的品种，都是隶属于北苑的，它们都是把茶芽摘下来后，送到官焙里面去加工制作的。每年要花去一共两万多缗的钱，每天要雇佣上千人，历时两个月才能够完成贡茶的制造。这里制造的茶叶不允许超过规定的数量，进贡后市场上几乎就没有这种茶叶了，所以人们很难得到。只有壑源那些地方烘焙的私茶，其中的绝品好茶也能比得上官焙的茶叶，从过去到现在，北苑的茶全部都进贡了，卖到各个地方的，都是私自烘焙的。北苑在富沙的北面，隶属于建安县，离城里 25 里远的地方，就是制造贡茶的地方——龙焙，也叫凤凰山。那里有一条小溪，往南流到富沙城的下面，才与西面来的水汇合在一起往东流去。

车清臣的《脚气集》中记载：《毛诗》中说："谁谓茶苦，其甘如荠。"注：茶，就是苦菜。《周礼》中记载：端茶去做丧事，主要是因它的苦。苏东坡诗中说："周《诗》中记载茶叶很苦，但喝茶是从最近几年才开始的。"是把今天的茶认为是茶。茶叶，现在的人是用它来使头脑清醒的，从唐朝以来，自上而下人都喜欢喝茶，就是普通的老百姓每天也要喝上几碗，怎么会是茶呢？比较粗糙的茶叫作茗。

宋子安的《东溪试茶录序》中记载：茶叶适合生长在高山的北面，并且早上有太阳照射的地方。从北苑的凤山，到南面的苦竹园，东南一直到远处的张坑头，都是又高且向阳的地方，每年很早的时候茶芽就发出，茶芽肥乳，不是其他的地方所能够相比的。其次是壑源岭，地势很高且土地肥沃，烘出来的茶味道比其他地方烘焙得好。丁谓也说凤山高不过百丈，没有危峰和陡峭的岩壁，但是却绿翠环绕，气势很秀美，适合于各种有灵气的花草树木生长。又因为建安茶的品质天下第一，所以有人认为山川之间最美好的灵气，天地之间最调和的气氛，都在建安茶里面。又说石乳出自壑岭的断崖缺石之间，是草木的仙骨。近来蔡公也说："只有北苑的凤凰山一带烘焙出产的茶叶味道最好，所以各个地方都认为建茶最为有名，也都说的是北苑所产的茶。"

黄儒在《品茶要录序》中说：我曾经说陆羽的《茶经》里面没有把建安的茶叶排上名。这是因为从前喝茶的风气还不是很盛行，灵芽真笋往

《晋贤图》

明·时大彬款紫砂胎剔红壶（万历）

往腐烂掉而人们却并不知道去珍惜。自从我朝以来，各级官员接受上天的恩惠，歌舞升平的时间已经很长了。就算是出身寒微、衣冠很普通的人，也都喜欢喝茶。园林之间也互相摘英夸异，制椪出新，以迎合人们的喜好。所以上好的品种，才得以从草莽中脱颖而出，闻名天下。假如陆羽复生，看到这样好的茶叶，尝到这样美妙的茶叶，应该觉得很失落。念及草木这样的东西，有奇特品质的，未尝不是遇着时机然后兴起，何况是人呢！

苏轼在《书黄道辅品茶要录后》中说：黄君道，建安人，博学多才且能写得一手好文章，性格恬淡精深，是一个很有修养的人。他写了《品茶要录》10篇，中间的精妙之处，是陆羽以后谈论茶的人所不能达到的。如果不是心中平静没有什么欲求，没有其他的顾虑，又怎么能够将物体观察得这么仔细呢！

《茶录》中说：茶，古代没有听说有人食用，从晋、宋以后，吴地的人才采摘它的叶子煮好再饮用，叫作"茗粥"。

叶清臣在《煮茶泉品》中说：吴楚两地的山谷之间，空气清新土地肥沃，草木相当茁壮，生长着很多的茶叶。比武夷差的是白乳，比吴兴好的是紫笋，禹穴出产的以天章最为著名，钱塘的以径山最为稀有。至于桐庐的岩石，云卫的山脚，雅山出名于宣、歙，蒙顶流传于岷、蜀，各有区别，列举起来实在是太多了。

周绛在《补茶经》中说：芽茶只用来做早茶，驰奉万乘，尝到就可以了。如果是一旗一枪的茶，那就可以称得上是很奇特的茶了。

胡致堂说：茶叶，是我们每天都要用的东西，比酒还重要。

陈师道在《茶经丛谈》中说：茶，洪的双井，越的日注，不能辨别它们的前后，而非要给它们排序的，只是为了满足自己的心理而已。

陈师道在《茶经序》中说：写茶的著作是从陆羽开始的，喝茶的盛行也是从陆羽开始的，陆羽对茶的普及来说确实有功劳。上到皇宫和各省大员，下到乡里，外到异域他乡，祀礼请客，都把它摆在前面；山村和沼泽之地都成了集市，商贾因此而起家，对人又有功劳，可以说非常好了。《茶经》中说：辨别茶叶的好坏，有一定的诀窍。其实书中所说的，非常粗略。而茶叶的精妙之处，书上并不能完全说清楚，况且天下的真理，要想在文字和笔墨之间都得到，那又怎么可能呢？从前先王根据各人的实际而

茶字的演变

施以不同的教育方法，根据它的缺点来加以改进，只要是有益于人的，都不轻易放弃。

吴淑在《茶赋》中注解道：五花茶，它的叶子如同五朵花一样。

姚氏《残语》中记载：绍兴进贡茶叶，是从高文虎开始的。

王楙在《野客丛书》中说：人们说古代的茶，就是现在的茶。却不知道茶有好几种，并不是只有一种。《诗经》中说"谁谓茶苦，其甘如荠"，其实指的是苦菜，就像现在苦苣这类东西。《周礼》中的"掌茶"、毛诗中的"有女如荼"，说的都是茗茶那种茶，都是萑苇一类。只有茶槚那种茶，才是现在的茶。可是世人却并不知道分辨。

《魏王花木志》中记载：茶叶与栀子相似，可以煮好饮用。它的老叶称作舛，嫩叶称作茗。

《瑞草总论》中记载：唐宋以来有贡茶，有榷茶。如果是贡茶，可以说明大家有爱君的心理。至于榷茶，那就是让官员得利，百姓遭殃了，它的危害还不止一点啊！

元熊禾在《勿斋集》中记载：北苑烘焙茶叶进贡已经很久了。茶贡没有列在《禹贡》《周·职方》里，而兴起于唐代，北苑又是最著名的。北苑在建城东面约25里的地方，唐朝末年的时候百姓张晖才上表奏告。宋朝初年，丁谓任福建漕运史的时候，进贡的数量骤然增加，达到了几万斤。庆历承平之后，蔡襄继承了这种做法，制作得更为精良，建茶才成为天下最出名的茶。它的声名像显赫的高官一样，被大家所珍惜。欧阳修虽然实在不愿意这样，但是仍然用诗歌赞美它。苏轼则直接指出它的过失。君子创立的法例可以继承，但是不能不慎重。

《说郛·膔乘》中记载：产的茶叶，六经上所记载的已经非常详尽了，但是唯独没有把异美的名字记录进去。唐宋以来，见诸诗文的茶的名称也很多，有很多相似的，像蟾背、虾须、雀舌、蟹眼、瑟瑟、沥沥、霭霭、鼓浪、涌泉、琉璃眼、碧玉池，都是茶事中天然形成的名字。

《茶谱》中记载：衡州的衡山，封州的西乡，把茶叶碾细制造，都制成了团，像月亮一样。还有彭州蒲村堋口，那里的茶园有"仙芽""石花"等称呼。

明代的人在《月团茶歌序》中说：唐代的人制茶的时候把茶碾成粉末，便于制成圆形，宋代的时候制作更加精良，元代的时候茶的制法就已经很绝妙了。我模仿它这样做，做得也很像，才开始领略到古代人咏茶诗中所说的"膏油首面"，"佳茗似佳人"，"绿云轻绾湘娥鬟"这样的句子。喝茶以外，作诗记下，并传播这样美妙的事情。

屠本畯在《茗笈评》中说：人们只说茶叶香，但是却不知道茶花的香。我去年经过大雷山的朋友那里，当时正好是茶花开的时候，童子把茶花摘下来供养。那种幽香飘到了很远的地方，特别的惹人喜爱，可惜它并不是小瓯中的物品。我写的《瓶史月表》，把插茶树花当作非常高雅的行为。而高濂的《盆史》中也记载有"茗花足助玄赏"这样的句子。

《茗笈赞》一共有十六章：一是追溯它的历史，二说的是产地，三是说时机，四是谈论制作的方法，五是说贮藏茶叶，六说的是品水，七说的是火候，八说的是定汤，九说的是煮茶的方法，十说的是辨别器具，十一说的是各种禁忌，十二说的是防滥，十三说的是防止混淆，十四说的是相宜，十五说的是鉴定，十六说的是观赏。

谢肇淛在《五杂俎》中说：现在茶叶中品质好的，有松萝、虎丘、罗岕、龙井、阳羡、天池这些。而我们闽地的武夷、清源、彭山这三种，可以和它们一争高下。六安、雁宕、蒙山这三种，能够祛除人体内的积滞，但是色香却不够，应该算作是药里面的品种，而不是文房的好品种。

《西吴被乘》中记载：湖人喝茶，不喜欢喝顾渚而偏好罗岕茶。但是上好的顾渚，其茶味已经远远好过龙井了。罗岕稍微清隽一点，但是叶子太粗还有草气。丁长孺曾经送半角罗岕茶给我，并且教给我烹煮的方法，我试了之后，觉得特别像羊公鹤。这是我所不能理解的。我品尝过的茶，以武夷、虎丘为第一，清淡而味久远。松萝和龙井要差一点，很香也很艳。天池就更差一些了，普通但不会令人厌烦。其他的就不值得一提了。

屠长卿在《考槃余事》中记载：虎丘茶是最精绝的，为天下第一，可惜出产的不多，都被豪门夺去了，像我们这样普通的人家是没办法得到的。天池青翠带有清香，喝着赏心，闻着都觉得能够解渴，可以称得上天上的仙品。其他山上的茶叶，都应当排在它的后面。阳羡俗名叫罗岕，浙江长兴出产的很好，荆溪的要稍微差一点。精细的罗岕价钱是天池的两倍，可惜很难得到，还必须亲自收集采摘的才好。六安那种也很好，用它做药物最好，但是如果不善于炒，就不能够让它里面的香气散发出来，喝起来就觉得苦涩，其实茶叶的本性是很好的。龙井山上不过只有几十亩茶叶，这之外的茶叶虽与龙井相似但是都比不上这里的。大概是上天开了龙泓这样秀美的泉水，所以山灵秀特地生出了这样好的茶叶用来陪衬。山中只有一两家，他们的炒法很精湛。近来有山里的和尚烘焙得也很巧妙，真正的龙井就是天池也比不上啊！天目与天池、龙井相比要差一点，不过也是好茶。《地志》中记载："山中天寒得早，山里的和尚到了9月就都不敢出来了。冬天来了之后经常下雪，3月以后道路才可以通行，所以这里的茶树比其他地方的萌芽要晚。"

包衡在《清赏录》中说：前人用陆羽喝茶与后稷树谷相比，直至看到韩翃的《谢赐茶启》里面这样说："吴王礼贤下士，才开始放置茶水；晋人比较好客，才有分茶的习惯。"才知道开创喝茶这种习俗的功劳，并不归于陆羽！如果说以前喝茶还没有普及的话，那么到现在喝茶已经有1500年的历史了。

陈仁锡在《潜确类书》中记载："紫琳腴、云腴，都是茶的名称。"茶树开白色的花，冬天开的时候与梅花很像，也很清香。［按：冒巢氏所著的《岕茶汇钞》中说："茶花的味道浓但是没有香味，香气都凝聚在叶子里面。"这两种说法不一样，怎么就只有岕与其他的茶不一样呢？］

《农政全书》书影

《农政全书》中记载：六经中没有茶，荼也就是茶。

《毛诗》中说："'谁谓荼苦，其甘如荠'，就是说它苦中带甜。""茶是一种很有灵气的植物，种茶能够得到很多利益，喝茶能使人精神清爽。茶上被王公贵族所崇尚，下到普通的老百姓也不能够缺少，这的确已经成了百姓每天生活的必需品了，对于国家的税收也有帮助。"

罗廪在《茶解》中说：茶树不适合与不好的树木

春茶　　　　　　　　夏茶　　　　　　　　秋茶

掺杂种植，只有古梅、丛桂、辛夷、玉兰、玫瑰、苍松、翠竹和它一起夹杂着种植，足以遮挡风霜雨雪和秋天的阳光了。茶的下面可以种上兰花、幽菊这些清淡芳香的植物。茶园最忌讳靠近菜地，因为这样难免会有渗漉的时候，会妨碍茶的本质。茶地向南的好，背阴的要差一点。所以同一座山中，茶都有好坏之分。

李日华的《六研斋笔记》中记载道：喝茶在唐朝末年的时候还不太盛行，不过只是隐士雅人摘于荒园杂秽中，撷取茶的精华，这样来自云露而又自然的味道。到了宋朝才有喝茶的讲究，也只是充当皇家的玉食，士大夫的珍品。渐渐地，民间喝茶的越来越多，茶也渐渐成了不能缺少的饮品。于是种植的人给它施肥浇水，等同于种植蔬菜，这样一来就损害了茶的品位。人们只知道陆羽到处品泉，却不知道他也到处搜集茶叶。皇甫冉在《送羽摄山采茶》诗中的几句话，就记载了这一点。

徐岩泉的《六安州茶居士传》中说：居士姓茶，族氏有很多，枝叶繁衍遍布天下。它在六安的一枝最出名，是大宗；阳羡、罗岕、武夷、匡庐这些，都是小宗，蒙山只不过是它的别枝罢了。

乐思白在《雪庵清史》中记载：茶能让人浑身轻松，脱胎换骨，解渴祛除烦恼，茶叶的功劳，非常神奇美妙。以前在唐代，我们闽地的茶事还不兴盛，草木的灵妙之处还没有完全发挥出来。五代的时候，南唐在北苑采茶，喝茶的风气才开始盛行起来。等到宋朝至道初年的时候，奉旨制造，茶叶的品种也日渐增多。到了咸平、庆历年间，丁谓、蔡襄造茶进贡，茶的制作就更精细了。到了宋徽宗大观、宣和年间，茶叶的品质达到极致。悬崖峭壁的上面，树木葱翠、浮云缭绕，这种地方往往就容易出产灵异的东西。如果丁谓、蔡襄来到我们这里的话，那这些好的品种，又怎么会让它无端腐烂呢？虽然是这样，还是怕没有好的品种。但是如果它的品种很好，没有丁谓、蔡襄来到我们这里，这样灵芽真笋岂不是最终要烂掉。我们这里能够使人浑身轻松、脱胎换骨、祛除口渴烦恼的东西，难道只有茶这一种吗？只是发挥出了它的灵气罢了。

冯时可所写的《茶谱》中记载：茶关键在采摘，苏州的茶叶天下人都喜欢喝，那是因为它赢在采摘方面。徽郡一向都没有好茶叶，近来所出产的松萝最为时尚。其实这种茶叶最初是和尚大方造的，大方在虎丘住了很久，得到了茶的真正采造技巧。后来他在安徽的松萝住下，从各座山里面采来茶叶，在庵里焙制，远近都来买，价格飞涨。人们称它为松萝，其实并不是松萝出产的。

胡文焕在《茶集》中说：茶叶是至清至美的东西，世上的人都不能够完全品出它的味道，而像我们这些凡夫俗子又不足以说这样的话。医生说茶叶的性质是寒性的，会伤害人的脾胃。可是我有很多种病痛，还必须用茶水来做药引子，一直很有效。哎！如果不是缘自其本身的品性，又哪来这样的功用呢！

《群芳谱》中说：蕲州蕲门的团黄，有一旗一枪的称号，也就是一叶一芽。欧阳修的诗里有"共约试新茶，旗枪几时绿"的句子。王荆公在《送元厚之》中有"新茗斋中试一旗"这样的句子。大家都说茶刚长出来的嫩的是一枪，叶子大开的是一旗。

鲁彭在《刻〈茶经〉序》中说：为茶叶作书，是很重要的。现在重新印制，便于大家阅览。在竟陵刻印是因为陆羽是竟陵人。陆羽天生就不同于一般人，与尹子文很类似。别人都说尹子文贤明所以才能做官，而陆羽虽然也很出众，但最终没有走仕途之道。现在看这三篇《茶经》，是具体使用的学问。人们说的伊公羹、陆氏茶，都是取自这里，其实是用自己来做比喻。所谓换了地方也是这样，并不是的。后来喝茶的风俗风行中外。而且回纥还用马来换取茶叶，从宋朝到现在，对边塞很有帮助。那么陆羽的功劳，当然就能永垂千古了，当不当官也就没有必要再去讨论了。

沈石田在《书岕茶别论后》中说：以前的人咏叹梅花说"香中别有韵，清极不知寒"，担得上这种赞美的只有岕茶了。像福建的清源、武夷，吴郡的天池、虎丘，武林的龙井、新安的松萝、匡庐的云雾，它们的名气虽然很大，但是还是不能和岕茶相比。顾渚每年进贡 32 斤茶叶，那就是说岕茶在本朝的初年，就已经受到重视了。到了今天，越来越盛行，身价越来越高。岕既得到了圣人之清，又得到了圣人之时，蒸、采、烹、洗，都与古代的做法不一样。

毛茶

精茶

李维桢在《茶经序》中说：陆羽所写的《君臣契》3 卷，《源解》30 卷，《江表四姓谱》10 卷，《占梦》3 卷，没有完全流传下来，而独独只有《茶经》流传下来了，这难道不是因为其他的书别人都有，而只有这本书是有自己特色、特长的，所以更容易出名吗？太史公说："富贵但是名声不好的人，多得简直没有办法计算，只有特别风流倜傥的人才能被人称颂。"陆羽一生都非常贫困，但是他的著作和足迹却留了下来，为后世的人们尊崇。他的风范足以教育后世，实在是不可缺少啊。

杨慎的《丹铅总录》说：茶也就是古代的荼字。周《诗》中记有荼苦，《春秋》写作齐荼，《汉志》写为荼陵。颜师古、陆德明虽然已改成了茶的读音，却没有改变荼字。到了陆羽的《茶经》、玉川的《茶歌》、赵赞的《茶禁》以后，才把荼改成茶。

董其昌的《茶董题词》中记载：荀子说："他的为人很闲暇，出入的地方也不远。"陶通明说："不做没有益的事情，怎么能够让漫长的一生充满快乐呢？"我说喝茶这件事，完全可以担当。所以说幽人雅士，脱离势利，用茶来耗费雄心壮志而消磨岁月。水源的好坏，可以品出它的出处，火候的大小，在丹鼎中调试。不是非常亲密的伴侣不算亲近，不是文雅的饮法不能与它们相比。现在这样的事情，也只允许夏茂卿做了。顾渚、阳羡，肉食者向往，茂卿怎么能够禁止得了呢？这就好比强笑不乐，强颜无欢，茶的韵味就在于自胜。我一直保持这样的高风亮节，到山里隐居10年，才不辜负茂卿所说。现在的人进入福建，心里想着龙凤茶，对它垂涎万分，这样想着，哪里还要有什么作为，像廉颇想被赵国所用那样呢？只是《绝交书》上所说的"如果你心里觉得不耐烦的话，那么所掌管的事情又怎么能够弄得好呢？"那就辜负了这么好的茶叶了。茂卿是能够理解我的心境的！

董其昌自画像

童承叙在《题陆羽传后》中说：我曾经经过竟陵，在陆羽的寺庙里休憩停留，访问了雁桥，看了茶井，心里面特别想见他本人。陆羽不在乎艰苦和贫穷，只是特别爱好过清淡的生活，他本来不是避世的人。他之所以寄号桑苎，遁迹山林，特立独行，然后又忍不住痛哭，一定有他的用意。当时的那些人，怎么能够理解他呢？直到他醉心茶叶，辨别水质，清风雅趣，流传到了今天。张颠对于酒的喜好，昌黎认为他是有所寄托才逃避的，陆羽可能也是这样吧！

《谷山笔麈》：茶在汉朝以前还没有记载，大概所说的槚就是茶吧。李贽认为古代的人冬天喝汤，夏天喝水，没有茶。李文正在《资暇录》中说："茶叶开始于唐朝崔宁年间，黄伯思已经能够辨别它的好坏，伯思曾经看见了北齐杨子华画的《邢子才魏收勘书图》，已经有煎茶的人了。"《南窗记谈》中说："喝茶开始于梁代天监年间，相关事情可以看《洛阳伽蓝记》。等到看了《吴志·韦曜传》，里面赏赐茶水当酒，那么说茶又并不是从梁朝开始的了。"我认为喝茶也不是从吴时开始的。《尔雅》中说："槚，苦荼。"郭璞注解说："可以作为羹来喝。采得早的是茶，采得晚的是茗，也叫荈。"那么就是说吴以前就已经用茶泡水了。到了后来就成了每天不可缺少的东西了。自从有了陆羽，才有制茶的方法。从吕惠卿、蔡君谟这些人开始，茶的做法越来越精细。而茶对国家的贡献也由此而来。这些都是古代的人所没有详细说明的。

王象晋的《茶谱小序》中记载：茶树，是一种优良的植物。一旦种下了之后就不能再移植了，所以在婚礼上用茶，这是为了取从一而终这层意思。虽然最早见诸书籍的是《食经》，从隋帝的时候才开始喝茶，但是喜欢的人很少。后来到了唐朝才开始兴起，到宋朝的时候就很兴盛了，茶才被人们所重视。仁宗是一位贤明的君主，赏赐给两府茶饼，四个人才两块，一个人才分得了几钱。宰相也不敢随便碾试，把它藏起来当作珍品，它贵重到了这种程度。近来蜀地的蒙山茶，每年所产只能用两计。江苏的虎丘，到了时候官府也提前封识，公家去进行采摘，所能得到的也不过几斤。这就是说天地之间所生产的好东西数量是有限的。杯冷碧波，碾飞绿屑，不借助这么好的东西，怎么可以驱除睡魔？所以写了《茶谱》。

陈继儒的《茶董小序》中记载：范希文说："万象森罗之中，怎么知道没有茶星呢！"我用茶星来作为客厅的名字，每当与客人一起品茶，风味天然，颜色和香味都散发出来了。如果陆羽在世的话，还忍心作《毁茶论》吗？夏茂卿说酒，他的语气特别自豪。我说，何不弃官归隐山林，在这样的山林涧水之间，采摘这么好的茶叶，煮成好茶，能一洗百年肠胃之中长期的沉积。热肠如沸，虽不比酒；说到清幽雅致，那酒就比不上茶水了。如果说酒如同侠士，那么茶就如同隐士。酒虽然很有劲道，茶的品德也很好。茂卿是茶的董狐，因此就做了《茶董》。东佘陈继儒写于素涛轩。

夏茂卿《茶董序》：从晋唐以后，大家一起聚会，各自举行比赛，品尝水的出产地，就像史官商董一样评判，于是便作了《茶董》。里面说："穷《春秋》，演河图，不如载茗一车"，这确实过于言重了。如果说茶的面貌最冷峻，而且把它称为水厄，还被认为是乳妖，那就恳求大家不要效仿这样的事情。冰莲道人记。

《本草纲目》中记载：石蕊，也称作云茶。

卜万祺《松寮茗政》中记载：虎丘茶，颜色和香味都很好，简直没有东西可以比拟的。必须亲自到出产茶叶的地方，用手采摘，才可以得到它的正品。而且很难保存，就算非常爱护，采摘时间稍过就完全失去了它最初的内蕴。就像天上的彩云容易扩散，所以并不把它拿上去进贡。况且山林空地所出产的不多，而且还被官家所掠夺，寺庙里的和尚总是喜欢在里面掺杂上赝品，不是行家恐怕是不能够判别的。明朝万历年间，寺庙里的和尚苦于被官吏搜刮，几乎一点都没有了，文肃公震孟写了《薙茶说》来讽刺它。到现在真正的虎丘茶也不容易得到。

袁了凡的《群书备考》中记载：茶的名字，最初见于王褒的《僮约》。

许次杼《茶疏》中说：唐朝的人最重视阳羡，宋朝人最重视建州。现在的贡茶，这两个地方最多。阳羡仅仅有它的名气，建州也有上好的品种，只有武夷雨前的茶叶是最好的。现在人所崇尚的，是长兴的罗岕，有人怀疑这就是古时候的顾渚紫笋。虽然岕茶有很多地方出产，现在只有峒山的最好。姚伯道说："明月之峡，厥有佳茗。"雅致清远，味道香甜，绝对可以称为是仙品。它在顾渚也有好的品种，现在把它叫作水口茶，都是因为要和岕茶相区别。如安徽歙州的松萝，吴地的虎丘，杭州的龙井，都可以与岕茶相比。郭次甫特别称赞黄山茶，黄山也在歙州，但是和松萝比起来却差得远了。以前的人都很重视天池，但是如果喝多了的话，就会觉得腹部胀满。浙江出产的雁宕、大盘、金华、日铸，都跟武夷的不相上下。钱塘各山出产的茶叶最多，南面山上的都是好茶，北面山上略微差一点。除了武夷以外，还有泉州的清源，如果是好手制作的话，也能跟武夷相比。可惜多半都焦枯了，令人不是很满意。楚地所出产的宝庆，云南所出产的五华，都特别有名，品质在雁茶之上。其他名山所出产的茶叶，应该还不止这么多，或者我还不知道，或者还没有出名，所以就没有谈到。

李诩在《戒庵漫笔》中说：从前的人论茶，认为旗枪最好，而不取雀舌、麦颗。茶如果叶细小，就容易夹杂其他树上的叶子，也就很难辨认了。被称为旗枪的，也就是现在所叫的壶蜂翅。

《四时类要》中记载：茶籽在寒露的时候收回来晒干，用湿的沙土把它搅匀，放在筐笼里面，用稻草盖在上面，这样就不会冻坏从而不长。到二月中旬的时候取出来，用糠和焦土种起来。在树下或者背阴的地方挖一个坑，圆 3 尺，深 1 尺，挖好之后，放进粪和土，每一个坑里面种下六七十粒种子，盖上 1 寸厚的土，隔 2 尺，就可以再种一丛。茶的本性怕湿，又怕太阳，大多适合在山中的斜坡、高而陡峭的山坡、走水的地方种植。如果是平地，那就需要挖很深的沟来放水，3年后就可以采收茶叶。

张大复在《梅花笔谈》中说：赵长白所著的《茶史》，考证和修订得都很详细，了解茶事都可以在里面查找。龙团、凤饼、紫茸、拣芽，绝对不可以用在现在。我曾经讨论当今之世，难于动笔而使很多东西失传了，茶越贵越能品尝出其中的味道。天下的事情没有不亲自尝试就能得出的。

文震亨在《长物志》中说：从古到今谈论茶的，不止几十家，像陆羽的《茶经》，蔡襄的《茶录》，可以说是非常好的了。但是当时的做法是把它碾熟，做成丸子，很坚硬，所以又叫作"龙凤团""小龙团""密云龙""瑞云翔龙"。到了宣和年间，才开始以白色的茶为贵。漕臣郑可简最先制造了银丝水芽，把茶剔除叶子取出它的心，用清水洗干净，放进龙脑等香料，只有新铸小龙蜿蜒其上，被称为"龙团胜雪"。当时以为这种制作方法不会再改变，到我朝又变得不同了。它的烹制方法，也和前人的不一样。但是更加的简便了，天然的香味都补充进去了，可以说是尽得茶叶的味道。而至于洗茶、候汤、选择器具，都有各自的方法，更不要多说乌府、云屯这些名目了。

《虎丘志》中说：冯梦桢说："徐茂吴品尝茶，认为虎丘茶是第一。"

周高起在《洞山茶系》中说：芥茶是茶叶之中的上好品种，虽然这是近几十年的事，但是最初则是产自卢仝隐居的洞山，种在北面的山岭上，所以才有茗岭这样的称呼。传说古时候的汉王，住在茗岭的南面，令书童专门艺茶，尝出了卢仝的幽致，所以山南面所出产的芥茶，香味比茗岭的更好。所以老庙后面一带的茶叶，都是唐宋时期留下来的品种。洞山茶现在已经没有了。

徐燉在《茶考》中说：根据《茶录》等书的说法，闽中所出产的茶叶以建安北苑的为最好，壑源等地方的差一点，武夷的名字还没有听说过。但是范文正所著的《斗茶歌》中说："溪边奇茗冠天下，武夷仙人从古栽。"苏文忠公说："武夷的溪水边有茶芽，丁谓和蔡襄先后加以种植。"也就是说武夷茶在北宋就已经很出名了，只是没有流传下来而已。但是宋朝和元朝所制造的团状茶叶似乎失去了它本来的味道。现在的灵芽仙萼，香味和颜色特别清新，是闽中最好的。至于北苑的壑源，又埋没无名了。难道山林的秀美、造物的美妙，有时候也会发生变化吗？

劳大与所著的《瓯江逸志》中有这样的记载：茶叶并不是瓯出产的，但是瓯也出产茶叶，所以从前也把它用来充当贡品，直到现在仍然没有被废除，张罗峰掌权的时候，只要是瓯中所进贡的物品都清理出来，只留下了茶叶。如果在早春的时候采摘，可以使它变得清香无比，而且每年所花费的气力很多，姑且存留下来，略微表达进献的心意。到了后来办理的时候，收取变得无数目可言，上面是一，下面是十，而种茶的园圃就怨声四起。希望这里的官员，不要擅自索要，也不至于给老百姓造成太大的灾害。

《天中记》中记载：要想种茶树一定要先下种子，茶树移植之后就不可能再成活

武夷御茶园

蔡襄《茶录》帖

了。所以说娶媳妇必须要用茶叶作为礼物，也是取它的从一而终之意。

《事物记原》中记载：榷茶兴起于唐朝建中、兴元年间。赵赞、张滂建议收取其十分之一的税收。

《枕谭》中说：古代的书中有："茶树初采为茶，老为茗，再老的为荈。"现在则统一称作茗，应该是用错了的原因。

熊明遇在《岕山茶记》中说：产茶的地方，山上夕阳照的地方比朝阳照的地方要好，庙后山向西，所以茶好。但总也比不上洞山南面的，因为阳光充足，所以产的茶被称为仙品。

冒襄《岕茶汇钞》中说：平地出产的茶叶，受到的土气太多，所以质地浑浊。岕茶产于高山，经历了风霜雨露的洗礼，所以是好茶。

吴拭说：武夷茶被欣赏是从蔡君谟开始的，说它的味道比北苑、龙团的要好，周右文却特别贬低它。只是因为山中的人不懂得它的焙制方法，一味追求钱财的错误。我曾经试着采摘了一点，用松萝的方法来焙制，汲取虎啸岩下的语儿泉水烹制，三种优点都具备了，带云石而又有香甜的气味。于是分了几百片送给右文，等茶泡好了，再洒一杯在地上，以报君谟地下有知。

释超全在所著的《武夷茶歌注》中说：建州有一位老人最早进献山上的茶叶，据说死后变成了山神，喊山茶就是从此而生的。

《中原市语》中记载：茶又被称作渲老。

陈诗教《灌园史》：我曾经听山里面的和尚说：几颗茶籽落到地上，一旦生长出来，就像连理一样，因此婚嫁的时候用茶，就是用这里面同根的意思。以前听说茶树不能移植，竟然有移植了之后仍然活着的，由此可知这种说法也只是捕风捉影而已。

唐朝的李义山认为对着花喝茶是煞风景的事情。我在口渴的时候，何止喝七碗，如果花神知道的话，应该不会怪罪于我的。

《金陵琐事》中记载：茶叶有肥有瘦，云泉道长说："凡是茶叶肥厚的，味道很甜，但是不香。茶叶瘦小的就显得苦涩，但苦则香。这又是《茶经》《茶诀》《茶品》《茶谱》之中所没有记录的。"

野航道人朱存理说："首先用来喝的是茶，而茶在《禹贡》里面看不到，所以全民都喝却不为谋利。后世制定榷茶的制度，并不是古人真正的意思。陆羽写《茶经》、蔡君谟写《茶谱》。孟谏议寄给庐玉川的三百月团，后来奢侈到用龙凤装饰，应该责备于君谟。然而清逸高远，上到王公贵族，下到平常百姓，也是一件很有雅致的事情。"

佩文斋《广群芳谱》中记载：茗花就是所喝的茶的花，花为月白色的，蕊是黄色的，隐约有清香，用瓶子养在书斋里，可以作为清供佳品。而且花蕊在枝条的上面，全部都开满了。

王新城《居易录》中说：广南人把蓥作为茶叶。我写了《皇华记闻》。看到《道乡集》里面有《张纠送吴洞蓥》绝句说："茶选修仁方破碨，蓥分吴洞忽当筵。君谟远矣知难作，试取一瓢江水煎。"这是志完迁到昭平时候做的。

《分甘余话》中说：宋朝的丁谓任福建转运使的时候，才开始制造"龙凤团"茶叶上供，也不过40块。天圣年间，又制造了小团，它的品质超过大团。神宗的时候，命令制作"密云龙"，它的品质又胜过小团。元祐初年，宣仁皇太后说："让建州以后不准再制造'密云龙'了，也不要团茶，选择好的茶叶来吃，生得甚好意智。"宣仁改变了熙宁时的方法，这是小事情。根据这种说法，实在应该为世代所效仿。官绅世家，膏粱子弟，尤其不能不知道啊。因此记录在此。

《百夷语》中记载：茶又称为芽。把粗茶称为芽以结，细茶称为芽以完。缅甸又把茶叶叫作腊扒，喝茶说成是腊扒仪索。

徐葆光的《中山传信录》中说：台湾把茶叫作札。

《武夷茶考》中说：丁谓制造"龙团"，蔡忠惠制造"小龙团"，都是北苑的事情。武夷进贡，是从元代时候浙江省平章高兴那个时候开始，但是谈论的都是丁谓、蔡君谟。苏文忠公的诗中说："武夷的溪边有茶叶，丁谓、蔡襄先后在那里种植过。"那么谈到北苑进贡的时候，武夷茶叶已经得到这两人的欣赏了。到了高兴、武夷进贡之后，北苑慢慢地就不怎么听说了。古人说，茶这种东西，能够祛除疲劳，驱除体内的残留物体，对于我们的学习，勤于政务来说不一定没有好处，它们与进献的荔枝、桃花不一样。但是和它们相同之处在于，都是宦官、宫内的妃嫔们所喜欢的。蔡忠惠以正直闻名，与范、欧相似，而献茶这件事情却与晋公不相上下。君子的举措，可以不慎重吗？

《随见录》中说：按照沈括《梦溪笔谈》中所说的："建茶都是乔木，吴、蜀只是草根罢了。"根据我所见过的武夷的茶树，也都是丛生的草根，最终也没有乔木，难道沈括没有到过建安吗？也许当时的北苑与现在的武夷有所不同吧！《茶经》中说："巴山、峡川有两人合抱者"，又跟吴、蜀丛生草根的说法不一样。姑且放在这里以供参考。

《万姓统谱》中记载：汉朝的时候有茶恬，来自《江都易王传》。根据《汉书》中的茶恬苏林说，"荼"的发音是食邪反切，那么茶本来就有两种读音，到了唐朝才把荼和茶分开。

焦氏说：楛茶又叫玉茸。[补]

二、茶之具

《陆龟蒙集·和茶具十咏》

【原文】

茶 坞

茗地曲隈回，野行多缭绕。
向阳就中密，背涧差还少。
遥盘云髻慢，乱簇香篝小。
何处好幽期，满岩春露晓。

茶 人

天赋识灵草，自然钟野姿。
闲来北山下，似与东风期。
雨后探芳去，云间幽路危。
惟应报春鸟，得共斯人知。

茶 笋

所孕和气深，时抽玉茗短。
轻烟渐结华，嫩蕊初成管。
寻来青霭曙，欲去红云暖。
秀色自难逢，倾筐不曾满。

茶 籝

金刀劈翠筠，织似波纹斜。
制作自野老，携持伴山娃。
昨日斗烟粒，今朝贮绿华。
争歌调笑曲，日暮方还家。

茶盘

茶荷

茶匙

茶针

茶　舍

旋取山上材，架为山下屋。
门因水势斜，壁任岩隈曲。
朝随鸟俱散，暮与云同宿。
不惮采掇劳，只忧官未足。

茶　灶

[经云："灶无突"。]
无突抱轻岚，有烟映初旭。
盈锅玉泉沸，满甑云芽熟。
奇香袭春桂，嫩色凌秋菊。
炀者若吾徒，年年看不足。

茶　焙

左右捣凝膏，朝昏布烟缕。
方圆随样拍，次第依层取。
山谣纵高下，火候还文武。
见说焙前人，时时炙花脯[紫花，焙人以花为脯]。

茶　鼎

新泉气味良，古铁形状丑。
那堪风雨夜，更值烟霞友。
曾过赪石下，又住清溪口[赪石、清溪，皆江南出茶处]。
且共荐皋庐[皋庐，茶名]，何劳倾斗酒。

茶　瓯

昔人谢坥埞，徒为妍词饰[《刘孝威集》有《谢坥埞启》]。
岂如圭壁姿，又有烟岚色。
光参筥席上，韵雅金罍侧。
直使于阗君，从来未尝识。

煮　茶

闲来松间坐，看煮松上雪。
时于浪花里，并下蓝英末。

倾余精爽健，忽似氛埃灭。
不合别观书，但宜窥玉札。

【译文】

（略）

《皮日休集·茶中杂咏·茶具》

【原文】

茶 籝

筹筤晓携去，蓦过山桑坞。
开时送紫茗，负处沾清露。
歇把傍云泉，归将挂烟树。
满此是生涯，黄金何足数。

茶 灶

高山茶事动，灶起岩根傍。
水煮石发气，薪燃杉脂香。
青琼蒸后凝，绿髓炊来光。
如何重辛苦，一一输膏粱。

左下方起始顺时针：绿茶、红茶、普洱茶

茶 焙

凿彼碧岩下，恰应深二尺。
泥易带云根，烧难碍石脉。
初能燥金饼，渐见干琼液。
九里共杉林［皆焙名］，相望在山侧。

茶 鼎

龙舒有良匠，铸此佳样成。
立作菌蠢势，煎为潺湲声。
草堂暮云阴，松窗残月明。
此时勺复茗，野语知逾清。

茶　瓯

邢客与越人，皆能造前器。
圆似月魂堕，轻如云魄起。
枣花势旋眼，苹沫香沾齿。
松下时一看，支公亦如此。

【译文】

（略）

【原文】

《江西志》：余干县冠山有陆羽茶灶。羽尝凿石为灶，取越溪水煎茶于此。

陶毂《清异录》：豹革为囊，风神呼吸之具也。煮茶啜之，可以涤滞思而起清风。每引此义，称之为水豹囊。

《曲洧旧闻》：范蜀公与司马温公同游嵩山，各携茶以行。温公取纸为帖，蜀公用小木合子盛之，温公见而惊曰："景仁乃有茶具也。"蜀公闻其言，留合与寺僧而去。后来士大夫茶具，精丽极世间之工巧，而心犹未厌。晁以道尝以此语客，客曰："使温公见今日之茶具，又不知云如何也。"

《北苑贡茶别录》：茶具有银模、银圈、竹圈、铜圈等。

梅尧臣《宛陵集·茶灶》诗："山寺碧溪头，幽人绿岩畔。夜火竹声干，春瓯茗花乱。兹无雅趣兼，薪桂烦燃爨。"又《茶磨》诗云："楚匠斫山骨，折檀为转脐。乾坤人力内，日月蚁行迷。"又有《谢晏太祝遗双井茶五品茶具四枚》诗。

《武夷志》：五曲朱文公书院前，溪中有茶灶。文公诗云："仙翁遗石灶，宛在水中央。饮罢方舟去，茶烟袅细香。"

《群芳谱》：黄山谷云："相茶瓢与相筇竹同法，不欲肥而欲瘦，但须饱风霜耳。"

乐纯《雪庵清史》：陆叟溺于茗事，尝为《茶论》，并煎炙之法，造茶具二十四事，以都统笼贮之。时好事者家藏一副，于是若韦鸿胪、木待制、金法曹、石转运、胡员外、罗枢密、宗从事、漆雕秘阁、陶宝文、汤提点、竺副帅、司职方辈，皆入吾籯中矣。

许次杼《茶疏》："凡士人登山临水，必命壶觞，若茗碗薰炉，置而不问，是徒豪举耳。余特置游装，精茗名香，同行异室。茶罂、铫、注、瓯、洗、盆、巾诸具毕备，而附香奁、小炉、香囊、匙、箸。……未曾汲水，先备茶具，必洁，必燥。瀹时壶盖必仰置，磁盂勿覆案上。漆气、食气，皆能败茶。"

朱存理《茶具图赞序》：饮之用必先茶，而制茶必有其具。赐具姓而系名，宠以爵，加以号，季宋之弥文；然精逸高远，上通王公，下逮林野，亦雅道也。愿与十二先生周旋，尝山泉极品以终身，此间富贵也，天岂靳乎哉！

审安老人茶具十二先生姓名：

韦鸿胪文鼎：景旸，四窗闲叟；

木待制利济：忘机，隔竹主人；

金法曹研古：元锴，雍之旧民；

铄古：仲鉴，和琴先生；

石转运凿齿：遄行，香屋隐君；

胡员外惟一：宗许，贮月仙翁；

罗枢密若药：传师，思隐寮长；

宗从事子弗：不遗，扫云溪友；

漆雕秘阁承之：易持，古台老人；

陶宝文去越：自厚，兔园上客；

汤提点发新：一鸣，温谷遗老；

竺副帅善调：希默，雪涛公子；

司职方成式：如素，洁斋居士。

清·钱惠安《烹茶洗砚图》

高濂《遵生八笺》：茶具十六事，收贮于器局内，供役于苦节君者，故立名管之。盖欲归统于一，以其素有贞心雅操，而自能守之也。商像，古石鼎也，用以煎茶。降红，铜火箸也，用以簇火，不用联索为便。递火，铜火斗也，用以搬火。团风，素竹扇也，用以发火。分盈，挹水勺也，用以量水斤两，即《茶经》水则也。执权，准茶秤也，用以衡茶，每勺水二斤，用茶一两。注春，磁瓦壶也，用以注茶。啜香，磁瓦瓯也，用以啜茗。撩云，竹茶匙也，用以取果。纳敬，竹茶囊也，用以放盏。漉尘，洗茶篮也，用以浣茶。归洁，竹筅帚也，用以涤壶。受污，拭抹布也，用以洁瓯。静沸，竹架，即《茶经》支镀也。运锋，刺果刀也，用以切果。甘钝，木砧墩也。

《王友石谱》：竹炉并分封茶具六事：苦节君，湘竹风炉也，用以煎茶，更有行省收藏之。建城，以箬为笼，封茶以贮庋阁。云屯，磁瓦瓶，用以勺泉以供煮水。水曹，即瓷缸瓦缶，用以贮泉以供火鼎。乌府，以竹为篮，用以盛炭，为煎茶之资。器局，编竹为方箱，用以总收以上诸茶具者。品司，编竹为圆撞提盒，用以收贮各品茶叶，以待烹品者也。

屠赤水《茶笺》：茶具：湘筠焙，焙茶箱也。鸣泉，煮茶瓷罐。沉垢，古茶洗。合香，藏日支茶瓶，以贮司品者。易持，用以纳茶，即漆雕秘阁。

屠隆《考槃余事》：构一斗室相傍书斋，内设茶具，教一童子专主茶役，以供长日清谈，寒宵兀坐。此幽人首务，不可少废者。

《灌园史》：庐廷璧嗜茶成癖，号茶庵。尝蓄元僧讵可庭茶具十事，具衣冠拜之。

王象晋《群芳谱》：闽人以粗瓷胆瓶贮茶。近鼓山支提新茗出，一时尽学新安，制为方圆赐具，遂觉神采奕奕不同。

冯可宾《岕茶笺·论茶具》：茶壶，以窑器为上，锡次之。茶杯汝、官、哥、定如未可多得，则适意为佳耳。

明·文徵明《惠山茶会图》

李日华《紫桃轩杂缀》：昌化茶大叶如桃枝柳梗，乃极香。余过逆旅偶得，手摩其焙甑三日，龙麝气不断。

瞿仙云：古之所有茶灶，但闻其名，未尝见其物，想必无如此清气也。予乃陶土粉以为瓦器，不用泥土为之，大能耐火。虽猛焰不裂。径不过尺五，高不过二尺余，上下皆镂铭、颂、箴、戒。又置汤壶于上，其座皆空，下有阳谷之穴，可以藏瓢瓯之具，清气倍常。

《重庆府志》：涪江青蟆石为茶磨极佳。

《南安府志》：崇义县出茶磨，以上犹县石门山石为之尤佳。苍翠缜密，镌琢堪施。

闻龙《茶笺》：茶具涤毕，覆于竹架，俟其自干为佳。其拭巾只宜拭外，切忌拭内。盖布帨虽洁，一经人手极易作气。纵器不干，亦无大害。

【译文】

《江西志》：余干县冠山有陆羽的茶灶。陆羽曾在这里凿石造灶，他取来越溪的水在这里煎茶。

陶毂《清异录》：用豹革做成囊，这是传说中风神用来盛风的工具。用来煮茶，喝后可以消除疲劳，使人神清气爽。根据此义引申，称它为水豹囊。

韦鸿胪　木待制　金法曹
石转运　胡员外　罗枢密
宗从事　漆雕秘阁　陶宝文
汤提点　竺副帅　司职方

南宋·审安老人《茶具图赞》

《曲洧旧闻》：范蜀同司马温一起到嵩山游玩，每个人都带着茶叶。司马温用纸当帖子包茶，范蜀用小木盒装茶，司马温看见后惊叹道："景仁真有茶具啊！"范蜀听他这么说，把盒子留给寺庙里的和尚就走了。后来仕宦家的茶具，精美程度可以穷尽世间一切的精巧，但仍觉不够。晁以道曾经跟客人谈起此事，客人说："如果司马温见到今天的茶具，不知道又会说些什么。"

宋·耀州窑青釉剔花瓷盒

《北苑贡茶别录》：茶具中有银制的模子、银制的圈、竹子做的圈、铜制的圈等。

梅尧臣在《宛陵集·茶灶》里有诗说："山寺碧溪头，幽人绿岩畔。夜火竹声干，春瓯茗花乱。兹无雅趣兼，薪桂烦燃爨。"描写了在深山古寺前的溪水岩畔，凿石为灶，燃竹煮花的情景，形象十分生动。又在《茶磨》诗中说："楚匠斫山骨，折檀为转脐。乾坤人力内，日月蚁行迷。"又有《谢晏太祝遗双井茶五品茶具四枚》诗，都很有意境。

《武夷志》中记载：五曲朱文公书院前，在溪水中建起了茶灶。文公诗云："仙翁遗石灶，宛在水中央。饮罢方舟去，茶烟袅细香。诗意清新恬淡，野趣盎然。"

《群芳谱》中记载：黄山谷说："选茶瓢和选筇竹的方法相同，不应该过粗而应该选细小的，但必须是饱经风霜的老竹。"

乐纯在《雪庵清史》中说：陆羽沉溺在茶事里，曾写过茶论、煮茶的方法和制造茶器的24种说明，都是比较系统的论述。有好事的人家里藏有一副，于是像韦鸿胪、木待制、金法曹、石转运、胡员外、罗枢密、宗从事、漆雕秘阁、陶宝文、汤提点、竺副帅、司职方等，都在我的收藏范围内。

许次杼所著《茶疏》说："只要是文人雅士游山玩水，一定会带茶壶和酒杯，如果准备了茶碗薰炉却放在一旁不加理睬，这是徒劳之举。我特意准备了出行的服装，精选茶叶，一起出行。茶罂、铫子、注、茶瓯、洗、盆、毛巾等物一应俱全，再加上香匣子、小炉、香囊、匙、筷子。……打水之前，先把茶具准备好，必须是清洁、干燥的。冲茶时必须把壶盖仰放在桌上，磁杯不要扣在案台上。否则油漆的气味、食物的气味，都会破坏茶的本味。"

朱存理《茶具图赞序》中讲：饮用的物品中茶叶是首选，而制作茶叶必须要有

宋·刘松年《斗茶图》

工具。这些用具都被赐了姓名，加爵冠号，都是宋代流行的文字，清逸高远。上自王公贵族，下到山野村夫，都把它奉为高雅之道。我曾经用过 12 种茶具，尝到了山泉中的极品，认为这就是平生最值得纪念的事情了，天上也不过是这样吧。

审安老人这 12 种茶具的名称：韦鸿胪丈鼎：名景旸，号四窗闲叟；木待制利济：名忘机，号隔竹主人；金法曹研古：名元锴，号雍之旧民；铄古：名仲鉴，号和琴先生；石转运凿齿：名遄行，号香屋隐君；胡员外惟一：名宗许，号贮月仙翁；罗枢密若药：名传师，号思隐寮长；宗从事子弗：名不遗，号扫云溪友；漆雕秘阁承之：名易持，号古台老人；陶宝文去越：名自厚，号兔园上客；汤提点发新：名一鸣，号温谷遗老；竺副帅善调：名希默，号雪涛公子；司职方成式：名如素，号洁斋居士。

《玉川先生烹茶图》

高濂在《遵生八笺》中写道：16 种茶具，全部贮藏到箱子里面，以供烹茶时使用，将每种茶具命上名字方便管理。应该将它们放到一起，因为它们一向有很好的品质能够保持操守。商像，古代石制的鼎，可以煎茶。降红，铜筷子，可以拢火，不连起来用方便。递火，就是铜火斗，可以搬火。团风，就是竹扇，可以扇风。分盈，就是水勺，用来度量水的多少，就是《茶经》中水的标准。执权，就是称茶的秤，用来称量茶的重量，每勺水有 2 斤，可以用茶叶 1 两。注春，就是瓷瓦壶，可以倒茶。啜香，瓷瓦瓯，可以喝茶。撩云，竹子做的匙，可以取果子。纳敬，竹子做的茶盘，可以放茶杯。漉尘，就是洗茶的器具，可以洗茶。归洁，竹制的扫帚，可以清洗茶壶。受污，擦拭的抹布，可以清洁茶瓯。静沸，竹架，就是《茶经》里面的支镀。运锋，就是果刀，可以切果子。甘钝，就是砧墩。

《王友石谱》中记载：竹炉和茶具共 6 种：苦节君，就是湘竹做的风炉，可以煎茶，也有人喜欢收藏它。建城，用竹子做的笼子，可以将茶叶放在中间的阁子里。云屯，瓷瓦瓯，用于舀泉水来烧水的。水曹，就是瓷瓦锅，用来储存泉水以供煮茶时用。乌府，用竹子做的篮子，可以装煎茶时烧火的木炭，是煎茶必备的材料。器局，用竹子编成的方形箱子，将上面所有的茶具收到里面。品司，用竹子编成的圆形的可以提的盒子，可以装各种茶叶，以便用来煮茶。

图为元代青釉荷叶盖罐，可做贮茶器具。

屠赤水在《茶笺》中说：茶具，湘筠焙，烘焙茶叶的箱子。鸣泉，煮茶的瓷罐。沉垢，古代洗茶的用具。合香，收藏日常用的茶瓶时，用它来装茶具。易持，用来装茶叶的，就是漆雕秘阁。

屠隆在《考槃余事》中说：在靠近书房的小屋里，置办一套茶具，让一个童子专门负责煮茶，以便长日清谈，寒宵夜读。这是文人雅士不能缺少的。

《灌园史》记载：庐廷璧好茶成瘾，号为茶庵。曾经为了向元僧讨教茶具的10件事，特意整理好衣冠去拜访。

王象晋的《群芳谱》中记载：福建人用粗瓷胆瓶装茶。最近鼓山支提有了新茶叶，顿时全都学习新安，制成方形和圆形的茶具，就觉得神采奕奕与众不同。

冯可宾的《岕茶笺·论茶具》中记载：茶壶，用窑里烧出来的器具最好，锡制的就要差一点。茶杯汝、官、哥、定这些地方出品的瓷器都是不可多得的上品，只要自己喜欢就可以了。

李日华的《紫桃轩杂缀》中记载：昌化的茶叶像桃树的叶子和柳树的梗那么大，非常香。我曾在旅途中偶然得到，手在制茶的焙甑上摩挲3天，香气不断。

瞿仙说：古代的茶灶，只能听到它的名字，看不到这种东西，估计没有这样的清气。我用陶土粉烧成瓦器，不用泥土烧制，陶土粉更耐火，即使是很猛烈的火焰也不会被烧裂。它的直径不到1.5尺，高大约2尺多一点，通身都镂刻铭、颂、箴，用来警示后人。又把汤壶放在它的上面，其他的位置都是空的，下面还有打开的空地方，可以装瓢瓯等物品，气味十分清香。

据《重庆府志》记载：涪江的青蟆石做茶磨最好。

《南安府志》记载：崇义县出产茶磨，石门山的石头最好。那里的石头质地纹理缜密，很适合雕琢。

闻龙在《茶笺》中说：茶具洗完后，要把它倒放在竹架上，让它自行变干最好。只能用抹布擦它的外面，绝对不要擦拭它的里面。虽然布很干净，但是只要经过人手就容易产生异味。即使喝茶时器具不太干，也没有关系。

现代部分茶具

三、茶之造

《唐书》：太和七年正月，吴蜀贡新茶，皆于冬中作法为之。上务恭俭，不欲逆物性，诏所在贡茶，宜于立春后造。

《北堂书钞·茶谱续补》云：龙安造骑火茶，最为上品。骑火者，言不在火前，不在火后作也。清明改火，故曰火。

《大观茶论》："茶工作于惊蛰，尤以得天时为急。轻寒英华渐长，条达而不迫，茶工从容致力，故其色味两全。故焙人得茶天为度。""撷茶以黎明，见日则止。用爪断芽，不以指揉。凡芽如雀舌谷粒者，为斗品。一枪一旗为拣芽，一枪二旗为次之，余斯为下。茶之始芽萌，则有白合，不去害茶味。既撷则有乌蒂，不去害茶色。""茶之美恶，尤系于蒸芽、压黄之得失。蒸芽欲及熟而香，压黄欲膏尽亟止。如此则制造之功十得八九矣。""涤芽惟洁，濯器惟净，蒸压惟其宜，研膏惟熟，焙火惟良。造茶先度日晷之长短，均工力之众寡，会采择之多少，使一日造成，恐茶过宿，则害色味。""茶之范度不同，如人之有首面也。其首面之异同，难以概论。要之，色莹彻而不驳，质缜绎而不浮，举之凝结，碾之则铿然，可验其为精品也。有得于言意之表者。""白茶自为一种，与常茶不同。其条敷阐，其叶莹薄。崖林之间，偶然生出，有者不过四五家，生者不过一二株，所造止于二三铸而已。须制造精微，运度得宜，则表里昭澈，如玉之在璞，他无与伦也。"

蔡襄《茶录》：茶味主于甘滑，惟北苑、凤凰山连属诸焙，所造者味佳。隔溪诸山，虽及时加意制作，色味皆重，莫能及也。又有水泉不甘，能损

魏晋时期三峡一带茶饼制作与煎煮方式仍保留着以茶为粥或以茶为药的特征。

茶味，前世之论《水品》者以此。

《东溪试茶录》："建溪茶比他郡最先，北苑、壑源者尤早。岁多暖则先惊蛰十日即芽；岁多寒则后惊蛰五日始发。先芽者，气味俱不佳，惟过惊蛰者最为第一。民间常以惊蛰为候。诸焙后北苑者半月，去远则益晚。""凡断芽必以甲，不以指。以甲则速断不柔，以指则多湿易损。择之必精，濯之必洁，蒸之必香，火之必良，一失其度，俱为茶病。""芽择肥乳，则甘香而粥面著盏而不散。土瘠而芽短，则云脚涣乱，去盏而易散。叶梗长，则受水鲜白；叶梗短，则色黄而泛。乌蒂、白合，茶之大病。不去乌蒂，则色黄黑而恶。不去白合，则味苦涩。蒸芽必熟，去膏必尽。蒸芽未熟，则草木气存。去膏未尽，则色浊而味重。受烟则香夺，压黄则味失，此皆茶之病也。"

《北苑别录》："御园四十六所，广袤三十余里。自官平而上为内园，官坑而下为外园。方春灵芽萌坼，先民焙十余日，如九窠、十二陇、龙游窠、小苦竹、张坑、西际，又为禁园之先也。而石门、乳吉、香口三外焙，常后北苑五七日兴工。每日采茶、蒸榨，以其黄悉送北苑并造。""造茶旧分四局。匠者起好胜之心，彼此相夸，不能无弊，遂并而为二焉。故茶堂有东局、西局之名，茶铐有东作、西作之号。凡茶之初出研盆，荡之欲其匀，揉之欲其腻，然后入圈制铐，随笪过黄有方。故铐有花铐，有大龙，有小龙，品色不同，其名亦异，随纲系之于贡茶云。"

"采茶之法，须是侵晨，不可见日。晨则夜露未晞，茶芽肥润。见日则为阳气所薄，使芽之膏腴内耗，至受水而不鲜明。故每日常以五更挝鼓集群夫于凤凰山，［山有伐鼓亭，日役采夫二百二十二人。］监采官人给一牌，入山至辰刻，则复鸣锣以聚之，恐其逾时贪多务得也。大抵采茶亦须习熟，募夫之际必择土著及谙晓之人，非特识茶发早晚所在，而于采摘亦知其指要耳。""茶有小芽，有中芽，有紫芽，有白合，有乌蒂，不可不辨。小芽者，其小如鹰爪。

图绘制茶的场景。三人各司其职，皆专心致志，一丝不苟。本画设色古朴，构图疏而不露，突显一种恬适的工作氛围。

初造龙团胜雪、白茶，以其芽先次蒸熟，置之水盆中，剔取其精英，仅如针小，谓之水芽，是小芽中之最精者也。中芽，古谓之一枪二旗是也。紫芽，叶之紫者也。白合，乃小芽有两叶抱而生者是也。乌蒂，茶之带头是也。凡茶，以水芽为上，小芽次之，中芽又次之。紫芽、白合、乌蒂，在所不取。使其择焉而精，则茶之色味无不佳。万一杂之以所不取，则首面不均，色浊而味重也。""惊蛰节万物始萌。每岁常以前三日开焙，遇闰则后之，以其气候少迟故也。""蒸芽再四洗涤，取令洁净，然后入甑，俟汤沸蒸之。然蒸有过熟之患，有不熟之患。过熟则色黄而味淡，不熟则色青而易沉，而有草木之气。故惟以得中为当。""茶既蒸熟，谓之茶黄，须淋洗数过，[欲其冷也。]方入小榨，以去其水，又入大榨，以出其膏。[水芽则以高榨压之，以其芽嫩故也。]先包以布帛，束以竹皮，然后入大榨压之，至中夜取出揉匀，复如前入榨，谓之翻榨。彻晓奋击，必至于干净而后已。盖建茶之味远而力厚，非江茶之比。江茶畏沉其膏，建茶惟恐其膏之不尽。膏不尽则色味重浊矣。""茶之过黄，初入烈火焙之，次过沸汤爁之，凡如是者三，而后宿一火，至翌日，遂过烟焙之，火不欲烈，烈则面泡而色黑。又不欲烟，烟则香尽而味焦。但取其温温而已。凡火之数多寡，皆视其铐之厚薄。铐之厚者，有十火至于十五火；铐之薄者，六火至于八火。火数既足，然后过汤上出色。出色之后，置之密室，急以扇扇之，则色泽自然光莹矣。""研茶之具，以柯为杵，以瓦为盆，分团酹水，亦皆有数。上而胜雪，白茶以十六水，下而拣芽之水六，小龙凤四，大龙凤二，其余皆一十二焉。自十二水而上，曰研一团，自六水而下，曰研三团至七团。每水研之，必至于水干茶熟而后已。水不干，则茶不熟，茶不熟，则首面不匀，煎试易沉。故研夫尤贵于强有力者也。尝谓天下之理，未有不相须而成者。有北苑之芽，而后有龙井之水。龙井之水清而且甘，昼夜酹之而不竭，凡茶自北苑上者皆资焉。此亦犹锦之于蜀江，胶之于阿井也，讵不信然。"

姚宽《西溪丛语》：建州龙焙面北，谓之北苑。有一泉极清淡，谓之御泉。用其池水造茶，即坏茶味。惟龙团胜雪、白茶二种，谓之水芽，先蒸后拣。每一芽先去外两小叶，谓乌蒂；又次取两嫩叶，谓之白合；留小心芽置于水中，呼为水芽。聚之稍多，即研焙为二品，即龙团胜雪、白茶也。茶之极精好者，无出于此。每铐

银针白毫成品，长3厘米左右，挺直如针，色白似银。

计工价近二十千，其他皆先拣而后蒸研，其味次第减也。茶有十纲，第一纲第二纲太嫩，第三纲最妙，自六纲至十纲，小团至大团而止。

黄儒《品茶要录》："茶事起于惊蛰前，其采芽如鹰爪。初造曰试焙，又曰一火，其次曰二火。二火之茶，已次一火矣。故市茶芽者，惟伺出于三火前者为最佳。尤喜薄寒气候，阴不至冻。芽登时尤畏霜，有造于一火二火者皆遇霜，而

政和工夫的干茶

三火霜霁，则三火之茶胜矣。晴不至于暄，则谷芽含养约勒而滋长有渐，采工亦优为矣。凡试时泛色鲜白，隐于薄雾者，得于佳时而然也。有造于积雨者，其色昏黄，或气候暴暄，茶芽蒸发，采工汗手熏渍，拣摘不洁，则制造虽多，皆为常品矣。试时色非鲜白，水脚微红者，过时之病也。""茶芽初采，不过盈筐而已，趋时争新之势然也。既采而蒸，既蒸而研。""蒸或不熟，虽精芽而所损已多。试时味作桃仁气者，不熟之病也。惟正熟者味甘香。""蒸芽以气为候，视之不可以不谨也。试时色黄而粟纹大者，过熟之病也。然过熟愈于不熟，以甘香之味胜也。故君谟论色，则以青白胜黄白。而余论味，则以黄白胜青白。""茶蒸不可以逾久，久则过熟，又久则汤干而焦釜之气出。茶工有泛薪汤以益之，是致熏损茶黄。故试时色多昏黯，气味焦恶者，焦釜之病也。建人谓之热锅气。""夫茶本以芽叶之物就之棬模。既出棬，上笪焙之，用火务令通彻，即以灰覆之，虚其中，以透火气。然茶民不喜用实炭，号为冷火。以茶饼新湿，急欲干以见售，故用火常带烟焰。烟焰既多，稍失看候，必致熏损茶饼。试时其色皆昏红，气味带焦者，伤焙之病也。""茶饼先黄而又如阴润者，榨不干也。榨欲尽去其膏，膏尽则有如干竹叶之意。惟喜饰首面者，故榨不欲干，以利易售。试时色虽鲜白，其味带苦者，渍膏之病也。""茶色清洁鲜明，则香与味亦如之。故采佳品者，常于半晓间冲蒙云雾而出，或以瓷罐汲新泉悬胸臆间，采得即投于中，盖欲其鲜也。如或日气烘烁，茶芽暴长，工力不给，其采芽已陈而不及蒸，蒸而不及研，研或出宿而后制，试时色不鲜明，薄如坏卵气者，乃压黄之病也。""茶之精绝者曰斗，曰亚斗，其次拣芽。茶芽，斗品虽最上，园户或止一株，盖天材间有特异，非能皆然也。且物之变势无常，而人之耳目有尽，故造斗品之家，有昔优而今劣、前负而后胜者。虽人工有至有不至，亦造化推移不可得而擅也。其造，一火曰斗，二火曰亚斗，不过十数銙

而已。拣芽则不然，遍园陇中择其精英者耳。其或贪多务得，又滋色泽，往往以白合盗叶间之。试时色虽鲜白，其味涩淡者，间白合盗叶之病也。"〔一凡鹰爪之芽，有两小叶抱而生者，白合也。新条叶之初生而白者，盗叶也。造拣芽者，只剔取鹰爪，而白合不用，况盗叶乎。〕"物固不可以容伪，况饮食之物，尤不可也。故茶有入他草者，建人号为入杂。铸列入柿叶，常品入桴槛叶，二叶易致，又滋色泽，园民欺售直而为之。试时无粟纹古香，盏面浮散，隐如微毛，或星星如纤絮者，入杂之病也。善茶品者，侧盏视之，所入之多寡，从可知矣。向上下品有之，近虽铸列，亦或勾使。"

《万花谷》：龙焙泉在建安城东凤凰山，一名御泉。北苑造贡茶，社前芽细如针。用此水研造，每片计工直钱四万分。试其色如乳，乃最精也。

《文献通考》：宋人造茶有二类，曰片，曰散。片者即龙团旧法，散者则不蒸而干之，如今时之茶也。始知南渡之后，茶渐以不蒸为贵矣。

《学林新编》：茶之佳者，造在社前；其次火前，谓寒食前也；其下则雨前，谓谷雨前也。唐僧齐己诗曰："高人爱惜藏岩里，白甄封题寄火前。"其言火前，盖未知社前之为佳也。唐人于茶，虽有陆羽《茶经》，而持论未精。至本朝蔡君谟《茶录》，则持论精矣。

《茗溪诗话》：北苑，官焙也，漕司岁贡为上；壑源，私焙也，土人亦以入贡，为次。二焙相去三四里间，若沙溪，外焙也，与二焙绝远，为下。故鲁直诗："莫遣沙溪来乱真。"是也。官焙造茶，常在惊蛰后。

朱翌《猗觉寮记》：唐造茶与今不同，今采者得芽即蒸熟焙干，唐则旋摘旋炒。刘梦得《试茶歌》："自傍芳丛摘鹰嘴，斯须炒成满室香。"又云："阳崖阴岭各不同，未若竹下莓苔地。"竹间茶最佳。

《武夷志》：通仙井在御茶园，水极甘洌，每当造茶之候，则井自溢，以供取用。

唐代蒸青茶饼的步骤

《金史》：泰和五年春，罢造茶之防。

张源《茶录》："茶之妙，在乎始造之精，藏之得法，点之得宜。优劣定于始锅，清浊系乎末火。""火烈香清，锅寒神倦。火烈生焦，柴疏失翠。久延则过熟，速起却还生。熟则犯黄，生则著黑。带白点者无妨，绝焦点者最胜。""藏茶切勿临风近火。临风易冷，近火先黄。其置顿之所，须在时时坐卧之处，逼近人气，则常温而不寒。必须板房，不宜土室。板房温燥，土室潮蒸。又要透风，勿置幽隐之处，不惟易生湿润，兼恐有失检点。"

南安石亭绿，香气因季节变化，产生类似兰花、绿豆和杏仁的不同香气，誉为"三香"。

谢肇淛《五杂俎》："古人造茶，多舂令细，末而蒸之。唐诗'家僮隔竹敲茶臼'是也。至宋始用碾。若揉而焙之，则本朝始也。但揉者，恐不及细末之耐藏耳。""今造团之法皆不传，而建茶之品，亦远出吴会诸品下。其武夷、清源二种，虽与上国争衡，而所产不多，十九赝鼎，故遂令声价寝复不振。""闽之方山、太姥、支提，俱产佳茗，而制造不如法，故名不出里闬。予尝过松萝，遇一制茶僧，询其法，曰：'茶之香，原不甚相远，惟焙之者火候极难调耳。茶叶尖者太嫩，而蒂多老。至火候匀时，尖者已焦，而蒂尚未熟。二者杂之，茶安得佳？'制松萝者，每叶皆剪去其尖蒂，但留中段，故茶皆一色。而工力烦矣，宜其价之高也。闽人急于售利，每斤不过百钱，安得费工如许？若价高，即无市者矣。故近来建茶所以不振也。"

罗廪《茶解》："采茶制茶，最忌手汗、体膻、口臭、多涕、不洁之人及月信妇人，更忌酒气。盖茶酒性不相入，故采茶制茶，切忌沾醉。""茶性淫，易于染著，无论腥秽及有气息之物不宜近，即名香亦不宜近。"

许次杼《茶疏》："岕茶非夏前不摘。初试摘者，谓之开园，采自正夏，谓之春茶。其地稍寒，故须待时，此又不当以太迟病之。往时无秋日摘者，近乃有之。七八月重摘一番，谓之早春。其品甚佳，不嫌少薄。他山射利，多摘梅茶，以梅雨时采故名。梅茶苦涩，且伤秋摘，佳产戒之。""茶初摘时，香气未透，必借火力以发其香。然茶性不耐劳，炒不宜久。多取入锅，则手力不匀。久于锅中，过熟而香散矣。炒茶之锅，最忌新铁。须预取一锅以备炒，毋得别作他用。一说惟常煮饭者佳，既无铁腥，亦无脂腻。炒茶之薪，仅可树枝，勿用干叶。干则火力猛炽，叶则易焰、易灭。锅必磨洗莹洁，旋摘旋炒。一锅之内，仅可四两，先用文火炒软，次加武火催之。手加木指，急急炒转，以半熟为度，微俟香发，是其候也。""清明太早，立夏太迟，谷雨前后，其时适中。若再迟一二日，待其气力完足，香烈尤倍，易于收藏。""藏茶于庋阁，其方宜砖底数层，四围砖砌，形若火炉，愈大愈善，勿近土墙。顿瓮其上，随时取灶下火灰，候冷簇于瓮傍。半尺以外，仍随时取火灰簇之，令里灰常燥，以避风湿。却忌火气入瓮，盖能黄茶耳。日用所须，贮于小瓷瓶中者，亦当箬包苎扎，勿令见风。且宜置于案头，勿近有气味之物，亦不可用纸包。盖茶性畏纸，纸成于水中，受水气多也。纸裹一夕既，随纸作气而茶味尽矣。虽再焙之，少顷即润。雁宕诸山之茶，首坐此病。纸帖贻远，安得复佳。""茶之味道，而性易移，藏法喜温燥而恶冷湿，喜清凉而恶郁蒸，宜清触而忌香惹。藏用火焙，不可日晒。世人多用竹器贮茶，虽加箬叶拥护，然箬性峭劲，不甚伏贴，风湿易侵。至于地炉中顿放，万万不可。人有以竹器盛茶，置被笼中，用火即黄，除火即润。忌之！忌之！"

闻龙《茶笺》："尝考《经》言茶焙甚详。愚谓今人不必全用此法。予构一焙室，高不逾寻，方不及丈，纵广正等。四围及顶绵纸密糊，无小罅隙，置三四火缸于中，安新竹筛于缸内，预洗新麻布一片以衬之。散所炒茶于筛上，阖户而焙。上面不可覆盖，以茶叶尚润，一覆则气闷罨黄，须焙二三时，俟润气既尽，然后覆以竹箕。焙极干出缸，待冷，入器收藏。后再焙，亦用此法，则香色与味犹不致大减。""诸名茶法多用炒，惟罗岕宜于蒸焙，味真蕴藉，世竞珍之。即顾渚、阳羡，密迩洞山，不复仿此。想此法偏宜于岕，未可概施诸他茗也。然《经》已云，'蒸之焙之'，则所从来远矣。""吴人绝重岕茶，往往杂以黑箬，大是阙事。余每藏茶，必令樵青入山采竹箭箬，拭净烘干，护罂四周，半用剪碎拌入茶中。经年发覆，青翠如新。""吴兴姚叔度言，茶若多焙一次，则香味随减一次。予验之良然。但于始焙时，烘令极燥，多用炭箬，如法封固，即梅雨连旬，燥仍自若。惟开坛频取，所以生润，不得不再焙耳。自四月至八月，极宜致谨。九月以后，天气渐肃，便可解严矣。虽然，能不弛懈尤妙。""炒茶时须用一人从傍扇之，以祛热气，否则茶之色香味俱减，此予所亲试。扇者色翠，不扇者色黄。炒起出铛时，置大瓷盆中，仍须急扇，令热气稍退。以手重揉之，再散入铛，以文火炒干之。盖揉则其津上浮，点时香味易出。田子艺以生晒不炒不揉者为佳，其法亦未之试耳。"

《群芳谱》：以花拌茶，颇有别致。凡梅花、木樨、茉莉、玫瑰、蔷薇、兰、蕙、金橘、栀子、木香之属，皆与茶宜。当于诸花香气全时摘拌，三停茶，一停花，收于瓷罐中，一层茶一层花，相间填满，以纸箬封固入净锅中，重汤煮之，取出待冷，再以纸封裹，于火上焙干贮用。但上好细芽茶，忌用花香。反夺其真味。惟平等茶宜之。

《云林遗事》：莲花茶：就池沼中，于早饭前日初出时，择取莲花蕊略绽者，以手指拨开，入茶满其中，用麻丝缚扎。定经一宿，次早连花摘之，取茶纸包晒。如此三次，锡罐盛贮，扎口收藏。

邢士襄《茶说》：凌露无云，采候之上。霁日融和，采候之次。积日重阴，不知其可。

田艺蘅《煮泉小品》：芽茶以火作者为次，生晒者为上，亦更近自然，且断烟火气耳。况作人手器

手工炒茶

随着茶叶外销量的增多，手工炒茶已经不能满足需要。

不洁，火候失宜，皆能损其香色也。生晒茶瀹之瓯中，则旗枪舒畅，青翠鲜明，香洁胜于火炒，尤为可爱。

《洞山茶系》：岕茶采焙定以立夏后三日，阴雨又须之。世人妄云"雨前真岕"，抑亦未知茶事矣。茶园既开，入山卖草枝者，日不下二三百石。山民收制，以假混真。好事家躬往予租，采焙戒视惟谨，多被潜易真茶去。人至竞相高价分买，家不能二三斤。近有采嫩叶、除尖蒂、抽细筋焙之，亦曰片茶。不去尖筋，炒而复焙，燥如叶状，曰摊茶，并难多得。又有俟茶市将阑，采取剩叶焙之，名曰修山茶，香味足而色差老，若今四方所货岕片，多是南岳片子，署为"骗茶"可矣。茶贾炫人，率以长潮等茶，本岕亦不可得。噫！安得起陆龟蒙于九京，与之赓《茶人》诗也。茶人皆有市心，今予徒仰真茶而已。故余烦闷时，每诵姚合《乞茶诗》一过。

《月令广义》："炒茶每锅不过半斤，先用干炒，后微洒水，以布卷起，揉做。""茶择净微蒸，候变色摊开，扇去湿热气。揉做毕，用火焙干，以箬叶包之。语曰：'善蒸不若善炒，善晒不若善焙。'盖茶以炒而焙者为佳耳。"

《农政全书》："采茶在四月。嫩则益人，粗则损人。茶之为道，释滞去垢，破睡除烦，功则著矣。其或采造藏贮之无法，碾焙煎试之失宜，则虽建芽浙茗，只为常品耳。此制作之法，宜亟讲也。"

冯梦祯《快雪堂漫录》："炒茶锅令极净。茶要少，火要猛，以手拌炒令软净，取出摊于匾中，略用手揉之。揉去焦梗，冷定复炒，极燥而止。不得便入瓶，置于净处，不可近湿。一二日后再入锅炒，令极燥，摊冷，然后收藏。""藏茶之罂，先用汤煮过烘燥。乃烧栗炭透红投罂中，覆之令黑。去炭及

中国名茶·佛手黑茶

灰，入茶五分，投入冷炭，再入茶，将满，又以宿箬叶实之，用厚纸封固罂口。更包燥净元气味砖石压之，置于高燥透风处，不得傍墙壁及泥地方得。"

屠长卿《考槃余事》："茶宜箬叶而畏香药，喜温燥而忌冷湿。故收藏之法，先于清明时收买箬叶，拣其最青者，预焙极燥，以竹丝编之，每四片编为一块，听用。又买宜兴新坚大罂，可容茶十斤以上者，洗净焙干听用、山中采焙回，复焙一番，去其茶子、老叶、梗屑及枯焦者，以大盆埋伏生炭，覆以灶中敲细，赤火既不生烟，又不易过。置茶焙下焙之，约以二斤作一焙。别用炭火入大炉内，将罂悬架其上，烘至燥极而止。先以编箬衬于罂底，茶焙燥后，扇冷方入。茶之燥，以拈起即成末为验。随焙随入，既满又以箬叶覆于茶上，每茶一斤约用箬二两。罂口用尺八纸焙燥封固，约六七层，压以方厚白木板一块，亦取焙燥者。然后于向明净室或高阁藏之。用时以新燥宜兴小瓶，约可受四五两者，另贮。取用后随即包整。夏至后三日再焙一次，秋分后三日又焙一次，一阳后三日又焙一次，连山中共焙五次。从此直至交新，色味如一。罂中用浅，更以燥箬叶满贮之，虽久不浥。""又一法，以中坛盛茶，约十斤一瓶。每年烧稻草灰入大桶内，将茶瓶座于桶中，以灰四面填桶，瓶上覆灰筑实。用时拨灰开瓶，取茶些少，仍复封瓶覆灰，则再无蒸坏之患。次年另换新灰。""又一法，于空楼中悬架，将茶瓶口朝下放，则不蒸。缘蒸气自天而下也。""采茶时，先自带锅入山，别租一室，择茶工之尤良者，倍其雇值。戒其搓摩，勿使生硬，勿令过焦。细细炒燥，扇冷方贮罂中。""采茶，不必太细，细则芽初萌而味欠足；不可太青，青则叶已老而味欠嫩。须在谷雨前后，觅成梗带叶微绿色而团且厚者为上。更须天色晴明，采之方妙。若闽广岭南，多瘴疠之气，必待日出山霁，雾瘴岚气收净，采之可也。"

冯可宾《岕茶笺》："茶，雨前精神未足，夏后则梗叶太粗。然以细嫩为妙，须当交夏时。时看风日晴和，月露初收，亲自监采入篮。如烈日之下，应防篮内郁蒸，又须伞盖，至舍速倾于净匾内薄摊，细拣枯枝、病叶、蛸丝、青牛之类，一一剔去，方为精洁也。""蒸茶须看叶之老嫩，定蒸之迟速，以皮梗碎而色带赤为度。若太熟，则失鲜。其锅内汤须频换新水，盖熟汤能夺茶味也。"

陈眉公《太平清话》：吴人于十月中采小春茶，此时不独逗漏花枝，而尤喜日光晴暖。从此蹉过，霜凄雁冻，不复可堪矣。

眉公云：采茶欲精，藏茶欲燥，烹茶欲洁。

吴拭云：山中采茶歌，凄清哀婉，韵态悠长，一声从云际飘来，未尝不潸然堕泪。吴歌未便能动人如此也。

熊明遇《岕山茶记》：贮茶器中，先以生炭火煅过，于烈日中曝之，令火灭，乃乱插茶中，封固罂口，覆以新砖，置于高爽近人处。霉天雨候，切忌发覆，须于清燥日开取。其空缺处，即当以箬填满，封闭如故，方为可久。

宋·刘松年《茗园斗茶图》

《雪蕉馆记谈》：明玉珍子昇，在重庆取涪江青蟆石为茶磨，令宫人以武隆雪锦茶碾，焙以大足县香霏亭海棠花，味倍于常。海棠无香，独此地有香，焙茶尤妙。

《诗话》：顾渚涌金泉，每岁造茶时，太守先祭拜，然后水稍出。造贡茶毕，水渐减，至供堂茶毕，已减半矣。太守茶毕，遂涸。北苑龙焙泉亦然。

《紫桃轩杂缀》："天下有好茶，为凡手焙坏。有好山水，为俗子妆点坏。有好子弟，为庸师教坏。真无可奈何耳。""匡庐顶产茶，在云雾蒸蔚中，极有胜韵，而僧拙于焙，瀹之为赤卤，岂复有茶哉。戊戌春小住东林，同门人董献可、曹不随、万南仲，手自焙茶，有'浅碧从教如冻柳，清芬不遣杂花飞'之句。既成，色香味殆绝。""顾渚，前朝名品，正以采摘初芽，加之法制，所谓'馨一亩之入，仅充半环'，取精之多，自然擅妙也。今碌碌诸叶茶中，无殊菜沈，何胜括目。""金华仙洞与闽中武夷俱良材，而厄于焙手。""埭头本草市溪庵施济之品，近有苏焙者，以色稍青，遂混常价。"

《岕茶汇钞》："岕茶不炒，甑中蒸熟，然后烘焙。缘其摘迟，枝叶微老，炒不能软，徒枯碎耳。亦有一种细炒岕，乃他山炒焙，以欺好奇者。岕中人惜茶，决不忍嫩采，以伤树木。余意他山摘茶，亦当如岕之迟摘老蒸，似无不可。但未经尝试，不敢漫作。""茶以初出雨前者佳，惟罗岕立夏开园。吴中所贵梗粗叶厚者，有萧箬之气，还是夏前六七日，如雀舌者，最

上好的黑饼茶
黑饼茶是西南诸少数民族最为常用的饮料，具有运输方便等特点。

不易得。"

《檀几丛书》：南岳贡茶，天子所尝，不敢置品。县官修贡期以清明日入山肃祭，乃始开园采造。视松萝、虎丘而色香丰美，自是天家清供，名曰片茶。初亦如芥茶制法，万历丙辰，僧稠荫游松萝，乃仿制为片。

冯时可《滇行纪略》：滇南城外石马井泉，无异惠泉；感通寺茶，不下天池、伏龙。特此中人不善焙制耳。徽州松萝旧亦无闻，偶虎丘一僧往松萝庵，如虎丘法焙制，遂见嗜于天下。恨此泉不逢陆鸿渐，此茶不逢虎丘僧也。

《湖州志》：长兴县啄木岭金沙泉，唐时每岁造茶之所也，在湖、常二郡界，泉处沙中，居常无水。将造茶，二郡太守毕至，具仪注，拜敕祭泉，顷之发源。其夕清溢，供御者毕，水即微减；供堂者毕，水已半之；太守造毕，水即涸矣。太守或还旆稽期，则示风雷之变，或见鸷兽、毒蛇、木魅、阳睒之类焉。商旅多以顾渚水造之，无沾金沙者。今之紫笋，即用顾渚造者，亦甚佳矣。

高濂《八笺》：藏茶之法，以箬叶封裹入茶焙中，两三日一次，用火当如人体之温温然，而湿润自去。若火多，则茶焦不可食矣。

陈眉公《太平清话》："武夷扄崅、紫帽、龙山皆产茶。僧拙于焙，既采则先蒸而后焙，故色多紫赤，只堪供宫中浣濯用耳。近有以松萝法制之者，既试之，色香亦具足，经旬月，则紫赤如故。盖制茶者，不过土著数僧耳。语三吴之法，转转相效，旧态毕露。此须如昔人论琵琶法，使数年不近，尽忘其故调，而后以三吴之法行之，或有当也。"徐茂吴云：'实茶大瓮底，置箬瓮口，封闭倒放，则过夏不黄，以其气不外泄也。'子晋云：'当倒放有盖缸内。缸宜砂底，则不生水而常燥。加谨封贮，不宜见日，见日则生翳而味损矣。藏又不宜于热处。新茶不宜骤用，贮过黄梅，其味始足。'"

张大复《梅花笔谈》：松萝之香馥馥，庙后之味闲闲，顾渚扑人鼻孔，齿颊都异，久而不忘。然其妙在造，凡宇内道地之产，性相近也，习相远也。吾深夜被酒，发张震封所遗顾渚，连啜而醒。

宗室文昭《古瓶集》：桐花颇有清味，因收花以熏茶，命之曰桐茶。有"长泉细火夜煎茶，觉有桐香入齿牙"之句。

王草堂《茶说》：武夷茶自谷雨采至立夏，谓之头春；约隔二旬复采，谓之二春；又隔又采，谓之三春。头春叶粗味浓，二春三春叶渐细，味渐薄，且带苦矣。夏末秋初又采一次，名为秋露，香更浓，味亦佳，但为来年计，惜之不能多采耳。茶采后以竹筐匀铺，架于风日中，名曰晒青。俟其青色渐收，然后再加炒焙。阳羡芥片只蒸不炒，火焙以成。松萝、龙井皆炒而不焙，故其色纯。独武夷炒焙兼施，烹出之时半青半红，青者乃炒色，红者乃焙色。茶采而摊，摊而摝香气发越即炒，过时不及皆不可。既炒既焙，复拣去其中老叶枝蒂，使之一色。释超全诗云："如梅斯馥兰斯馨，心闲手敏工夫细。"形容殆尽矣。

王草堂《节物出典》：《养生仁术》云："谷雨日采茶，炒藏合法，能治痰及百病。"

《随见录》："凡茶见日则味夺，惟武夷茶喜日晒。""武夷造茶，其岩茶以僧家所制者最为得法。至洲茶中采回时，逐片择其背上有白毛者，另炒另焙，谓之白毫，又名寿星眉。摘初发之芽，一旗未展者，谓之连子心。连枝二寸剪下烘焙者，谓之凤尾、龙须。要皆异其制造，以欺人射利，实无足取焉。"

【译文】

据《唐书》记载：太和七年的正月，吴蜀两地进贡新茶，都是冬天制作的。皇上主张恭俭，不想违背事物的习性，因此下诏命令两地在立春后制造贡茶。

《北堂书钞·茶谱续补》中说：龙安造的骑火茶最好。所谓的骑火，是制茶的时间既不在火前，也不在火后。是在清明改火的时候，所以叫火。

《大观茶论》："茶叶在惊蛰的时候制作，最重要的是赢得天时。寒气消减万物开始生长，枝叶发新芽，茶工从容工作，茶的色味齐全。所以说烘焙茶叶还要看天气。""在黎明时采茶，太阳一出来就停止。用指尖掐断茶芽，不要用手指头去揉它。像雀舌那样的芽就是上好的品种。一枪一旗叫拣芽，一枪二旗差一点，剩下的都是下品。茶刚发芽的时候，会有白色的叶子，如果不去掉，就会破坏茶叶的味道。掐断茶芽时会有黑色的根蒂，不去掉就会影响茶的颜色。""茶叶的好坏，蒸芽、压黄的时候最重要。蒸芽应等到熟得发出香味的时候，压黄应等到汤水尽了的时候。要是按照这样做那十之八九已经制作成功了。""茶芽必须要洗干净，洗茶的器具也必须干净，蒸压应该合适，研膏的时候要等到变热，烘焙的时候火要好。造茶要先计算一天的劳作时间，需要多少工，采摘多少茶叶，当天采当天做，避免过夜，否则会影响茶的颜色和味道。""茶的成色有区别，就像人的相貌。人的相貌不一样，难以一一说出。总之，颜色纯净不杂，质地缜密不散，拿起来结成一块，碾的时候声音很脆，就可以说明这是好的品种。依照此法便可得到好茶。""白茶是很特别的一种，同其他的茶叶不一样。它的枝条很多，叶子薄而且光洁。是在悬崖和树林之间偶尔生出来的，只有四五家有这种树，能够成活的只有一两株，出产的茶也不过两三锫而已。只有制作得很精细、操作得很正确，才能使里外一样光洁清澈，就像没有琢磨的璞玉一样，其他的都不能跟它比。"

蔡襄《茶录》：茶的味道主要是甘甜润滑，只有北苑、凤凰山一带的茶场，造出的茶叶味道最好。隔溪的这些山，虽然能够及时制作，但颜色和味道都很重，不能跟它比。有的泉水不是很甘甜，会损害茶叶的味道，前人所著的《水品》说的就是这个道理。

《东溪试茶录》中说："建溪的茶叶比其他地方的茶叶都要早，北苑、壑源的就更早了。如果天气暖和在惊蛰前10天就已经发芽了；天气冷的话惊蛰过后5天开始发芽。惊蛰前发的芽，气味都不好，只有惊蛰之后的才最好。民间常常把惊蛰作为制茶的节气。其他地方烘焙的时间要比北苑晚半个月左右，如果距离远的话那就更晚了。""一般要掐断茶芽，只能用指甲而不能用手指。用指甲掐容易断而且不会让它变软，用手指掐容易揉伤茶叶。采摘的时候一定要精细，清洗的时候一定要干净，蒸的时候要闻到它散发出香味，火的大小一定要控制好，只要一个环节没有把握好尺度，茶叶就会出现毛病。""比较肥厚的茶芽泡出来的水香甜，把水倒进杯子里香味也不会消散。土地贫瘠的茶芽自然就会短些，那样云脚就显得涣散，放进杯子里容易消散。叶梗长的话，见到了水就会鲜白；叶梗短的话，颜色就容易泛黄。黑色的根蒂、白色的叶子，这些都是茶叶的弊病。如果不去掉黑色的根蒂，颜色就黑而且难看。不去掉白色的叶子，味道就很苦涩。蒸芽的时候必须要熟，那样能够保留草木的气息。膏不耗干颜色就会浑浊而且味道很苦。被烟熏了的话就会失去香味，压黄了就失去了它的味道，这些都是茶叶制作时的弊病。"

《北苑别录》："御用的园地共有46处，方圆有30多里。官平往上是内园，官坑以下的是外园。在春天御园的茶要比民间早烘焙十几天，例如九窠、十二陇、龙游窠、小苦竹、张坑、西际这些地方，又在禁园的前面。而石门、乳吉、香口这3处外焙，常常在北苑烘焙后5到7天开工。每天采茶、蒸榨，制好后送到北苑一起制造。""以前制造茶叶的时候分为4个部分。茶匠因为有好胜的心理，相互之间爱攀比，不可能不出问题，于是就把它合成两个步骤。所以在茶堂里面有东局和西局的说法，茶铐里面有东作、西作的称呼。凡是刚出研盆的茶叶，都应该将它搅拌均匀，揉到细滑，然后再放进圈子里制成铐，放在席子上晒成黄色。这里面有花铐、有大龙、有小龙，品种不同，它的名称也就不同，主要是按照贡茶的要求制作。"

"采茶的时间，应该在清晨，不能等到太阳出来。早晨采摘是因为夜间的露水还没有干，茶芽肥大而且湿润。出太阳后茶叶受到了阳光的侵害，茶芽里面的内蕴就会耗尽，茶放进水里颜色不鲜明。所以每天在五更的时候召集一群人到凤凰山，［山上有伐鼓亭，每天需要使用222个人］监采官每人给一个牌子，入山采茶，到了辰时，就重新鸣锣聚拢，怕他们一味贪多而超过时间采些没用的。大多数的采茶人都知道怎样采茶，招募人员的时候一定要选择当地懂茶的人，不但要懂茶叶的习性，还要知道采茶的要求。""茶叶有小芽、中芽、紫芽、白合、乌蒂，不能分辨不清。小芽就像鹰爪一样小。最初的时候造的是龙团胜雪、白茶，要先将茶芽蒸熟，放进水盆里，挑选出里面的精英，小的像针一样，被称为水芽，它是小芽中最好的品种。中芽，古代叫作一枪二旗。紫芽，叶子是紫色的。白合，就是抱着小芽生长的两片叶子。乌蒂，就是带头的茶叶。所有的茶叶中，水芽是最好的，小芽稍微差一点，中芽更差。紫芽、白合、乌蒂根本就不能要。只要精心挑选，茶的颜色和味道就没有不好的。如果没挑拣干净，看起来就会不均匀，颜色浑浊而且味道太重。""惊蛰时万物开始萌生。每年在节前三天开始焙茶，遇到闰年就往后推一点，这是因为气候有点迟。""蒸芽要反复清洗，把它洗得清洁干净，然后再放进甑里装起来，等水开了再蒸。蒸芽就怕茶叶过熟或不熟。过熟的茶叶颜色就会变黄而且味道很清淡，不熟的茶叶颜色就会泛青而且容易沉积下去，还带有草木的气味。所以只有火候合适才行。""茶叶蒸熟，就叫茶黄，必须先淋洗几遍，［让它变冷］才能放进小榨里面，主要是去掉中间的水分，再放进大榨里面，可以把汁榨出来。［水芽就用高榨压，因为它的芽比较嫩］榨的时候先用布帛包起来，用竹皮捆绑，然后放进大榨里

这几幅图是中国古代从种茶、采茶到制茶的部分过程。它说明在古代中国制茶工艺已很成熟。

炒青的具体步骤是高温杀青、揉捻、复炒、烘焙至干。

面压着，压到半夜再取出来揉均匀，重新放进榨里面再榨，叫作翻榨。通宵击打，榨干以后才可以。建茶的味道深远厚重，这不是江茶可以比拟的。江茶怕榨得太干，建茶就怕榨不干。如果膏不尽的话，茶的颜色就会浑浊，味道就会很重。""茶过黄以后，放进烈火里面烘焙，然后再放进开水里面，这样重复三次，再放到火上烘焙一夜，到了第二天，再过烟烘焙，火候不要过大，过大就会外面肿胀颜色很黑。更不要被烟熏了，被烟熏了就会失去香味而且还带焦味。

用温火就可以了。火候的强弱，要根据铸的厚薄而定。如果铸是厚的，那就用十到十五的火；如果是薄的，就用六到八成的火候。火候够了，再过汤去色。出色之后，放进密室里，马上用扇子扇风，这样颜色就会很光洁了。""研茶的器具，最好用木杆瓦盆，分团过滤的水，都有一定的规定。胜雪、白茶这样的好茶用十六的水，拣芽这样的茶叶用六分水，小龙凤用四分，大龙凤用二分，其余都用十二分。十二分水往上的，研一团。六分水往下的，研三到七团。每次用水研的时候，必须等到水干茶熟了才可以。水不干，茶就不会熟，看起来就会不够均匀，煎试的时候容易有沉淀。所以研的器具必须是结实有力的东西。这是天下皆知的道理，没有不长胡须就成人的。先有北苑的茶叶，才有龙井的水。龙井的水清澈甘甜，就算日夜不停地喝都不会干涸，北苑制茶都用它。这里的泉水比蜀江的水好，井水不可能有这么好，不要不相信。"

姚宽在《西溪丛语》中说：建州焙茶的地方面朝北方，所以叫北苑。有一眼泉水特别的清淡，被称为御泉。用这个泉里的水泡茶，会破坏茶叶的味道。只有龙团胜雪、白茶两种可以，被称为水芽。这两种茶叶都是先蒸再挑拣。每一片茶芽要先去掉外面的两片小叶子，也就是乌蒂；然后再取出两片嫩叶子，叫作白合；将茶芽小心地放在水里，被称为水芽。聚多一点，就研制成两种，就是龙团胜雪和白茶。最好的茶，都是从这里出产的。每铸计算工价差不多二十千，其他的都是先挑拣再蒸研，味道越来越差。茶叶分成十纲，第一纲、第二纲太嫩了，第三纲最好，从第六纲到第十纲，小团到大团为止。

黄儒在《品茶要录》中记载："制茶要在惊蛰前开始，采下的芽像鹰爪一样细小。开始制造的时候叫试焙，又叫第一火，后面的是二火。二火的茶叶，已经比一火的差了。因此市场上的茶叶，只有在三火以前出来的茶叶才是最好的。特别喜欢天气稍冷一些，气候虽然阴冷但还不至于冻的时候采摘茶叶。芽出的时候最怕风霜，有的在一火二火遇到了风霜，到了三火霜就没有了，那么三火的茶叶就要好一些。天晴太阳还没出来，茶芽吸收养分而渐渐生长，采摘的人要仔细挑选。只要是试制的时候颜色很鲜白的，是经历过薄雾且在最佳时机采摘的。有的茶叶在雨水多的时候制作，颜色就会昏暗，或者气候非常炎热的时候，采摘人手里的汗沾在茶叶上面，摘下来的茶叶就不太干净，所以制造出来的虽然很多，都是很普通的茶叶。试的时候如果颜色不是鲜白的，水脚有一点泛红，这是因为时间太长了。""开始时采摘的茶芽很少，只是刚好装满筐子，都是为了要趋时争新。采回来后就蒸，蒸了以后再研。""如果没有蒸熟的话，即使是精芽也会受损。如果试的时候有桃仁气息，那就是没有蒸熟。只有正好熟了的味道才会甜美。""蒸芽要看火候，一定要谨慎小心。试的时候如果颜色泛黄而且有很大的粟纹的，这是因为蒸得过熟了。然而过熟比不熟要好，甘甜和香味要强一些。所以君谟谈论颜色，认为青白比黄白好。而我说论味道，黄白比青白好。""蒸茶的时候时间不可以太长，时间长就过熟，容易把水烧干，会出现焦烂的气味。蒸茶的人在烧干后加进水来弥补，是使茶叶变黄的重要原因。试的时候颜色昏暗，气味有些焦恶，都是蒸烂的缘故。建人把它叫作热锅气。""茶本来是用茶芽上�模来制作的。既然有了榙模就应该放在罩上烘焙，用火烘的时候一定要让它全部变热，再将茶叶覆盖在上面，使它的中间变空，这样可以透出火气。但是茶民不喜欢用实炭，称为冷火。新茶饼有湿气，茶民着急烘干后售出，所以用火常常带有火焰。火焰过大，如果稍微没有照看好，就会熏坏茶叶。如果试的时候颜色是昏红的，那是因为没有烘焙好。""茶叶先是黄色而后又变得很阴润的，那就是没有榨干。榨的时候应该将它的膏去尽，膏尽就像干竹叶一样。有人只是把表面弄得干并不榨干，这样可以多卖钱。试的时候，如果它的颜色虽鲜白，但带有苦味，这是因为没有榨干。""茶的颜色干净鲜明，那么香气和味道都会好。所以采摘上好茶叶的人，常常是在半夜的时候顶着云雾去采，或者在瓷罐里灌上新汲的泉水放在胸前，采摘后立即放进水里，这是为了保持它的新鲜。如果等到太阳出来阳光照射，茶芽暴长时采摘，如没有及时加工，采摘来的茶芽积在一起还来不及去蒸，蒸了又赶不上研，研了以后又要等到第二天再制作，试茶时颜色不鲜明，略带有臭蛋味，那是因为压黄了。""茶叶中的精品，称为斗、亚斗，其次拣芽。茶芽，斗品虽然最好，一个园户也许只有一棵。所以说天材之间也有差异，不能都是这样。而且物体的变化无常，人的耳朵和眼睛能力又有限，所以制作出斗品的人家，有以前好而今天差、前面不好而后面要强一些的。虽然人的力量有的能达到有的达不到，这也是造化推移而不能够改变的。他们制造的时候一火为斗，二火为亚斗，也不过十几铸而已。拣芽就不是这样了，那就是在整个园子里面选择精英。茶农可能有一味贪多的，又为加重颜色，就把白合、盗叶掺杂在里面。试茶时如果颜色鲜白而味道苦涩清淡，就是其中掺杂了白合、盗叶的缘故。"［凡是

君山银针的干茶

像鹰爪那样的小芽，有两片很小的叶子合抱在一起生长的，就是白合了。新的枝条和叶子刚生长出来的时候是白色的，就是盗叶。制造拣芽的人，只是拣取中间的鹰爪，连白合都不用，何况是盗叶呢？］"任何东西都不可以掺假，饮食之物更不可以。茶中如果有其他的杂草，建人称为入杂。茶中有加入柿叶的，一般的品种有加入桴榄叶的，两种叶子容易混淆，又能够滋润颜色，茶民就这样欺售而多获利。如果没有粟纹而且不甘香，杯子的水面有浮散的东西，就像是微小的细毛，或者像天上的星星一样，都是加入了杂质的缘故。善于品茶的人，将茶杯侧过来看，加入多少杂质，就都可以知道了。所有的品种里都有掺假，即使列入铐茶的，也可能有。"

《万花谷》：龙焙泉在建安城东侧的凤凰山上，又叫御泉。北苑制造贡茶，茶芽像针一样细小。用这里的水研造，每片计工钱四万分。如果它的颜色白得像乳，那就是最好的了。

《文献通考》中记载：宋朝的人制造两种茶叶，分为片和散。所谓片，就是龙团旧法，所谓的散，就是茶叶不蒸直接把它晒干，就像今天的茶叶一样。这样才知道在南渡以后，没有蒸过的茶叶才算好。

《学林新编》：好的茶叶，应在社前就是惊蛰季节的前面制作；其次在火前，就是寒食节的前面；再次就是雨前，就是谷雨季节的前面。唐代僧人齐己有诗说："高人爱惜藏岩里，白甄对题封火前。"之所以说在火前，那是因为他不知道社前的是最好的。就唐人论茶而言，虽然有陆羽的《茶经》，但是里面的观点也不太准确。到了本朝蔡君谟的《茶录》，论述就很精确了。

《茗溪诗话》中说：北苑，是官府焙茶的地方，漕司每年都要向皇上进贡；壑源，是私人焙茶的地方，那里的人也将它进献给皇上，但是茶叶还是稍差些。两地相隔了三四里远，如果是沙溪，那就是外焙，跟上面两种烘焙方法相比，就差得远了，是下等。所以鲁直有诗说："莫遣沙溪来乱真。"就是这样。官府烘焙茶叶，常常在惊蛰以后。

朱翌在《猗觉寮记》中记载：唐代制造茶叶跟现在不同，现在采茶的人采茶后马上蒸熟再焙干，唐人则是即采即炒。刘梦得《试茶歌》中说："自傍芳丛摘鹰嘴，斯须炒成满室香。"又说："阳崖阴岭各不同，未若竹下莓苔地。"生长在竹林间的茶叶最好。

《武夷志》中记载：通仙井在御茶园里，水质非常甘洌，每当制造茶叶的时候，井水就会自然溢满，供人们使用。

《金史》中记载：泰和五年的春天，废除了造茶的禁令。

茶之三味得之于心，应之于手，非可以言传学到。

张源在《茶录》中说："茶的妙处，在于制造时候的精良，贮藏得当，泡茶的方法得当。品质好坏最重要的是开始的时候，清浊的关键在后面的火候上。""火烈就有清香，能够防寒去除疲劳。火大容易烘焦，柴少就会失去翠色。时间长就太熟，时间短就会不熟。熟了就会泛出黄色，生的就呈现黑色。带白点没关系，一点不焦的最好。""储藏茶叶的地方千万不要在风口和靠近火的地方。通风茶叶就容易受冷，靠近火容易使茶变黄。应该放在我们经常坐卧的地方，靠近人气，就会保持温热而且不会寒冷。必须是板房，不适合土房子。木板房子温暖干燥，土房子里潮湿蒸热。而且还要透气，不要放在过于隐蔽的地方，那样不仅容易潮湿，而且还容易忘记查看。"

谢肇淛在《五杂俎》中说："古代的人造茶，大多数将它舂细，然后再蒸。唐代诗中的'家童隔竹敲茶臼'说的就是这个。到了宋朝的时候才开始用碾。将它揉在一起烘焙，那是本朝才开始的。但是揉的茶，恐怕没有细末容易收藏。""现在造茶团的方法没有留传下来，但建茶的质量，也远远在吴会其他品种以下。其中武夷、清源两种茶，虽然能与那些上好的品种相抗衡，然而产量不多，十之八九是假货，才让它的身价高不上去。""福建的方山、太姥、支提，都出产好茶叶，但没有好的制造方法，所以名气没有传出去。我曾经经过松萝，遇见一个制茶的和尚，询问他的诀窍，他说：'茶叶的香味，本来相差并不太多，只是烘焙的时候火候特别难把握。茶叶尖部太嫩，而蒂部太老。到火候调和的时候，尖部已经焦枯，而根部还没有熟。两者掺杂在一起，茶叶怎么会好呢？'制造松萝的时候，每片叶子都要剪掉尖部和蒂部，只留下中间的部分，这样茶就是一样的了。只是在刀工方面过于烦琐，所以价格很高。闽人急于卖出赚钱，每斤不过卖百钱，怎么会费这么多的周折呢？如果价格太高，就可能没有人来买。所以近来建茶一直不好。"

罗廪在《茶解》中说："在采茶和制茶的时候，最忌讳手上有汗，身体有异味，口臭、多鼻涕、不干净的人和月经期妇人，更忌讳酒气。这是因为茶和酒的性质不合，所以采摘茶叶制茶，最忌讳的就是喝了酒去碰茶叶。""茶容易沾染其他的东西，所以无论是腥秽还是有其他异味的东西都不适合接近，即使是很著名的香也不适合靠近。"

许次杼在《茶疏》中说："一定在夏天之前采摘岕茶。开始采摘的时候，被称为开园，采摘到正夏的时候，就称为春茶。如果那里的气候稍微冷一点的话，就需要等一段时间，但是又不要犯太迟的

煎茶，如同煎药，将茶叶下入水中煮熬。

毛病。以前没有在秋天采摘的，近几年开始有了。七八月的时候再采摘一次，被称为早春，它的质量很好，就是有点少。有的山上为了追求利益，大多去摘梅茶，因为它是在梅雨的时候采摘的。梅茶有些苦涩，而且会影响秋天采摘，好的品种要忌讳摘梅茶。""开始采摘的茶叶，香气没有完全散发，必须要借助火力让它的香气散发出来。但是茶叶的本性耐不住劳顿，炒的时间不应过长。如果锅里放得太多，炒时手上的力就不均匀。放在锅里面的时间过长，茶叶过熟香气就散尽了。炒茶的锅最忌讳的就是新铁。必须准备一口炒茶时专用的锅，不能炒别的东西。也有人说经常煮饭的锅最好，既没有铁的腥味，也没有油脂的腻味。炒茶用的柴火，只能用树枝，不能用干叶子。因为干叶子容易使火力过猛，叶子容易产生火焰而且燃烧得很快。必须要把锅洗干净再炒茶叶，随摘随炒。一锅里，只能放进4两，先用文火将它炒软，再用武火催化。用手加木指快速翻炒，到半熟为止，有一点香味散发出来，就到火候了。""清明的时候太早，立夏又太迟了，谷雨的前后，是最佳时间段。如果再迟一两天，等茶叶的气力足够、香气更好的时候，就适合收藏了。""将茶叶放在庋阁的里面，它的底部垫上几层砖，四周也用砖围起来，就像火炉一样，越大越好，不要靠近土墙。把坛子放在它的上面，随时弄掉灶下的灰，冷却了之后放在坛子的旁边。半尺以外，仍然用火灰围起来，使里面的灰能够长期保持干燥，可以避免风和潮气。但千万不能让火气进到坛子里面，否则会使茶叶变黄。把平时要用的茶，放到小瓷瓶里面，也应该用箬叶包起来，千万不要被风吹。而且适合放在案头，不要接近有气味的物体，也不可以用纸包。因为茶的本性很怕纸，纸是从水中来的，纸里有很多水气。在纸里面裹了一个晚上，茶叶的味道就没有了。如果再烘焙一次，马上就会变潮。雁宕等山的茶叶，最容易患上这个毛病。纸贴在茶叶上面，怎么能变得好呢？""茶叶的味道很清淡，而且性质很容易转变，储藏的方法是喜欢温暖干燥而讨厌冰冷潮湿，喜欢清凉而讨厌蒸热，喜欢清淡而忌讳香气。用火烘焙了以后收藏，不能让太阳直晒。大家多用竹器来装茶，虽然加上了竹叶来保护，但是竹叶有力道，不会服帖，风和湿气容易侵入。至于放在地炉里，那就更不可取了。有的人用竹器来装茶，放在笼中，用火烤就会变黄，没有火就会潮，千万不要！千万不要！"

闻龙在《茶笺》中说："曾经考证《茶经》，里面详细地介绍焙茶的方法。我认为现在不必完全按照这个方法。我盖了一间用来烘茶的房，高不超过8尺，长不过1丈，纵深和长相同。四周和顶部用绵纸糊得很细密，没有一点缝隙，放进三四个火缸，把新的竹筛放在缸里，预先洗一片新的麻布放在上面。将炒的茶叶散放在上面，关上窗户进行烘焙。上面不能盖东西，因为茶叶还很湿润，一旦盖上就会气息不通、颜色变黄，必须烘焙两三个小时，等到湿润的气息尽了的时候，再盖上竹箕。直到烘焙得非常干的时候再取出，冷却以后放进器具里面。收藏后再进行烘焙，也用这个办法，那么香气和味道就不会有太大的变化。""各种名茶大多用炒，只有罗岕适合蒸焙，味道蕴藉在里面，人们都很珍惜它。即使顾渚、阳羡、密迩洞山，也可以按照这种方法。我想这种方法只适宜岕茶吧，不可把它使用在其他的茶叶上面。《茶经》上已经说了：'蒸之焙之'，就说明这种说法已经有很长时间了。""吴地的人特别重视岕茶，经常将黑色的竹叶夹杂在里面，这是个非常严重的错误。我每次收藏茶叶的时候，一定要让年轻的樵民到山里面去采摘箭竹的叶子，擦拭干净后烘干，围在茶缸的四周，留一半剪细了拌进茶叶的里面。过了一年再打开，还像刚摘的时候一样青翠。""吴兴的姚叔度说，茶多烘焙一次，香味就会减一次。我验证以后果然是这样。但是开始烘焙的时候，要把茶叶烘焙得特别干燥，多用炭和竹叶，想办法牢固封存，即使下了很长时间的雨，仍然会非常干燥。只有经常打开坛子取茶叶，才容易使它受潮，只好再次烘焙了。四月到八月，最容易出现这样的事情。九月以后，天气渐渐干爽，就不怕打开了。虽然是这样，如果不经常开取就更好了。""炒茶的时候需要一个人在旁边扇风，可以去除热气，否则茶的颜色和香味都会受到损害，这是我亲自试验过的。扇了的话，颜色是青翠的，如果不扇的话颜色就是黄的。炒好出锅以后，放进大的瓷盆里，仍然需要用力地扇，这样热气能够稍微减少一些。再用手揉它，然后放入锅里，用文火干炒。如果揉的话茶叶就容易上浮，倒水的时候香味就容易散发出来。田子艺认为生晒不炒不揉的茶叶最好，这个办法还没有试过。"

《群芳谱》里说：用花来拌茶，会很别致。像梅花、桂花、茉莉、玫瑰、蔷薇、兰花、蕙、金橘、栀子、木香这些，都适合拌进茶里。应在这些花的香气浓的时候摘下来同茶拌在一起，三份茶叶，一份花，收起来放进瓷罐里，一层茶叶一层花间隔着填满，用纸和竹片封好放进干净的锅里，再放进汤里煮，取出来等冷却了以后，再用纸封裹起来，放在火上焙干了储存起来待用。但是上好的细芽茶，不必用花香，否则会夺走它本来的味道。只有一般的茶叶才适合。

《云林遗事》中记载：莲花茶：生长在池沼里，在早饭之前、太阳刚出来的时候选择刚刚绽放的莲花蕊，用手指拨开，往里面放进茶叶，用麻丝捆扎起来。过一夜，第二天早上同花一起采摘，用茶叶纸包起来晾晒，像这样反复三次。再用锡制的罐子装起来，把口封好收藏。

邢士襄在《茶说》中记载：带着露水又没有云的时候，是采摘的最好时机。太阳出来很暖和的话，采摘的时机就差一点。太阳被云遮住的阴天，不知道是不是适合。

田艺蘅在《煮泉小品》里记载：茶芽用火烘焙的不算好，晒干的茶叶最好，也更接近自然的本色，而且没有烟焰的气味。况且茶工的手和器具不干净，火候不合适，都会破坏茶叶的香味和颜色。把生晒的茶叶放在瓯里，那样旗枪就显得舒畅，青翠鲜明，又香又干净比火

注入适量沸水。

边注边用茶笕搅动。

茶末上浮，产生泡沫。

饼茶碾碎，置茶盏中待用。

待釜将水烧至微沸初漾时。

茶叶碗里注入少量沸水调成糊状。

炒的好，更加可爱。

《洞山茶系》载：岕茶摘下后烘焙的时间定在立夏后的第三天，如果遇到阴雨就需要多等几天。人们都说"雨前真岕"，也许并不知道有关茶的事情。茶园开了以后，到山里面卖草枝的，每天不少于两三百石。山里的农民收下，用来以假乱真。谨慎的人家亲自去看护，采摘和烘焙的时候看得很认真，大多能得到真正的茶叶。人们竞相用高价采买，一家不过两三斤。最近有把采摘的嫩叶去掉叶尖和叶蒂、抽出细筋来烘焙的，也被称为片茶。如果不去掉尖和筋，炒完再烘焙，就会像叶子一样干枯，被称为摊茶，也很少见。还有在茶市快完的时候，采摘剩下的叶子来烘焙，又叫修山茶，虽然香味很浓但是颜色会很老，就像现在各地卖的岕片，大多是南岳的片子，可以把它叫作"骗茶"了。通常都是有很多茶叶商人等着购茶，可是又没有办法得到本岕。唉！怎么对得起陆龟蒙在九京的时候，跟之赓做的《茶人》诗呢？茶人都有卖钱的心理，现在我们只能仰望着真茶了。所以我在烦闷的时候，就念着姚合的《乞茶诗》。

《月令广义》中说："炒茶的时候一锅茶不能超过半斤，先干炒，再往上面洒水，用布卷起来揉。""挑出干净的茶叶稍微蒸一下，等到颜色变了再摊开，把湿气、热气扇去。揉好后，用火将湿气烘焙干净，再用竹叶包起来。有人说：'会蒸不如会炒，会晒不如会烘焙。'茶叶炒后烘焙是最好的。"

《农政全书》说："采的时间在四月。嫩茶对人有益，过于粗糙的茶对人有害。茶的作用是去除内脏里滞留的东西，可以让人少睡消除疲劳，功劳非常大。如果采摘、制造、贮藏不讲方法，碾细煎煮又没有把握好分寸，即使是建茶、浙茗，也只能成为很平常的品种。这种制作方法，真应该多讲。"

冯梦桢在《快雪堂漫录》中记载："炒茶的锅要非常干净。茶叶要少，火势要猛烈，用手去拌炒，等茶软了再取出来摊开，放进匾里，用手轻轻揉茶。揉去已经变焦的茶梗，冷却以后再炒，炒到完全干燥为止。炒完不要马上放进瓶子里，放在干净且远离潮湿的地方。一两天后再放进锅里炒，等干燥、冷却以后再收藏。""贮藏茶叶的瓶子，先用水煮再烘干。把烧红的栗炭放进瓶面，盖上之后让它变黑。再去掉炭和灰，倒进一半茶叶，将冷炭放进去，再放茶叶，快满的时候再装进干竹叶塞实，用很厚的纸封住瓶口。再包上干燥而且没有气味的砖石压在瓶口，放在干燥通风的高处，不能靠着墙壁和有泥土的地方。"

屠长卿《考槃余事》中记载："茶叶适合用竹叶包而忌讳用香叶，喜欢温暖干燥而忌讳阴冷潮湿的地方。所以收藏的办法是，先在清明的时候买一些竹叶，拣最青的预先烘焙干燥，用竹丝编起来，每四片编成一块，留着待用。再买来宜兴新坚可盛 10 斤以上茶叶的大瓶，洗干净烘干后备用。从山里采来焙过的茶叶，回来后再烘焙一次，去掉里面的茶子、老叶、梗屑和焦枯的东西，用大盆装生炭，放进灶里敲细后点起火，火焰既不生烟，又不容易使火过大。把火放在茶焙下面烘焙，一次大约烘焙两斤。另将炭火放进大炉里，把瓶架在上面，烘到干燥为止。先把编好的竹叶放在下面，茶叶烘焙干燥后扇冷，再放进去。以捻起成粉末为茶叶的干燥标准。焙好后马上放进去，满了以后将竹叶盖在茶叶的上面，每 1 斤茶叶大约要用 2 两竹叶。瓶口用 8 尺大小的干燥纸封紧，大约有六七层，压上一块白色的木板，也必须是烘干了的。然后放在明朗而且干净屋里的高阁上面。用的时候用干燥的宜兴小瓶子，大约可放四五两茶叶，另外储存。取用以后马上包起来整理好。夏至后 3 天再烘焙一次，秋分后 3 天再焙一次，重阳后 3 天又焙一次，连山中总共焙了 5 次。此后直到新茶到来的时候，颜色和味道会始终如一。如果瓶子里的茶不满，应用干燥的竹叶填满，存放很长时间也不会潮湿。"还有一个办法，用中等大的坛子盛茶，一瓶大约能盛 10 斤。每年把烧的稻草灰放进大桶里，将茶瓶放进大桶，将桶的四周填满灰，瓶子的上面也用灰压实。用的时候拨开灰打开瓶子，取出少量的茶叶，再封好茶瓶盖上灰，那样就没有蒸坏的顾虑了。第二年再换上新灰。"还有一个办法，在空楼里悬上一个架子，将茶瓶口朝下放，那样就不会有蒸热的问题。因为蒸热的气息是从上往下走的。"采茶的时候自己带锅进山，另外租用一间房子，挑选采茶技术好的工人，用双倍的工价雇用。不要用手揉搓，不要让茶叶生硬，避免过焦。慢慢地将茶叶炒干，将茶叶扇冷后再贮藏到瓶中。"采的茶不能过细，太细是因为茶芽刚长出来味道还不足。不能太青，青就说明叶子已经老了味道欠嫩。必须在谷雨的前后，找带叶子的成梗，微绿色团状而且很厚的为最好。天色晴朗的时候采摘才好。像闽广岭南多有瘴疠之气，必须要等到太阳出山，雾瘴之气散尽后，才可以采摘。"

冯可宾在《岕茶笺》中说："茶叶，雨水之前还没有长好，夏至以后梗叶就会太粗了。所以要采到细嫩的好茶叶，必须等到春夏交替之际。在风和日丽的时候，露水刚开始收敛，亲自监督采摘到篮子里。如果是在烈日下，应该避免篮子里蒸热，需要用伞遮盖，到家以后马上倒进干净的匾里薄薄地摊开，仔细挑出枯枝、病叶、蛸丝、青牛这些东西，一一去掉，才能称为干净。""蒸茶时要根据叶子的老嫩，来决定蒸的时间，以皮梗破碎而颜色带一点赤红为标准。如果太热，就不新鲜了。锅里的水必须时常更换，因为热水会夺走茶叶的味道。"

陈眉公《太平清话》中记载：吴地的人在十月的时候采摘小春茶，这时不仅花枝逗漏，而且阳光晴暖。如果错过这个时候，就是霜凄雁冻，不再适合采摘。

眉公说：采摘茶叶时要精细，贮藏茶叶应该干燥，烹制茶水应该清洁。

吴拭说：山中的采茶歌凄清委婉，声音悠长，声音好像是从云际里飘来的，让人潸然泪下。即使是吴歌也不能让人这样感动。

熊明遇在《岕山茶记》中说：要将茶叶储存在器具里，先用生炭火煅烧瓶子，在烈日下晒过，火灭后，再把茶叶倒进里面。将瓶口封好，在上面压上新砖块，放在高处清爽易接近人的地方。下雨天千万不要打开，一定要等到天晴的时候再打开。取完茶后瓶子会不满，应用竹叶填满，像以前一样封闭起来，这样才能使茶保持的时间更长。

《雪蕉馆记谈》记载：明朝玉珍、子昇，在重庆取涪江青蟆石当茶磨，让宫里的人用武隆雪锦茶碾，加进大足县香霏亭的海棠花烘焙，焙出的茶味道比平常的茶要好得多。海棠本来没有香味，只有这个地方的海棠花香，用它来焙茶最好。

《诗话》记载：顾渚有涌金泉，每年造茶的时候，太守先祭拜，水才冒出来。造完了贡茶，水就变少了，到供堂的茶造完了的时候，水流已经减少了大半。太守造好茶后，水就干涸了。北苑的龙焙泉也是这样。

明·唐寅《事茗图》

此画描绘了文人雅士夏日品茶的生活图景。透过画面，仿佛可以听见潺潺水声，闻到幽幽茶香。

　　《紫桃轩杂缀》中说："天下本来有好茶，却被一些普通人焙坏了。有好的山水，却被凡夫俗子玷污了。有好的子弟，却被平庸的老师教坏了。真是无可奈何啊！""匡庐的山顶出产茶叶，在云雾的衬托下，别有韵致，但和尚烘焙的技术太糟糕，泡出的茶像红卤，哪里还有好茶呢？戊戌的春天在东林住了一段时间，同门的董献可、曹不随、万南仲亲自烘焙茶叶，有'浅碧从教如冻柳，清芬不遣杂花飞'的句子。制成以后，色香味都非常好。""顾渚是前朝茶叶中著名的品种，正是用采摘初芽的方法进行加工的，所谓的'馨一亩之入，仅充半环'，取的多是精华，自然美妙。在今天众多的茶叶中，都像菜蔬一样，哪有出色的呢？""金华仙洞与闽中的武夷，都是很好的原料，却被烘焙坏了。""埭头的本草卖溪庵施舍的品种，最近有苏焙的人，以颜色稍青为借口，同一般的价格一样了。"

　　《岕茶汇钞》中记载："岕茶叶不炒，放在甑中蒸熟，然后再烘焙。这是因为它摘取的时间比较晚，枝叶有一点老，炒了以后不能变软，只会变得枯碎。也有一种细炒岕茶，是在别的山上炒焙的茶叶，用来欺骗好奇的人。岕中的人爱惜茶叶，绝对不忍心采嫩叶而伤了树的根本。我认为从其他山采的茶，也应该像岕茶一样摘迟一点蒸老一些，好像也没有什么不可以。只是没有经过尝试，不敢随便说。""茶叶在雨水前刚刚出来的为最好，只有罗岕在立夏的时候开园。吴地喜欢叶子粗厚的茶叶，有竹叶的气息，还是在立夏前六七天的时候出的，像雀舌这样的品种，最不容易得到。"

《檀几丛书》记载：岳南的贡茶，是专门供天子用的，不敢买来品用。县官选好贡期在清明的时候到山里面祭祀，这时才开园采造。像松萝、虎丘颜色和香味都很丰美，自然是天家清供的，起名片茶。开始的时候也是按照岕茶的方法制作，万历年间丙辰的时候，和尚稠荫游览到松萝，才开始仿制成片。

　　冯时可在《滇行纪略》中记载：云南城外的石马井水，跟惠泉没有什么区别。感通寺的茶叶不比天池、伏龙茶差，只是这里的人不善焙制罢了。徽州松萝以前没听说过制茶，偶然一次机会，虎丘一位僧人到松萝庵，按照虎丘的方法焙制，才让天下的人喜欢松萝茶。只是可惜这里的泉水没有碰到陆羽，这里的茶叶没有遇上虎丘和尚啊。

　　《湖州志》记载：长兴县城啄木岭的金沙泉，是唐朝每年制造茶叶的地方。在湖、常两郡交界的地方，泉水在沙中，经常没有水。在造茶的时候，两郡的太守到齐后，举行仪式，拜祭泉水，泉水马上就会出现。泉水在傍晚时分清澈溢出，供皇上用的茶造好后，水就会减少；等供堂茶叶造好后，水只有一半了；太守造完茶后，水就干了。太守也许还会择期祈祷，就会出现风雷这样的变化，也许见到了蛰伏的野兽、毒蛇、木魅、阳睒这类的东西。商家也多半用顾渚的水来造茶，没有沾染金沙的。今天的紫笋，就是用顾渚水来制造的，也非常不错。

　　高濂在《八笺》中说：储藏茶叶的方法，是用箬竹叶封裹起来放进茶焙里，两三天一次，火的温度应该接近人的体温，湿气就会去掉了。如果火太大，茶叶就会变得焦枯而且不能食用。

　　陈眉公的《太平清话》记载："武夷艻峤、紫帽、龙山都出产茶叶。但是和尚不善于烘焙，采来茶叶先蒸再烘焙，所以茶叶会显出紫红色，只能供宫里洗漱用了。最近有用松萝的办法造的，试了以后，颜色和香味也很充足，但过十几天后仍然和以前一样出现紫红色。原来制茶的是几个当地和尚。告诉他们三吴的方法，他们相互转告相互效仿，又恢复了原来的样子。就必须像前人说的弹琵琶的方法一样，让他多年都不接近，完全忘掉以前的方法，再用三吴的方法来做，也许还行。""徐茂吴说：'把茶叶放在坛子的底下，把竹叶放在坛口，封闭以后倒放，过了夏天也不会变黄，它的气味也不会往外泄露。'子晋说：'应该倒放在有盖的缸里。缸应该是砂底，那样就不会发潮而且干燥。密封起来储存，不应见到太阳，见到太阳就容易出毛病而会损害味道。储藏又不应该放在很热的地方。新茶不适合马上享用，储藏到了黄梅季节，它的味道才好。'"

张大复的《梅花笔谈》记载：松萝的香味很浓，庙后的茶味道清淡，顾渚的香气扑鼻，牙颊间感受不同，很长时间都不能忘记。但是茶精妙的地方在于制造，大凡天下正宗的产品，性质都非常相似，但是习性却不同。我深夜的时候醉酒，于是打开张震封留下的顾渚，连喝几杯就清醒了。

宗室文昭《古瓶集》记载：桐花味道很清新，所以用它的花来熏茶，称为桐茶。有"长泉细火夜煎茶，觉有桐香入齿牙"这样的句子。

王草堂的《茶说》记载：武夷的茶叶从谷雨的时候采摘到立夏，被称为头春；大约过了两旬以后再采摘，就称为二春；又隔两旬再采摘，称为三春。头春的茶叶粗壮味道浓，二春三春的茶叶渐渐变细，味道渐渐变淡，而且带有苦味。夏末秋初的时候再采摘一次，名为秋露，香气更加浓郁，味道也就更好了，但是为了来年打算，不能摘得太多。

茶叶采摘以后，均匀地铺在竹筐上面，架在风口中，叫晒青。青色渐渐变淡，然后再炒焙。阳羡的芥片只蒸不炒，用火烘焙而成。松萝、龙井都是用炒而不用烘焙，所以颜色很纯。只有武夷的茶叶用烘焙和炒两种方法，烹制出来的时候半青半红，青的是炒的颜色，红的是烘焙成的颜色。采摘茶叶要摊开，摊开以后用手搅弄，香气散发出来以后马上炒，过了或者没到都不可以。炒了或者烘焙了以后，再拣去老叶和枝蒂，使茶的品质统一。释超全诗中说："如梅斯馥兰斯馨，心闲手敏工夫细。"形容得很贴切。

王草堂的《节物出典》记载：《养生仁术》中说："谷雨的时候采摘茶叶，炒制和贮藏的方法得当，可以祛痰和医治百病。"

《随见录》记载："茶叶见了太阳就会失去它的味道，只有武夷的茶叶喜欢日晒。""武夷制造茶叶，岩茶以寺庙里的制造方法为最佳。把茶叶采摘回来的时候，把背上有白毛的茶叶逐个挑出来，另外炒焙，称为白毫，又叫寿星眉。采摘刚发出的茶芽，一旗没有展开的，被称为连子心。和两寸长的枝条一起剪下来烘焙的，被称为凤尾、龙须。要是和这样的制作方法不一样，就是为了欺人谋利，实在是不可取。"

四、茶之器

《御史台记》：唐制：御史有三院：一曰台院，其僚为侍御史；二曰殿院，其僚为殿中侍御史；三曰察院，其僚为监察御史。察院厅居南。会昌初，监察御史郑路所葺礼察厅，谓之松厅，以其南有古松也。刑察厅谓之魇厅，以寝于此者多梦魇也。兵察厅主掌院中茶，其茶必市蜀之佳者，贮于陶器，以防暑湿。御史辄躬亲缄启，故谓之茶瓶厅。

《资暇集》："茶托子，始建中蜀相崔宁之女，以茶杯无衬，病其熨指，取楪子承之。既啜而杯倾。乃以蜡环楪子之央，其杯遂定，即命工匠以漆代蜡环，进于蜀相。蜀相奇之，为制名而话于宾亲，人人为便，用于当代。是后传者更环其底，愈新其制，以至百状焉。""贞元初，青郓油缯为荷叶形，以衬茶碗，别为一家之楪。今人多云托子始此，非也。蜀相即今升平崔家，讯则知矣。"

《大观茶论·茶器》："罗、碾。碾以银为上，熟铁次之。槽欲深而峻，轮欲锐而薄。罗欲细而面紧，碾必力而速。惟再罗，则入汤轻泛，粥面光凝，尽茶之色。""盏须度茶之多少，用盏之大小。盏高茶少，则掩蔽茶色；茶多盏小，则受汤不尽。惟盏热，则茶发立耐久。""筅以筋竹老者为之，身欲厚重，筅欲疏劲，本欲壮而末必眇，当如剑脊之状。盖身厚重，则操之有力而易于运用。筅疏劲如剑脊，则击拂虽过，而浮沫不生。""瓶宜金银，大小之制惟所裁给。注汤利害，独瓶之口嘴而已。嘴之口差大而宛直，则注汤力紧而不散。嘴之末欲圆小而峻削，则用汤有节而不滴沥。盖汤力紧则发速有节，不滴沥则茶面不破。""勺之大小，当以可受一盏茶为量。有余不足，倾勺烦数，茶必冰矣。"

蔡襄《茶录·茶器》："茶焙，编竹为之，裹以箬叶。盖其上以收火也，隔其中以有容也。纳火其下，去茶尺许，常温温然，所以养茶色香味也。""茶笼，茶不入焙者，宜密封裹，以箬笼盛之，置高处，切勿近湿气。""砧椎，盖

以碎茶。砧，以木为之，椎则或金或铁，取于便用。""茶钤，屈金铁为之，用以炙茶。""茶碾，以银或铁为之。黄金性柔，铜及鍮石皆能生铒[音星]，不入用。""茶罗，以绝细为佳。罗底用蜀东川鹅溪绢之密者，投汤中揉洗以罩之。""茶盏，茶色白，宜黑盏。建安所造者绀黑，纹如兔毫，其坯微厚，�之久热难冷，最为要用。出他处者，或薄或色紫，不及也。其青白盏，斗试自不用。""茶匙要重，击拂有力。黄金为上，人间以银铁为之。竹者太轻，建茶不取。""茶瓶要小者，易于候汤，且点茶注汤有准。黄金为上，若人间以银铁或瓷石为之。若瓶大啜存，停久味过，则不佳矣。"

孙穆《鸡林类事》：高丽方言，茶匙曰茶戍。

《清波杂志》：长沙匠者，造茶器极精致，工直之厚，等所用白金之数，士大夫家多有之，置几案间，但知以侈靡相夸，初不常用也。凡茶宜锡，窃意以锡为合，适用而不侈。贴以纸，则茶味易损。张芸叟云：吕申公家有茶罗子，一金饰，一棕栏。方接客索银罗子，常客也；金罗子，禁近也；棕栏，则公辅必矣。家人常挨排于屏间以候之。

《黄庭坚集·同公择咏茶碾》诗：要及新香碾一杯，不应传宝到云来。碎身粉骨方余味，莫厌声喧万壑雷。

陶谷《清异录》：富贵汤当以银铫煮之，佳甚。铜铫煮水，锡壶注茶，次之。

《苏东坡集·扬州石塔试茶》诗：坐客皆可人，鼎器手自洁。

《秦少游集·茶臼》诗：幽人耽茗饮，刳木事捣撞。巧制合臼形，雅音伴枳椇。

《文与可集·谢许判官惠茶器图》诗：成图画茶器，满幅写茶诗。会说工全妙，深谙句特奇。

谢宗可《咏物诗·茶筅》：此君一节莹无瑕，夜听松声漱玉华。万里引风归蟹眼，半瓶飞雪起龙芽。香凝翠发云生脚，湿满苍髯浪卷花。到手纤毫皆尽力，多因不负玉川家。

《乾淳岁时记》：禁中大庆会，用大镀金氅，以五色果簇钉龙凤，谓之绣茶。

《演繁露》：《东坡后集二·从驾景灵宫》诗云："病贪赐茗浮铜叶。"按今御前赐茶皆不用建盏，用大汤氅，色正白，但其制样似铜叶汤氅耳。铜叶色黄褐色也。

秦少游像

周密《癸辛杂志》：宋时长沙茶具精妙甲天下。

每副用白金三百星或五百星，凡茶之具悉备。外则以大缨银合贮之。赵南仲丞相帅潭，以黄金千两为之，以进尚方。穆陵大喜，盖内院之工所不能为也。

杨基《眉庵集·咏木茶炉》诗：绀绿仙人炼玉肤，花神为曝紫霞腴。九天清泪沾明月，一点劳心讬鹧鸪。肌骨已为香魄死，梦魂犹在露团枯。媌娥莫怨花零落，分付余醺与酪奴。

张源《茶录》："茶铫，金乃水母，银备刚柔，味不咸涩，作铫最良。制必穿心，令火气易透。""茶瓯以白瓷为上，蓝者次之。"

闻龙《茶笺·茶铫》：山林隐逸，水铫用银尚不易得，何况铍乎。若用之恒，归于铁也。

罗廪《茶解》："茶炉，或瓦或竹

明·丁云鹏《玉川烹茶图》

皆可，而大小须与汤铫称。凡贮茶之器，始终贮茶，不得移为他用。"

李如一《水南翰记》：韵书无氅字，今人呼盛茶酒器曰氅。

《檀几丛书》：品茶用瓯，白瓷为良，所谓"素瓷传静夜，芳气满闲轩"也。制宜弇口邃肠，色浮浮而香不散。

《茶说》：器具精洁，茶愈为之生色。今时姑苏之锡注，时大彬之砂壶，汴梁之锡铫，湘妃竹之茶灶，宣成窑之茶盏，高人词客、贤士大夫，莫不为之珍重。即唐宋以来，茶具之精，未必有如斯之雅致。

《闻雁斋笔谈》：茶既就筐，其性必发于日，而遇知己于水。然非煮之茶灶、茶炉，则亦不佳。故曰饮茶富贵之事也。

《雪庵清史》："泉冽性驰，非屏以金银器，味必破器而走矣。有馈中泠泉于欧阳文忠者，公诃曰：'君故贫士，何为致此奇贶？'徐视馈器，乃曰：'水味尽矣。'噫！如公言，饮茶乃富贵事耶。尝考宋之大小龙团，始于丁谓，成于蔡襄。公闻而叹曰：'君谟士人也，何至作此事！'东坡诗曰：'武夷溪边粟粒芽，前丁后蔡相笼加，吾君所乏岂此物，致养口体何陋耶。'此则二公又为茶败坏多矣。故余于茶瓶而有感。""茶鼎，丹山碧水之乡，月涧云龛之品，涤烦消渴，功诚不在药术下。然不有似泛乳花浮云脚，则草堂暮云阴，松窗残雪

范仲淹像

明，何以勺之野语清。噫！鼎之有功于茶大矣哉。故日休有'立作菌蠢势，煎为潺湲声'，禹锡有'骤雨松风入鼎来，白云满碗花徘徊'，居仁有'浮花原属三昧手，竹斋自试鱼眼汤'，仲淹有'鼎磨云外首山铜，瓶携江上中泠水'，景纶有'待得声闻俱寂后，一瓯春雪胜醍醐'。噫！鼎之有功于茶大矣哉。虽然，吾犹有取卢仝'柴门反关无俗客，纱帽笼头自煎吃'，杨万里'老夫平生爱煮茗，十年烧穿折脚鼎'。如二君者，差可不负此鼎耳。"

冯时可《茶录》：芘莉，一名篛筤，茶笼也。牺，木勺也，瓢也。

《宜兴志·茗壶》：陶穴环于蜀山，原名独山，东坡居阳羡时，以其似蜀中风景，改名蜀山。今山椒建东坡祠以祀之，陶烟飞染，祠宇尽黑。

冒巢民云：茶壶以小为贵，每一客一壶，任独斟饮，方得茶趣。何也？壶小则香不涣散，味不耽迟。况茶中香味，不先不后，恰有一时。太早或未足，稍缓或已过，个中之妙，清心自饮，化而裁之，存乎其人。

周高起《阳羡茗壶系》："茶至明代，不复碾屑和香药制团饼，已远过古人。近百年中，壶黜银锡及闽豫瓷，而尚宜兴陶，此又远过前人处也。陶曷取诸？取其制以本山土砂，能发真茶之色香味，不但杜工部云'倾金注玉惊人眼'，高流务以免俗也。至名手所作，一壶重不数两，价每一二十金，能使土与黄金争价。世日趋华，抑足感矣。考其创始，自金沙寺僧，久而逸其名。又提学颐山吴公读书金沙寺中，有青衣供春者，仿老僧法为之。栗色暗暗，敦庞周正，指螺纹隐隐可按，允称第一，世作龚春，误也。""万历间，有四大家：董翰、赵梁、玄锡、时朋。朋即大彬父也。大彬号少山，不务妍媚，而朴雅坚栗，妙不可思，遂于陶人擅空群之目矣。此外则有李茂林、李仲芳、徐友泉；又大彬徒欧正春、邵文金、邵文银、蒋伯荂四人；陈用卿、陈信卿、闵鲁生、陈光甫；又婺源人陈仲美，重锼叠刻，细极鬼工；沈君用、邵盖、周后溪、邵二孙、陈俊卿、周季山、陈和之、陈挺生、承云从、沈君盛、陈辰辈，各有所长。徐友泉所自

东汉·陶灶

制之泥色，有海棠红、朱砂紫、定窑白、冷金黄、淡墨、沉香、水碧、榴皮、葵黄、闪色、梨皮等名。大彬镌款，用竹刀画之，书法娴雅。""茶洗，式如扁壶，中加一盎鬲而细窍其底，便于过水漉沙。茶藏，以闭洗过之茶者。陈仲美、沈君用各有奇制。水杓、汤铫，亦有制之尽美者，要以椰瓢锡缶为用之恒。""茗壶宜小不宜大，宜浅不宜深。壶盖宜盎不宜砥。汤力茗香俾得团结氤氲，方为佳也。""壶若有宿杂气，须满贮沸汤涤之，乘热倾去，即没于冷水中，亦急出水泻之，元气复矣。"

明·文徵明《品茶图》

许次纾《茶疏》："茶盒以贮日用零茶，用锡为之，从大坛中分出，若用尽时再取。""茶壶，往时尚龚春，近日时大彬所制，极为人所重。盖是粗砂制成，正取砂无土气耳。"

臞仙云：茶瓯者，予尝以瓦为之，不用瓷。以笋壳为盖，以槲叶赞覆于上，如箬笠状，以蔽其尘。用竹架盛之，极清无比。茶匙以竹编成，细如筇篱样，与尘世所用者大不凡矣，乃林下出尘之物也。煎茶用铜瓶不免汤锃，用砂铫亦嫌土气，惟纯锡为五金之母，制铫能益水德。

谢肇淛《五杂俎》：宋初闽茶，北苑为最。当时上供者，非两府禁近不得赐，而人家亦珍重爱惜。如王东城有茶囊，惟杨大年至，则取以具茶，他客莫敢望也。

《支廷训集》有《汤蕴之传》，乃茶壶也。

文震亨《长物志》：壶以砂者为上，既不夺香，又无熟汤气。锡壶有赵良璧者亦佳。吴中归锡，嘉禾黄锡，价皆最高。

《遵生八笺》："茶铫、茶瓶，瓷砂为上，铜锡次之。瓷壶注茶，砂铫煮水为上。茶盏惟宣窑坛为最，质厚白莹，样式古雅有等，宣窑印花白瓯，式样得中，而莹然如玉。次则嘉窑，心内有茶字小盏为美。欲试茶，色黄白，岂容青花乱之。注酒亦然，惟纯白色器皿为最上乘，余品皆不取。""试茶以涤器为第一要。茶瓶、茶盏、茶匙生锃，致损茶味，必须先时洗洁则美。"

曹昭《格古要论》：古人吃茶汤用擎，取其易干不留滞。

陈继儒《试茶》诗，有"竹炉幽讨"、"松火怒飞"之句。［竹茶炉出惠山者最佳。］

《渊鉴类函·茗碗》：韩诗"茗碗纤纤捧。"

徐葆光《中山传信录》：琉球茶瓯，色黄，描青绿花草，云出土噶喇。其质少粗无花，但作水纹者，出大岛。瓯上造一小木盖，朱黑漆之，下作空心托子，制作颇工。亦有茶托、茶帚。其茶具、火炉与中国小异。

葛万里《清异论录》：时大彬茶壶，有名钓雪，似带笠而钓者。然无牵合意。

《随见录》：洋铜茶铫，来自海外。红铜荡锡，薄而轻，精而雅，烹茶最宜。

【译文】

《御史台记》记载：唐代将御史分为三院：一是台院，这里的官位是侍御史；二是殿院，这里的官位是殿中侍御史；三是察院，这里的官位是监察御史。察院大厅在南面。会昌初年，监察御史郑路修建的礼察厅被称为松厅，这是因为它的南面有古松。刑察厅被称为魇厅，因为大多数在这里睡觉的人都会梦见魔鬼。兵察厅主要管理院中的茶叶，这里的茶叶必须是蜀地市场上最好的，把它们储存在陶器里，避免高温潮湿。御史曾经亲自为它封口，所以称这里为茶瓶厅。

《资暇集》记载："茶托是从建中年间蜀国丞相崔宁的女儿兴起的，因为茶杯没有什么东西可以托住拿稳的，所以烫伤了她的手指，拿板子托住，再喝茶的时候杯子却倒了。把它放在蜡黄色的圆形木板中间，她的杯子才稳定下来，随即让工匠用油漆代替蜡黄色，献给丞相。丞相非常惊奇，为它取名并且告诉了宾客亲友，每个人都认为它很方便，从那时就开始用了。只是后来继承者将它的底部弄得更圆，做法更加新奇，甚至有上百种形状。""贞元初年，青郓人把它装饰成荷叶的形状，用来衬托茶碗，成为独一无二的风格。现在的人大多认为托盘从这里开始，其实不是。蜀国的丞相就是今天的崔升家，你们现在知道了吧！"

《大观茶论·茶器》记载："罗、碾。碾用银制的最好，熟铁差一点。槽内应尽量深一些，轮子最好薄而且锋利。罗筛适合小巧细密，碾的时候必须用力快速。只有一直筛罗，茶放进开水的时候才会浮在水面上，色泽光艳，极近茶的颜色。""一杯茶所用茶叶的多少取决于茶杯的大小。杯子高茶少，就会掩盖茶叶的颜色，茶叶多而杯子小，就会只有杯子是热的而茶叶不能完全接受热量。如果只是杯子热了，那么泡开茶叶就需要很长时间。""刷洗工具应该用老竹，竹子要厚实，刷子要扎结实，上粗下细，就像剑脊一样。因为刷子厚重，需要用力拿它，用起来更得手。刷子疏劲有力跟剑背一样，那样的话，即使用力拂过桌面也不会产生泡。""瓶子应用金银铸造，至于大小，要根据实际情况而定。倒茶的关键只是瓶口而已。瓶嘴大而且近于直的话，倒茶力道紧凑就不容易泼掉。嘴小而且峻削，倒茶时不会滴沥。""勺子的大小应当以倒满一杯茶为标准。有的太小，多次用勺，茶就容易凉了。"

蔡襄在《茶录·茶器》中记载："茶焙，用竹子编织成的，在外面裹上一层竹叶。

盖在上面，是为了让它更耐火，将它的中间隔开，是为了增大里面的空间。在它的下面烧火，放上一定的茶水，可以保持它温热的状态，这是为了保持茶清香的本色。""茶笼，茶叶如果不焙烤，就应该密封包裹起来，装进竹笼里，放在高处，千万不要靠近潮湿的地方。""椎和砧板，是用来碾碎茶叶的。砧板，是用木头制成的，椎可以是金可以是铁，取决于哪种使用更方便。""茶钤，可以用弯曲的金铁来做，是用来煮茶的。""茶碾，用银或铁做成的。黄金是柔性的，铜和瑜石又容易生锈，所以不能用。""茶罗，越细密越好。罗底用蜀地东川细密的鹅溪绢，把它放进水里洗完再罩在上面。""茶杯，茶的颜色很白，容易把茶杯

蔡襄像

弄脏。建安年间制造的都是黑色的，上面的纹理就像兔毛一样，它的内壁有点厚，能够保持温度不会很快冷却，这是最重要的。其他地方出产的，不是太薄了就是颜色太深了，不能同它比。青白色的杯子，斗试的时候不能用。""茶匙要重，这样方便用力。黄金最好，普通的是用银铁制造。竹子太轻了，建茶不提倡。""茶瓶要小的，容易煮茶，而且往杯子里面倒茶的时候要非常准确。黄金的最好，不过大家都用银铁或瓷器来做。如果瓶子大了就要留着慢慢喝，放置过久味道就会变，那就不好了。"

孙穆《鸡林类事》：高丽的方言，把茶匙说成茶戍。

《清波杂志》：长沙的工匠制作的茶器非常精致，工钱也同所用的白金数量差不多，仕宦人家大多有这种东西，把它放在茶几案头，只是用来炫耀财富，起初并不常用。凡是茶器都应该用锡，因为这样既适用又不显得太奢侈。贴上纸的话，茶味就容易受损。张云老先生说：吕申家里有两茶罗子，一个是金的，一个是棕榈的。如果用银罗子接待客人，说明这只是一位普通的朋友；如果用金罗子，那就表示是很亲近的朋友；如果用棕榈的话，吕申肯定在一旁相陪。家里的下人都在屏风的后面等待上前伺候。

《黄庭坚集·同公择咏茶碾》有诗云：要及新香碾一杯，不应传宝到云来。碎身粉骨方余味，莫厌声喧万壑雷。

陶谷《清异录》：富贵汤应该用银制的铫子煮，那就非常好了。如果用铜铫子煮水，锡壶用来倒茶的话，就要差一点。

《苏东坡集·扬州石塔试茶》诗云：坐客皆可人，鼎器手自洁。

《秦少游集·茶臼》诗云：幽人耽茗饮，刳木事捣撞。巧制合臼形，雅音伴杭桭。

《文与可集·谢许判官惠茶器图》诗云：成图画茶器，满幅写茶诗。会说工全妙，深谙句特奇。

谢宗可《咏物诗·茶筅》：此君一节莹无瑕，夜听松声漱玉华。万里引风归蟹眼，半瓶飞雪起龙芽。香凝翠发云生脚，湿满苍髯浪卷花。到手纤毫皆尽力，多因不负玉川家。

《乾淳岁时记》：皇宫里举行重大庆祝活动的时候都会用镀金的大鳖，用五色果拼成龙凤的形状，叫作绣茶。

明·龙泉窑豆青釉盖罐

《演繁露》：《东坡后集二·从驾景灵宫》诗中写道："病贪赐茗浮铜叶。"但是现在御赐的茶水都不用建安时期的茶杯，用大的汤氅，颜色纯白，只是它的式样同铜叶汤氅一样。铜叶色，就是黄褐色。

周密在《癸辛杂志》中记载：宋朝时期湖南长沙的茶具是天下最精致的。每副茶具用三百星或者五百星的白金，只要是茶器都备齐。用大银盒子装起来。丞相赵南仲曾经用上千两黄金制作，然后把它进献给皇上。皇上非常喜欢，因为这些都是宫里的工匠做不出来的。

杨基《眉庵集·咏木茶炉》诗：绀绿仙人炼玉肤，花神为曝紫霞腴。九天清泪沾明月，一点芳心讬鹧鸪。肌骨已为香魄死，梦魂犹在露团枯。嫦娥莫怨花零落，分付余醺与酪奴。

张源《茶录》记载："茶铫子，金属于水母，银就刚柔相济，味道也不会咸涩，用它来做铫子最好。制作的时候必须在中间打眼，这样火就容易穿透。""茶瓯用白色的瓷器最好，蓝色就要差一点。"

闻龙在《茶笺·茶镀》中记载：隐居在山林里面的隐士，不容易得到银制的水铫子，何况是金呢？如果要用，只能用铁制的了。

罗廪在《茶解》中说："茶炉，瓦制的和竹制的都可以，大小要同汤铫子相配套。用来装茶的器具，只能装茶，不能有其他的用途。"

李如一在《水南翰记》中写道：韵书里面没有氅这个字，现在的人把装茶和酒的器具称为氅。

《檀几丛书》：品茶用的瓯，白瓷的最好，正所谓"素瓷传静夜，芳气满闲轩"。样子应该是口小腹大，颜色浮浮的而且香气不会轻易散去。

《茶说》：如果器具洁净，那么茶的味道也会更加出色。今天姑苏的锡具，当时大彬的砂壶，汴梁的锡铫子，湘妃竹做成的茶灶，宣成窑里的茶杯，文人墨客、仕宦官员没有不珍惜的。唐宋以来，茶具的精妙之处，都没有这样雅致的。

《闻雁斋笔谈》：把茶叶装进了筐里，它的本味会在短时间里散去，而茶的知己是水。但是如果不是用煮茶的灶、炉来煮，那也不会好。所以说饮茶是富贵的事情。

《雪庵清史》："泉水甘冽容易走味，如果不用金银器具封存，味道很快就散失了。有人送中泠泉水给欧阳修，他惊讶地说：'您虽然贫穷，也不至于送这样奇怪的礼啊！'看到送水的器具，说：'水味已经没有了。'哎！如果像他这样说的话，喝茶真是一件富贵的事情。有人考证宋朝的茶叶大龙团和小龙团都是从丁谓开始，到蔡襄时期才渐渐成熟。欧阳修听说后叹息道：'君谟是贤士，为什么做出这样的事情呢？'东坡也在诗中说：'武夷溪边粟粒芽，前丁后蔡相笼加，吾君所乏岂此物，致养口体何陋耶。'这两人是由茶的弊端而发出的感慨呀！因此我对着茶瓶发出感慨。""茶鼎，山清水秀的地方，出产月涧云龛的东西，能够消除疲劳解除饥渴，功劳不在医术之下。

如果没有飘着乳花浮着云脚的香茶，那么草堂暮色里，松窗残雪的月夜，又哪来的野语清谈的雅兴呢。哎！对于茶来说鼎的功劳实在是太大了。所以皮日休有'立作菌蠢势，煎为潺渡声'，刘禹锡有'骤雨松风入鼎来，白云满碗花徘徊'，居仁有'浮华原属三昧手，竹斋自试鱼眼汤'，范仲淹有'鼎磨云外首山铜，瓶携江上中泠水'，景纶有'待得声闻俱寂后，一瓯春雪胜醍醐'。哎，鼎对于茶的功劳多大呀。现在我仍然记得卢仝的那句'柴门反关无俗客，纱帽笼头自煎吃'，杨万里'老夫平生爱煮茗，十年烧穿折脚鼎'。像这两人一样，才算是不辜负这个鼎啊。"

据冯时可《茶录》记载：芘莉，又叫筹莨，就是茶笼。牺，就是木勺或叫作瓢。

《宜兴志·茗壶》：陶穴在蜀山里。原名是独山，苏东坡在阳羡的时候，因为它跟蜀中的风景很像，所以将它改名为蜀山。现在山椒建有东坡祠堂可以祭祀苏东坡，因为被制陶的黑烟熏染，祠堂里都变黑了。

冒巢民说：茶壶越小越好，每一位客人一壶，任凭你独自斟饮，才能得到其中的乐趣。这是为什么呢？因为茶壶小香气就不容易散失，味道就不容易改变。何况茶中的香气不能早不能迟，只能保持一个时辰。太早就会显得不足，稍微慢点就可能过了最好的时刻，静下心来自斟自饮，品味消化都在个人了。

周高起《阳羡茗壶系》："茶到了明代，不再碾成细屑和着香料制成饼状了，这比以前的人先进。最近百年来，壶淘汰了银锡和闽豫的瓷器，开始崇尚宜兴陶器，这又比古人先进多了。陶器有什么好处？陶器是用本山的沙土制造的，能够保持茶叶真正的香味，不但杜工部说'倾金注玉惊人眼'，高雅的人士也免不了落入俗套啊！著名的手艺人所做的壶，不过几两重，每个壶就值一二十两黄金，能让土变得和黄金一样贵重。现在的生活越来越奢华，也足以让人感叹了。考究壶的创始，是由金沙寺的和尚发明的，时间长了名气就越来越大了。提学吴颐山在金沙寺里读书，青色的供春茶壶，按照老和尚的方法做的。颜色很暗，沉实端正，隐隐约约的螺纹可以用手指按，称得上第一，人们把它叫作龚春，这可能是错误的叫法。""万历年间，有四大家：董翰、赵梁、玄锡、时朋。时朋就是大彬的父亲。大彬号少山，不喜欢妍媚却崇尚朴雅，制作的陶器非常巧妙，擅长制陶的人也没有见过。此外还有李茂林、李仲芳、徐友泉；大彬的徒弟欧正春、邵文金、邵文银、蒋伯荂四个人；陈用卿、陈信卿、闵鲁生、陈光甫；还有婺源人陈仲美善于雕刻，细致得如鬼斧神工；沈君用、邵盖、周后溪、邵二孙、陈俊卿、周季山、陈和之、陈挺生、承云从、沈君盛、陈辰之辈，都有自己的长处。徐友泉自制的泥色，有海棠红色、朱砂紫色、定窑白色、冷金黄色、淡墨色、沉香色、水碧色、榴皮色、葵黄色、闪色、梨皮等色。大彬镌刻落款，用竹刀在上刻面，书法娴熟高雅。""茶洗，样子像扁壶，中间有一个盎鬲能够

黑釉茶壶

探到它的底部，可以过水滤沙。茶藏，用来装洗过的茶叶。陈仲美、沈君用各有自己的奇特制品处。水勺、汤铫子也有制作得特别好的，如果用椰瓢和锡制作就能用得更长久"。"茶壶宜小不宜大，宜浅不宜深。壶盖应该满而不应该平。这样茶水清香馥郁氤氲，才是好的。""壶里面如果留有其他的杂气，就需要用热水清洗，乘热倒掉，马上放到冷水里，再马上拿出把水倒掉，气味就不会再有了。"

许次杼《茶疏》："茶盒是用来放置每天所用的少量茶叶的，用锡做的，从大坛中取出少量的茶，如果用完了可以再去取。""过去的茶壶崇尚龚春，现在大彬做的茶壶特别被人们重视。那是用粗砂做成的，因为粗砂没有泥土的气息。"

瞿仙说：茶瓯，我曾经尝试用瓦制作，而不用瓷。用笋壳做盖子，把槲叶聚拢放在上面，像斗笠一样，可以遮挡灰尘。再用竹架支起来，清幽无比。茶匙是用竹子编成的，像笊篱一样细小，与一般人用的有很大的区别，因为它是林子里面的东西。煎茶的时候用铜瓶汤会有异味，如果用砂铫子，又会显得土气，只有纯锡才是五金之母，做出的铫子对茶水有好处。

谢肇淛《五杂俎》：宋朝初年时候的闽茶，北苑的最好。是当时向皇上进贡的茶叶，不是两府的亲信就不可能得到赏赐，所以他们也更加珍重爱惜，像王东城有茶囊，只在杨大年到了的时候，才拿出来喝茶用，其他的客人就不可能受到这样的待遇。

《支廷训集》里有《汤蕴之传》，就是茶壶。

文震亨《长物志》中记载：茶壶中砂壶是上品，既不会夺走茶的香气，也没有热水的味道。锡壶有赵良璧的也很好，吴中归锡、嘉禾黄锡的锡器，价钱都很高。

《遵生八笺》中记载："制造茶铫子、茶瓶，用瓷砂造的是最好的，铜锡就差一点。瓷壶泡茶，砂铫子煮茶最好。茶杯只有宣窑坛的最好，内壁厚实洁白，样式古雅有致。宣窑里有白色印花的茶瓯，样式一般，但也像玉一样光洁。差一点的还有嘉窑，里面写上小字的茶杯是非常美的。如果想试茶，茶色黄白，怎么能让青色、花色在里面掺和。倒酒也是这样，只有纯白色的器皿才是最好的，其他的都不应该用。""试茶时洗净器具是最重要的。茶瓶、茶杯、茶匙这些容易产生异味，会损害茶的香味，必须先洗干净，茶的味道才会比较好。"

曹昭《格古要论》：古时候的人喝茶、汤用擎，因为它容易变干而且不留滞。

陈继儒《试茶》诗中有"竹炉幽讨""松火怒飞"的句子。[竹茶炉惠山出产的最好。]

《渊鉴类函·茗碗》中记有韩诗："茗碗纤纤捧。"

徐葆光的《中山传信录》记载：中国台湾的茶瓯，是黄色的，上面画着青绿的花草，说是从噶喇那里出土的。它没有粗糙的花纹的质地，如果有水纹，那是出自大岛上的。瓯上造一木盖，漆成深红色，下面是一个空心托子，制作精致。还有茶托、茶帚等小配件。它的茶具和火炉与中国其他地方没有两样。

葛万里《清异论录》：时大彬的茶壶，有个名字叫钓雪的，就像是戴着斗笠的钓鱼人。没有牵合的意思。

《随见录》：洋铜茶铫，是从海外传过来的。红铜外包着锡，又薄又轻巧，又精致又典雅，最适合煮茶了。

五、茶之煮

【原文】

唐陆羽《六羡歌》：不羡黄金罍，不羡白玉杯；不羡朝入省，不羡暮入台；千羡万羡西江水，曾向竟陵城下来。

唐张又新《水记》："故刑部侍郎刘公讳伯刍，于又新丈人行也。为学精博，有风鉴称。较水之与茶宜者，凡七等：扬子江南零水第一；无锡惠山寺石水第二；苏州虎丘寺石水第三；丹阳县观音寺井水第四；大明寺井水第五；吴淞江水第六；淮水最下第七。余尝具瓶于舟中，亲挹而比之，诚如其说也。客有熟于两浙者，言搜访未尽，余尝志之。及刺永嘉，过桐庐江，至严濑，溪色至清，水味甚冷，煎以佳茶，不可名其鲜馥也。愈于扬子、南零殊远。及至永嘉，取仙岩瀑布用之，亦不下南零，以是知客之说信矣。""陆羽论水次第凡二十种：庐山康王谷水帘水第一；无锡惠山寺石泉水第二；蕲州兰溪石下水第三；峡州扇子山下虾蟆口水第四；苏州虎丘寺石泉水第五；庐山招贤寺下方桥潭水第六；扬子江南零水第七；洪州西山瀑布泉第八；唐州桐柏县淮水源第九；庐州龙池山岭水第十；丹阳县观音寺水第十一；扬州大明寺水第十二；汉江金州上游中零水第十三［水苦。］；归州玉虚洞下香溪水第十四；商州武关西洛水第十五；吴淞江水第十六；天台山西南峰千丈瀑布水第十七；柳州圆泉水第十八；桐庐严陵滩水第十九；雪水第二十［用雪不可太冷。］。"

唐顾况《论茶》：煎以文火细烟，煮以小鼎长泉。

苏廙《仙芽传》第九卷载"作汤十六法"谓：汤者，茶之司命。若名茶而滥汤，则与凡味同调矣。煎以老嫩言，凡三品；注以缓急言，凡三品；以器标者，共五品；以薪论者，共五品。一得一汤，二婴汤，三百寿汤，四中汤，五断脉汤，六大壮汤，七富贵汤，八秀碧汤，九压一汤，十缠口汤，十一减价汤，十二法律汤，十三一面汤，十四宵人汤，十五贱汤，十六魔汤。

丁用晦《芝田录》：唐李卫公德裕，喜惠山泉，

煮茶，即将茶叶入冷水中煮至沸腾。

取以烹茗。自常州到京，置驿骑传送，号曰"水递"。后有僧某曰："请为相公通水脉。盖京师有一眼井与惠山泉脉相通，汲以烹茗，味殊不异。"公问："井在何坊曲？"曰："昊天观常住库后是也。"因取惠山、昊天各一瓶，杂以他水八瓶，令僧辨晰。僧止取二瓶井泉，德裕大加奇叹。

《事文类聚》：赞皇公李德裕居廊庙日，有亲知奉使于京口，公曰："还日，金山下扬子江南零水与取一壶来。"其人敬诺。及使回举棹日，因醉而忘之，泛舟至石头城下方忆，乃汲一瓶于江中，归京献之。公饮后，叹讶非常，曰："江表水味有异于顷岁矣，此水颇似建业石头城下水也。"其人即谢过，不敢隐。

《河南通志》：卢仝茶泉在济源县。仝有庄，在济源之通济桥二里余，茶泉存焉。其诗曰："买得一片田，济源花洞前。自号玉川子，有寺名玉泉。"汲此寺之泉煎茶。有《玉川子饮茶歌》，句多奇警。

《黄州志》：陆羽泉在蕲水县凤栖山下，一名兰溪泉，羽品为天下第三泉也。尝汲以烹茗，宋王元之有诗。

无尽法师《天台志》：陆羽品水，以此山瀑布泉为天下第十七水。余尝试饮，比余幽溪、蒙泉殊劣。余疑鸿渐但得至瀑布泉耳。苟遍历天台，当不取金山为第一也。

《海录》：陆羽品水，以雪水第二十，以煎茶滞而太冷也。

陆平泉《茶寮记》：唐秘书省中水最佳，故名秘水。

《檀几丛书》：唐天宝中，稠锡禅师名清晏，卓锡南岳涧上，泉忽迸石窟间，字曰真珠泉。师饮之清甘可口，曰："得此瀹吾乡桐庐茶，不亦称乎！"

《大观茶论》：水以轻清甘洁为美，用汤以鱼目、蟹眼连络迸跃为度。

《咸淳临安志》：栖霞洞内有水洞深不可测，水极甘冽。魏公尝调以瀹茗。又莲花院有三井，露井最良，取以烹茗，清甘寒冽，品为小林第一。

曾在民间盛行的简单、便捷的茶叶冲泡方法在明代大行其道。

王氏《谈录》：公言茶品高而年多者，必稍陈。遇有茶处，春初取新芽轻炙，杂而烹之，气味自复在。襄阳试作甚佳，尝语君谟，亦以为然。

欧阳修《浮槎水记》：浮槎与龙池山皆在庐州界中，较其味不及浮槎远甚。而又新所记，以龙池为第十，浮槎之水弃而不录，以此知又新所失多矣。陆羽则不然，其论曰："山水上，江次之，井为下，山水乳泉石池漫流者上。"其言虽简，而于论水尽矣。

蔡襄《茶录》："茶或经年，则香色味皆陈。煮时先于净器中以沸汤渍之，刮去膏油，一两重即止。乃以钤钳之，用微火炙干，然后碎碾。若当年新茶，则不用此说。碾时，先以净纸密裹捶碎，然后熟碾。其大要旋碾则色白，如经宿

清·任薰《竹林煮茶图》

则色昏矣。""碾毕即罗。罗细则茶浮，粗则沫浮。""候汤最难，未熟则沫浮，过熟则茶沉。前世谓之蟹眼者，过熟汤也。沉瓶中煮之不可辨，故曰候汤最难。""茶少汤多则云脚散，汤少茶多则粥面聚。[建人谓之云脚、粥面。]钞茶一钱七，先注汤，调令极匀。又添注入，环回击拂。汤上盏，可四分则止，观其面色鲜白，著盏无水痕为绝佳。建安斗试，以水痕先退者为负，耐久者为胜，故校胜负之说曰，相去一水两水。""茶有真香，而入贡者微以龙脑和膏，欲助其香。建安民间试茶，皆不入香，恐夺其真也。若烹点之际，又杂以珍果香草，其夺益甚，正当不用。"

陶谷《清异录》："馔茶而幻出物像于汤面者，茶匠通神之艺也。沙门福全生于金乡，长于茶海，能注汤幻茶成一句诗，如并点四瓯，共一首绝句，泛于汤表。小小物类，唾手办尔。檀越日造门，求观汤戏。全自咏诗曰：'生成盏里水丹青，巧画工夫学不成，却笑当时陆鸿渐，煎茶赢得好名声。'""茶至唐而始盛。近世有下汤运匕，别施妙诀，使汤纹水脉成物像者，禽兽、虫鱼、花草之属，纤巧如画，但须臾即就散灭，此茶之变也。时人谓之'茶百戏'。""又有漏影春法。用缕纸贴盏，糁茶而去纸，伪为花身。别以荔肉为叶，松实、鸭脚之类珍物为蕊，沸汤点搅。"

《煮茶泉品》：予少得温氏所著《茶说》，尝识其水泉之目有二十焉。会西

走巴峡，经虾蟆窟；北憩芜城，汲蜀冈井；东游故都，绝扬子江，留丹阳酌观音泉，过无锡剩慧山水。粉枪禾旗，苏兰薪桂，且鼎且缶，以饮以饮，莫不甦气涤虑，蠲病析酲，祛鄙吝之生心，招神明而还观。信乎！物类之得宜，臭味之所感，幽人之佳尚，前贤之精鉴，不可及已。昔郦元善于《水经》，而未尝知茶；王肃癖于茗饮，而言不及水，表是二美，吾无愧焉。

魏泰《东轩笔录》：鼎州北百里有甘泉寺，在道左，其泉清美，最宜瀹茗。林麓回抱，境亦幽胜。寇莱公谪守雷州，经此酌泉，志壁而去。未几，丁晋公窜朱崖，复经此，礼佛留题而行。天圣中，范讽以殿中丞安抚湖外，至此寺睹二相留题，徘徊慨叹，作诗以志其旁曰："平仲酌泉方顿辔，谓之礼佛继南行。层峦下瞰岚烟路，转使高僧薄宠荣。"

张邦基《墨庄漫录》："元祐六年七夕日，东坡时知扬州，与发运使晁端彦、吴倅晁无咎，大明寺汲塔院西廊并，与下院蜀井二水校其高下，以塔院水为胜。""华亭县有寒穴泉，与无锡惠山泉味相同，并尝之不觉有异，邑人知者少。王荆公尝有诗云：'神震洌冰霜，高穴雪与平。空山淳千秋，不出呜咽声。山风吹更寒，山月相与清。北客不到此，如何洗烦醒。'"

罗大经《鹤林玉露》：余同年友李南金云：《茶经》以鱼目、涌泉连珠为煮水之节。然近世瀹茶，鲜以鼎镬，用瓶煮水，难以候视。则当以声辨一沸、二沸、三沸之节。又陆氏之法，以末就茶镬，故以第二沸为合量而下末。若今以汤就茶瓯瀹之，则当用背二涉三之际为合量也。乃为声辨之诗曰："砌虫唧唧万蝉催，忽有千车捆载来。听得松风并涧水，急呼缥色绿磁杯。"其论固已精矣。然瀹茶之法，汤欲嫩而不欲老。盖汤嫩则茶味甘，老则过苦矣。若声如松风涧水而遽瀹之，岂不过于老而苦哉。惟移瓶去火，少待其沸止而瀹之，然后汤适中而茶味甘。此南金之所未讲也。因补一诗云："松风桂雨到来初，急引铜瓶离竹炉。待得声闻俱寂后，一瓯春雪胜醍醐。"

赵彦卫《云麓漫钞》：陆羽别天下水味，各立名品，有石刻行于世。《列子》云：孔子："淄渑之合，易牙能辨之。"易牙，齐威公大夫。淄渑二水，易牙知其味，威公不信，数试皆验。陆羽岂得其遗意乎？

《黄山谷集》：泸州大云寺西偏崖石上，有泉滴沥，一州泉味皆不及也。

黄庭坚早年嗜酒和茶，后因病而戒酒，唯有借茶以怡情，故称茶为故人。

林逋《烹北苑茶有怀》：石碾轻飞瑟瑟尘，乳花烹出建溪春。人间绝品应难识，闲对《茶经》忆古人。

《东坡集》："予顷自汴入淮泛江，溯峡归蜀，饮江淮水盖弥年。既至，觉井水腥涩，百余日然后安之。以此知江水之甘于井也，审矣。今来岭外，自扬子始饮江水，及至南康，江益清驶，水益甘，则又知南江贤于北江也。近度岭入清远峡，水色如碧玉，味益胜。今游罗浮，酌泰禅师锡杖泉，则清远峡水又在其下矣。岭外惟惠州人喜斗茶，此水不虚出也。""惠山寺东为观泉亭，堂曰漪澜，泉在亭中，二井石甃相去咫尺，方圆异形。汲者多由圆井，盖方动圆静，静清而动浊也。流过漪澜，从石龙口中出，下赴大池者，有土气，不可汲。泉流冬夏不涸，张又新品为天下第二泉。"

《避暑录话》：裴晋公诗云："饱食缓行初睡觉，一瓯新茗侍儿煎。脱巾斜倚绳床坐，风送水声来耳边。"公为此诗必自以为得意，然吾山居七年，享此多矣。

冯璧《东坡海南烹茶图》诗：讲筵分赐密云龙，春梦分明觉亦空。地恶九钻黎火洞，天游两腋玉川风。

《万花谷》："黄山谷有《井水帖》云：'取井傍十数小石，置瓶中，令水不浊。'故《咏惠山泉》诗云'锡谷寒泉椭'〔音妥〕。石俱，是也。石圆而长曰椭，所以澄水。""茶家碾茶，须碾着眉上白，乃为佳。曾茶山诗云：'碾处须看眉上白，分时为见眼中青。'"

《舆地纪胜》：竹泉，在荆州府松滋县南。宋至和初，苦竹寺僧浚井得笔。后黄庭坚谪黔过之，视笔曰："此吾虾蟆碚所坠。"因知此泉与之相通。其诗曰："松滋县西竹林寺，苦竹林中甘井泉。巴人谩说虾蟆碚，试裹春茶来就煎。"

周辉《清波杂志》：余家惠山，泉石皆为几案间物。亲旧东来，数问松竹平安信。且时致陆子泉，茗碗殊不落寞。然顷岁亦可致于汴都，但未免瓶盎气。用细砂淋过，则如新汲时，号拆洗惠山泉。天台竹沥水，彼地人断竹梢屈而取之盈瓮，若杂以他水则亟败。苏才翁与蔡君谟比茶，蔡茶精用惠山泉煮。苏茶劣用竹沥水煎，便能取胜。此说见江邻几所著《嘉祐杂志》。果尔，今喜击拂者，曾无一语及之何也？双井因山谷乃重，苏魏公尝云："平生荐举不知几何人，惟孟安序朝奉岁以双井一瓮为饷。"盖公不纳苞苴，顾独受此，其亦珍之耶。

唐代茶圣陆羽在评定天下水品二十等时，将惠山泉评为"天下第二泉"，所以人们也将其称为二泉。

《东京记》：文德殿两掖有东西上阁门，故杜诗云："东上阁之东，有井泉绝佳。"山谷《忆东坡烹茶》诗云："阁门井不落第二，竟陵谷帘空误书。"

陈舜俞《庐山记》：康王谷有水帘，飞泉破岩而下者二三十派。其广七十余尺，其高不可计。山谷诗云："谷帘煮甘露"是也。

孙月峰《坡仙食饮录》：唐人煎茶多用姜，故薛能诗云："盐损添常戒，姜宜著更夸。"据此，则又有用盐者矣。近世有此二物者，辄大笑之。然茶之中等者，用姜煎，信佳。盐则不可。

冯可宾《岕茶笺》：茶虽均出于岕，有如兰花香而味甘，过霉历秋，开坛烹之，其香愈烈，味若新沃。以汤色尚白者，真洞山也。他巇初时亦香，秋则索然矣。

《群芳谱》：世人情性嗜好各殊，而茶事则十人而九。竹炉火候，茗碗清缘。煮引风之碧云，倾浮花之雪乳。非借汤勋，何昭茶德。略而言之，其法有五：一曰择水，二曰简器，三曰忌混，四曰慎煮，五曰辨色。

《吴兴掌故录》：湖州金沙泉，至元中，中书省遣官致祭，一夕水溢，溉田千亩，赐名瑞应泉。

《职方志》：广陵蜀冈上有井，曰蜀井，言水与西蜀相通。《茶品》天下水有二十种，而蜀冈水为第七。

《遵生八笺》：凡点茶，先须熁盏令热，则茶面聚乳，冷则茶色不浮。〔熁音胁，火迫也。〕

陈眉公《太平清话》："余尝酌中泠，劣于惠山，殊不可解。后考之，乃知陆羽原以庐山谷帘泉为第一。《山疏》云：'陆羽《茶经》言，瀑泻湍激者勿食。今此水瀑泻湍激无如矣，乃以为第一，何也？'又云'液泉在谷帘侧，山多云母，泉其液也，洪纤如指，清冽甘寒，远出谷帘之上，乃不得第一，又何也？'又'碧琳池东西两泉，皆极甘香，其味不减惠山，而东泉尤冽。'""蔡君谟'汤取嫩而不取老'，盖为团饼茶言耳。今旗芽枪甲，汤不足则茶神不透，茶色不明。故茗战之捷，尤在五沸。"

徐渭《煎茶七类》："煮茶非漫浪，要须其人与茶品相得，故其法每传于高流隐逸，有烟霞泉石磊魂于胸次间者。""品泉以井水为下。井取汲多者，汲多则水活。""候汤眼鳞鳞起，沫饽鼓泛，投茗器中。初入汤少许，俟汤茗相投即满注，云脚渐开，乳花浮面，则味同。盖古茶用团饼碾屑，味易出。叶茶骤则乏味，过熟则味昏底滞。"

张源《茶录》："山顶泉清而轻，山下泉清而重，石中泉清而甘，砂中泉清而冽，土中泉清而厚。流动者良于安静，负阴者胜于向阳。山削者泉寡，山秀者有神。真源无味，真水无香。流于黄石为佳，泻出青石无用。""汤有三大

明·徐渭《煎茶七类卷》
全卷文字笔锋饱满，雄健有力，姿态多变，行云流水。

辨：一曰形辨，二曰声辨，三曰捷辨。形为内辨，声为外辨，捷为气辨。如虾眼、蟹眼、鱼目、连珠，皆为萌汤，直至涌沸如腾波鼓浪，水气全消，方是纯熟；如初声、转声、振声、骇声，皆为萌汤，直至无声，方是纯熟；如气浮一缕、二缕、三缕，及缕乱不分，氤氲缭绕，皆为萌汤，直至气直冲贯，方是纯熟。""蔡君谟因古人制茶碾磨作饼，则见沸而茶神便发。此用嫩而不用老也。今时制茶，不假罗碾，全具元体，汤须纯熟，元神始发也。""炉火通红，茶铫始上。扇起要轻缓，待汤有声，稍稍重疾，斯文武火候也。若过乎文，则水性柔，柔则水为茶降；过于武，则火性烈，烈则茶为水制，皆不足于中和，非茶家之要旨。""投茶有序，无失其宜。先茶后汤，曰下投；汤半下茶，复以汤满，曰中投；先汤后茶，曰上投。夏宜上投，冬宜下投，春秋宜中投。""不宜用恶木、敝器、铜匙、铜铫、木桶、柴薪、烟煤、麸炭、粗童、恶婢、不洁巾帨，及各色果实香药。"

谢肇淛《五杂俎》："唐薛能《茶诗》云：'盐损添常戒，姜宜著更夸'。煮茶如是，味安佳？此或在竟陵翁未品题之先也。至东坡《和寄茶》诗云：'老妻稚子不知爱，一半已入姜盐煎。'则业觉其非矣。而此习犹在也。今江右及楚人，尚有以姜煎茶者，虽云古风，终觉未典。""闽人苦山泉难得，多用雨水，其味甘不及山泉，而清过之。然自淮而北，则雨水苦黑，不堪煮茗矣。惟雪水，冬月藏之，入夏用，乃绝佳。夫雪固雨所凝也，宜雪而不宜雨，何哉？或曰：北方瓦屋不净，多用秽泥涂塞故耳。""古时之茶，曰煮，曰烹，曰煎。须汤如蟹眼，茶味方中。今之茶惟用沸汤投之，稍著火即色黄而味涩，不中饮矣。乃知古今煮法亦自不同也。""苏才翁斗茶用天台竹沥水，乃竹露，非竹沥也。若今医家用火逼竹取沥，断不宜茶矣。"

顾元庆《茶谱》：煎茶四要：一择水，二洗茶，三候汤，四择品。点茶三要：一涤器，二燔盏，三择果。

熊明遇《岕山茶记》：烹茶，水之功居大。无山泉则用天水，秋雨为上，梅雨次之。秋雨冽而白，梅雨醇而白。雪水，五谷之精也，色不能白。养水须置石子于瓮，不惟益水，而白石清泉，会心亦不在远。

《雪庵清史》："余性好清苦，独与茶宜。幸近茶乡，恣我饮啜。乃友人不辨三火三沸法，余每过饮，非失过老，则失之太嫩，致令甘香之味荡然无存，盖误于李南金之说耳。如罗玉露之论，乃为得火候也。友曰：'吾性惟好读书，玩佳山水，作佛事，或时醉花前，不爱水厄，故不精于火候。昔人有言：释滞消壅。一日之利暂佳；瘠气耗精，终身之害斯大。获益则归功茶力，贻害则不谓茶灾。甘受俗名，缘此之故。'噫！茶冤甚矣。不闻秃翁之言：释滞消壅，清苦之益实多；瘠气耗精，情欲之害最大。获益则不谓茶力，自害则反谓茶殃。且无火候，不独一茶。读书而不得其趣，玩山水而不会其情，学佛而不破其宗，好色而不饮其韵，皆无火候者也。岂余爱茶而故为茶吐气哉？亦欲以此清苦之味，与故人共之耳！""煮茗之法有六要：一曰别，二曰水，三曰火，四曰汤，五曰器，六曰饮。有粗茶，有散茶，有末茶，有饼茶；有研者，有熬者，有炀者，有舂者。余幸得产茶方，又兼得烹茶六要，每遇好朋，便手自煎烹。但愿一瓯常及真，不用撑肠拄腹文字五千卷也。故日饮之时，义远矣哉。"

田艺蘅《煮泉小品》："茶，南方嘉木，日用之不可少者。品固有嫩恶，若不得其水，且煮之不得其宜，虽佳弗佳也。但饮泉觉爽，啜茗忘喧，谓非膏粱纨绔可语。爱著《煮泉小品》，与枕石漱流者商焉。""陆羽尝谓：'烹茶于所产处无不佳，盖水土之宜也'。此论诚妙。况旋摘旋瀹，两及其新耶！故《茶谱》亦云'蒙之中顶茶，若获一两，以本处水煎服，即能祛宿疾'，是也。今武林诸泉，惟龙泓入品，而茶亦惟龙泓山为最。盖兹山深厚高大，佳丽秀越，为两

明·蓝瑛《江皋飞雪图》

山之主。故其泉清寒甘香，雅宜煮茶。虞伯生诗：'但见瓢中清，翠影落群岫；烹煎黄金芽，不取韵雨后。'姚公绶诗：'品尝顾渚风斯下，零落《茶经》奈尔何。'则风味可知矣，又况为葛仙翁炼丹之所哉。又其上为老龙泓，寒碧倍之，其地产茶为南北两山绝品。鸿渐第钱塘天竺

灵隐者为下品，当未识此耳。而《郡志》亦只称宝云、香林、白云诸茶，皆未若龙泓之清馥隽永也。""有水有茶，不可以无火，非谓其真无火也，失所宜也。李约云：'茶须活火煎'，盖谓炭火之有焰者。东坡诗云'活水仍将活火烹'，是也。余则以为山中不常得炭，且死火耳，不若枯松枝为妙。遇寒月，多拾松实房蓄，为煮茶之具，更雅。""人但知汤候，而不

唐·伎乐纹八棱金杯

知火候。火然则水干，是试火当先于试水也。《吕氏春秋》伊尹说汤五味，'九沸九变，火为之纪'。"

许次杼《茶疏》："甘泉旋汲，用之斯良，丙舍在城，夫岂易得。故宜多汲，贮以大瓮，但忌新器，为其火气未退，易于败水，亦易生虫。久用则善，最嫌他用。水性忌木，松杉为甚。木桶贮水，其害滋甚，挈瓶为佳耳。""沸速，则鲜嫩风逸。沸迟，则老熟昏钝。故水入铫，便须急煮。候有松声，即去盖，以息其老钝。蟹眼之后，水有微涛，是为当时。大涛鼎沸，旋至无声，是为过时。过时老汤，决不堪用。""茶注、茶铫、茶瓯，最宜荡涤。饮事甫毕，余沥残叶，必尽去之。如或少存，夺香败味。每日晨兴，必以沸汤涤过，用极熟麻布向内拭干，以竹编架覆而庋之燥处，烹时取用。""味若龙泓，清馥隽永甚。余尝一一试之，求其茶泉双绝，两浙罕伍云。""山厚者泉厚，山奇者泉奇，山清者泉清，山幽者泉幽，皆佳品也。不厚则薄，不奇则蠢，不清则浊，不幽则喧，必无用矣。""江，公也，众水共入其中也。水共则味杂，故曰江水次之。其水取去人远者，盖去人远，则湛深而无荡漾之漓耳。""严陵濑，一名七里滩，盖沙石上曰濑、曰滩也，总谓之浙江。但潮汐不及，而且深澄，故入陆品耳。余尝清秋泊钓台下，取囊中武夷、金华二茶试之，固一水也，武夷则黄而燥冽，金华则碧而清香，乃知择水当择茶也。鸿渐以婺州为次，而清臣以白乳为武夷之石，今优劣顿反矣。意者所谓离其处，水功其半者耶。""去泉再远者，不能日汲。须遣诚实山僮取之，以免石头城下之伪。苏子瞻爱玉女河水，付僧调水符以取之，亦惜其不得枕流焉耳。故曾茶山《谢送惠山泉》诗有'旧时水递费经营'之句。""汤嫩则茶味不出，过沸则水老而茶乏。惟有花而无衣，乃得点瀹之候耳。""三人以上，止热一炉。如五六人，便当两鼎炉，用一童，汤方调适。若令兼作，恐有参差。""火必以坚木炭为上。然木性未尽，尚有余烟，烟气入汤，汤必无用。故先烧令红，去其烟焰，兼取性力猛炽，水乃易沸。既红之后，方授水器，乃急扇之。愈速愈妙。毋令手停。停过之汤，宁弃而再烹。""茶不宜近阴室、厨房、市喧、小儿啼、野性人、僮奴相哄、酷

热斋舍。"

罗廪《茶解》："茶色白，味甘鲜，香气扑鼻，乃为精品。茶之精者，淡亦白，浓亦白，初泼白，久贮亦白。味甘色白，其香自溢，三者得则俱得也。近来好事者，或虑其色重，一注之水，投茶数片，味固不足，香亦宕然，终不免水厄之诮，虽然，尤贵择水。""香以兰花为上，蚕豆花次之。""煮茗须甘泉，次梅水。梅雨如膏，万物赖以滋养，其味独甘。梅后便不堪饮。大瓮满贮，投伏龙肝一块以澄之，即灶中心干土也，乘热投之。""李南金谓，当背二涉三之际为合量。此真赏鉴家言。而罗鹤林惧汤老，欲于松风涧水后，移瓶去火，少待沸止而瀹之。此语亦未中窾。殊不知汤既老矣，虽去火何救哉？""贮水瓮须置于阴庭，覆以纱帛，使昼挹天光，夜承星露，则英华不散，灵气常存。假令压以木石，封以纸箬，暴于日中，则内闭其实，外耗其精，水神敝矣，水味败矣。"

《考槃余事》："今之茶品与《茶经》迥异，而烹制之法，亦与蔡、陆诸人全不同矣。""始如鱼目微微有声为一沸，缘边涌泉如连珠为二沸，奔涛溅沫为三沸。其法非活火不成。若薪火方交，水釜才炽，急取旋倾，水气未消，谓之嫩。若人过百息，水逾十沸，始取用之，汤已失性，谓之老。老与嫩皆非也。"

《夷门广牍》：虎丘石泉，旧居第三，渐品第五。以石泉淳泓，皆雨泽之积，渗窦之潢也。况阖庐墓隧，当时石工多闷死，僧众上栖，不能无秽浊渗入。虽名陆羽泉，非天然水。道家服食，禁尸气也。

《六砚斋笔记》："武林西湖水，取贮大缸，澄淀六七日。有风雨则覆，晴则露之，使受日月星之气。用以烹茶，甘淳有味，不逊慧麓。以其溪谷奔注，涵浸凝渟，非复一水，取精多而味自足耳。以是知凡有湖陂大浸处，皆可贮以取澄，绝胜浅流阴井，昏滞腥薄，不堪点试也。""古人好奇，饮中作百花熟水，又作五色饮，及冰蜜、糖药种种各殊。余以为皆不足尚。如值精茗，适乏细劚松枝，瀹汤漱咽而已。"

《竹懒茶衡》：处处茶皆有，然胜处未暇悉品，姑据近道日御者：虎丘气芳而味薄，乍入盏，菁英浮动，鼻端拂拂如兰初析，经喉咙亦快然，然必惠麓水，甘醇足佐其寡薄。龙井味极腆厚，色如淡金，气亦沉寂，而咀咽之久，鲜腴潮舌，又必借虎跑空寒熨齿之泉发之，然后饮者，领隽永之滋，无昏滞之恨耳。

龙井是西湖著名五泉之一，以水质清洌、甘美而闻名，而且无论天多么干旱也不会枯竭。

松雨斋《运泉约》：吾辈竹雪神期，松风齿颊，暂随饮啄人间，终拟逍遥物外。名山未即，尘海何辞！然而搜奇炼句，液沥易枯；涤滞洗蒙，茗泉不废。月团三百，喜拆鱼缄；槐火一篝，惊翻蟹眼。陆季疵之著述，既奉典刑；张又新之编摩，能无鼓吹。昔卫公宦达中书，颇烦递水；杜老潜居夔峡，险叫湿云。今者，环处惠麓，逾二百里而遥；问渡松陵，不三四日而至。登新捐旧，转手妙若辘轳；取便费廉，用力省于桔槔。凡吾清士，咸赴嘉盟。运惠水：每坛偿舟力费银三分，水坛坛价及坛盖自备不计。水至，走报各友，令人自抬。每月上旬敛银，中旬运水。月运一次，以致清新。愿者书号于左，以便登册，并开坛数，如数付银。某月某日付。松雨斋主人谨订。

《岕茶汇钞》："烹时先以上品泉水涤烹器，务鲜务洁。次以热水涤茶叶，水若太滚，恐一涤味损，当以竹箸夹茶于涤器中，反复洗荡，去尘土、黄叶、老梗既尽，乃以手搦干，置涤器内盖定。少刻开视，色青香冽，急取沸水泼之。夏先贮水入茶，冬先贮茶入水。""茶色贵白，然白亦不难。泉清、瓶洁、叶少、水洌，旋烹旋啜，其色自白，然真味抑郁，徒为目食耳。若取青绿，则天池、松萝及岕之最下者，虽冬月，色亦如苔衣，何足为妙？若余所收真洞山茶，自谷雨后五日者，以汤荡浣，贮壶良久，其色如玉。至冬则嫩绿，味甘色淡，韵清气醇，亦作婴儿肉香。而芝芬浮荡，则虎丘所无也。"

《洞山岕系》：岕茶德全，策勋惟归洗控。沸汤泼叶，即起洗鬲，敛其出液。候汤可下指，即下洗鬲，排荡沙沫。复起，并指控干，闭之茶藏候投。盖他茶欲按时分投，惟岕既经洗控，神理绵绵，止须上投耳。

《天下名胜志》："宜兴县湖汶镇，有于潜泉，窦穴阔二尺许，状如井。其源浟流潜通，味颇甘洌，唐修茶贡，此泉亦递进。""洞庭缥缈峰西北，有水月寺，寺东入小青坞，有泉莹澈甘凉，冬夏不涸。宋李弥大名之曰'无碍泉'。""安吉州碧玉泉为冠，清可鉴发，香可瀹茗。"

徐献忠《水品》："泉甘者，试称之必厚重，其所由来者远大使然也。江中南零水，自岷江发源数千里，始澄于两石间，其性亦重厚，故甘也。""处士《茶经》，不但择水，其火用炭或劲薪。其炭曾经燔为腥气所及，及膏木败器，不用之。古人辨劳薪之味，殆有旨也。""山深厚者，雄大者，气盛丽者，必出佳泉。"

张大复《梅花笔谈》：茶性必发于水，八分之茶遇十分之水，茶亦十分矣。八分之水试十分之茶，茶只八分耳。

《岩栖幽事》："黄山谷赋：'汹汹乎，如涧松之发清吹；浩浩乎，如春空之行白云。'可谓得煎茶三昧。""扫叶煎茶乃韵事，须人品与茶相得。故其法往往传于高流隐逸，有烟霞泉石磊块胸次者。"

白居易像

《涌幢小品》："天下第四泉，在上饶县北茶山寺。唐陆鸿渐寓其地，即山种茶，酌以烹之，品其等为第四。邑人尚书杨麒读书于此，因取以为号。""余在京三年，取汲德胜门外水烹茶，最佳。""大内御用井，亦西山泉脉所灌，真天汉第一品，陆羽所不及载。""俗语'芒种逢壬便立霉'，霉后积水烹茶，甚香冽，可久藏，一交夏至便迥别矣。试之良验。""家居苦泉水难得，自以意取寻常水煮滚，入大磁缸，置庭中避日色。俟夜天色皎洁，开缸受露，凡三夕，其清澈底。积垢二三寸，亟取出，以坛盛之，烹茶与惠泉无异。"

闻龙《它泉记》：吾乡四陲皆山，泉水在在有之，然皆淡而不甘。独所谓它泉者，其源出自四明，自洞抵埭，不下三数百里。水色蔚蓝。素沙白石，粼粼见底。清寒甘滑，甲于郡中。

《玉堂丛语》："黄谏尝作《京师泉品》，郊原玉泉第一，京城文华殿东大庖井第一。后谪广州，评泉以鸡爬井为第一，更名学士泉。""吴毖云：'武夷泉出南山者，皆洁冽味短。北山泉味迥别。盖两山形似而脉不同也。'予携茶具共访得三十九处，其最下者亦无硬冽气质。"

王新城《陇蜀余闻》：百花潭有巨石三，水流其中，汲之煎茶，清冽异于他水。

《居易录》：济源县段少司空园，是玉川子煎茶处。中有二泉，或曰玉泉，去盘谷不十里；门外一水曰漭水，出王屋山。按《通志》，玉泉在漷水上，卢仝煎茶于此，今《水经注》不载。

《分甘余话》：一水，水名也。郦道元《水经注·渭水》："又东会一水，发源吴山。"《地理志》："吴山，古汧山也，山下石穴，水溢石空，悬波侧注。"按此即一水之源，在灵应峰下，所谓"西镇灵湫"是也。余丙子祭告西镇，常品茶于此，味与西山玉泉极相似。

《古夫于亭杂录》：唐刘伯刍品水，以中泠为第一，惠山、虎丘次之。陆羽则以康王谷为第一，而次以惠山。古今耳食者，遂以为不易之论。其实二子所见，不过江南数百里内之水，远如峡中虾蟆碚，才一见耳。不知大江以北如吾郡，发地皆泉，其著名者七十有二。以之烹茶，皆不在惠泉之下。宋李文叔格非，郡人也，尝作《济南水记》，与《洛阳名园记》并传。惜《水记》不存，无以正二子之陋耳。谢在杭品平生所见之水，首济南趵突，次以益都孝妇泉

［在颜神镇］、青州范公泉，而尚未见章丘之百脉泉，右皆吾郡之水，二子何尝多见。予尝题王秋史苹"二十四泉草堂"云："翻怜陆鸿渐，跬步限江东"，正此意也。

陆次云《湖壖杂记》：龙井泉从龙口中泻出。水在池内，其气恬然。若游人注视久之，忽波澜涌起，如欲雨之状。

张鹏翮《奉使日记》：葱岭乾涧侧有旧二井，从旁掘地七八尺，得水甘洌，可煮茗。字之曰"塞外第一泉。"

《广舆记》："永平滦州有扶苏泉，甚甘洌。秦太子扶苏尝憩此。""江宁摄山千佛岭下，石壁上刻隶书六字，曰：'白乳泉试茶亭'。""钟山八功德水，一清、二冷、三香、四柔、五甘、六净、七不饐、八蠲疴。""丹阳玉乳泉，唐刘伯刍论此水为天下第四。""宁州双井在黄山谷所居之南，汲以造茶，绝胜他处。""杭州孤山下有金沙泉，唐白居易尝酌此泉，甘美可爱。视其地沙光灿如金，因名。""安陆府沔阳有陆子泉，一名文学泉。唐陆羽嗜茶，得泉以试，故名。"

《增订广舆记》：玉泉山，泉出石罅间，因凿石为螭头，泉从口出，味极甘美。潴为池，广三丈，东跨小石桥，名曰玉泉垂虹。

《武夷山志》：山南虎啸岩语儿泉，浓若停膏，泻杯中鉴毛发，味甘而溥，啜之有软顺意。次则天柱三敲泉，而茶园喊泉可伯仲矣。北山泉味迥别。小桃源一泉，高地尺许，汲不可竭，谓之高泉，纯远而逸，致韵双发，愈啜愈想愈深，不可以味名也。次则接笋之仙掌露，其最下者，亦无硬洌气质。

《中山传信录》：琉球烹茶，以茶末杂细粉少许入碗，沸水半

品茶与品境是中国文化追求的一种境界。

瓯，用小竹帚搅数十次，起沫满瓯面为度，以敬宾。且有以大螺壳烹茶者。

《随见录》：安庆府宿松县东门外，孚玉山下福昌寺旁井，曰龙井，水味清甘，瀹茗甚佳，质与溪泉较重。

【译文】

唐朝的陆羽在《六羡歌》中写道：不羡慕用黄金做的壶，不羡慕用白玉做的杯子，不羡慕早进官府晚进高台的生活，只羡慕西江的水，曾经在竟陵城下流过。

唐朝张又新在《水记》中记载："以前的刑部侍郎刘公讳，学识渊博，有风鉴的称号。他把适合茶的水分为七个等级：扬子江南零的水第一；无锡惠山寺的石水第二；苏州虎丘寺石水第三；丹阳县观音寺井水第四；大明寺的井水第五；吴淞江水第六；淮水最差是第七。我曾经把瓶子带到船上，亲自收集评比，果然同他说的一样。熟悉两浙的人说我搜访得不全面，我曾经记下来了。后来到了永嘉，经过桐庐江，到达严濑，溪水的颜色非常清，水的味道很冷，用它来煎制茶叶，其清香的韵味难以说清楚。同扬子江南零的水差别很大。到永嘉以后，用仙岩瀑布的水煎茶，也不比南零的水差，这才知道别人所说的是正确的。陆羽论水的等级有20种：庐山康王谷水第一；无锡惠山寺石泉水第二；蕲州兰溪石下的水为第三；峡州扇子山下虾蟆口的水第四；苏州虎丘寺石泉水第五；庐山招贤寺下方的桥潭水第六；扬子江南零水第七；洪州西山瀑布泉水第八；唐州桐柏县淮水源第九；庐州龙池山岭水第十；丹阳县观音寺水第十一；扬州大明寺水第十二；汉江金州上游中零水第十三〔水苦〕；归州玉虚洞下面的香溪水第十四；商州武关西面的洛水第十五；吴淞江水第十六；天台山西南峰千丈瀑布水第十七；柳州圆泉水第十八；桐庐严陵滩水第十九；雪水第二十〔用雪不可以太冷〕。"

唐代顾况《论茶》：用文火煎茶，用小鼎长泉煮茶。

苏廙《仙芽传》第九卷中记载"做汤的16种方法"：水是煮茶的关键。如果好茶没有用好水煮，那就跟普通茶的味道没有区别。根据水煮的老嫩分为3种；根据倒入的快慢分，也有3种；根据器具来分，共有5种；根据煮茶用的柴分，为5种。一得一汤，二是婴汤，三是百寿汤，四是中汤，五是断脉汤，六是大壮汤，七是富贵汤，八是秀碧汤，九是压一汤，十是缠口汤，十一是减价汤，十二是法律汤，十三是一面汤，十四是宵人汤，十五是贱汤，十六是魔汤。

丁用晦在《芝田录》中说：唐朝的李卫，喜欢用惠山的泉水煮茶。从常州运到京城，用驿马传送，被称为"水递"。后来有和尚说："我愿意为您打通水脉。京师里面有一眼井水同惠山泉的

张又新，唐朝人，一生颠沛，尤嗜饮茶，对煮茶用水颇有心得。其所著《煎茶水记》是我国第一部专门评述煮茶用水的鉴水专著。

水脉是相通的,用来煮茶,味道跟惠山泉一样。"李卫说:"井在什么地方呢?"回答说:"昊天观常住的仓库后面就是。"取来惠山和昊天的水各一瓶,加上其他地方的八瓶水,让和尚来辨别。和尚只取出这两瓶水,李卫非常惊叹。

《事文类聚》中记载:赞皇公李德裕住在廊庙的时候,有个朋友奉皇上的圣旨出京城,他说:"你回来的时候,带一壶金山下的扬子江水回来。"这人答应了。回来时,因为喝醉了酒忘记了,船到了石头城下才想起这件事情,于是这个人取了一瓶江中的水,回到京城献给他。李德裕喝了之后,非常惊讶地说:"水的味道同往年的不大一样啊,这个水很像建业石头城下面的水。"这位朋友马上上前谢罪,如实相告,不敢隐瞒。

《河南通志》中记载:卢仝茶水的水源在济源县。卢仝有一处庄园在离济源县通济桥二里远的地方,泉水就在庄园里。他的诗中说:"买得一片田,济源花洞前。自号玉川子,有寺名玉泉。"他汲取寺中的泉水煎茶,有《玉川子饮茶歌》,很多句子非常奇特敏锐。

《黄州志》记载:陆羽泉在蕲水县凤栖山下,又叫兰溪泉,陆羽曾取过这里的水煮茶,把它评为天下第三泉水。宋朝的王元之有诗记载。

无尽法师在《天台志》中说:陆羽品水,把这座山上的瀑布水排在天下第十七位。我曾经试喝过,比我幽溪、蒙泉的水要差一点。我怀疑陆羽只到了瀑布。如果走遍了天台,应该不会把金山的水列为第一吧。

《海录》中记载:陆羽品水,认为雪水可以排在第二十位,可是用它来煎茶太冷了。

陆平泉《茶寮记》中说:唐朝秘书省的水最好,所以又称为秘水。

《檀几丛书》:唐朝天宝年间,叫清晏的稠锡禅师,站在南岳山上用锡杖一顿,泉水突然从石窟间迸发出来,名叫真珠泉。大师喝后感觉清香可口,说:"用这个水泡我们家乡的桐庐茶,不是很合适吗?"

《大观茶论》:水是清幽甘甜洁净的最好,把水煮开,滚开的气泡像鱼和蟹子的眼睛一样正好。

《咸淳临安志》:栖霞洞里有水洞深不可测,水的味道非常甘洌。魏公曾用它烹制茶水。另外莲花院里有三口井,露天的井水最好,取出来煮茶,感觉清洌甘甜,被评为小林第一。

王氏《谈录》:都说好茶叶时间长了就会陈旧一些。我在产茶的地方看到,春初时取出炒好的新茶叶,同陈茶夹杂在一起煮,气味自然还在。襄阳试过很好,曾经同蔡君谟说,他也这样认为。

欧阳修在《浮槎水记》中说:浮槎和龙池山都在庐州的境内,但龙池水的味道和浮槎的差距较大。又有新

茶盘的质地可为竹子、瓷质、紫砂、金属、原木,形状有规则形、自然形、排水形等多种。

的记载，认为龙池水是第十，浮槎的水没有录入，可见又被忽略的地方太多了。陆羽就不一样了，他说："山上的水最好，江水差一点，井水最差，山水乳泉从石池漫流而下的最好。"他的话虽然简单，但是就评水来说已经很全面了。

蔡襄《茶录》："如果茶叶放置的时间超过了一年，香色味就会有些陈旧。煮的时候先放进干净的器具里用开水洗一遍，去掉一两重的膏油就可以了。再用钳子夹着，用小火烘干，再碾碎。如果是当年的新茶，就不需要用这个方法。碾的时候先用干净的纸包起来捣碎，再碾，要碾到颜色变白，如果过夜颜色就会昏暗。""碾完了以后再罗。罗得细冲泡时茶叶就会浮起来，罗得粗茶沫就会浮在上面。""候汤最难，没有熟的话碎末就浮在上面，过熟茶叶就沉下去了。前人所说的蟹眼，就是过熟的汤水。在瓶子里面煮辨别不出来，所以说候汤最难。""茶叶少水多就会云脚涣散，水少茶叶多就会聚在水面上。[建人称之为云脚、粥面。]炒茶一钱七分，先加水，调和均匀。再加进水，来回搅拌。水倒进杯子，只要倒四成满就可以了，看到颜色鲜白，杯子上没有水的痕迹是最好的。建安时期大家比试，水痕先退的为输者，坚持时间长的为胜者，所以论输赢有一说法，叫相去一水两水。""茶叶有真香，但作为贡品的茶叶要稍掺一点龙脑在水里，为了使它的香气更浓。建安民间试茶的时候，都不放进香料，主要是怕夺走了茶叶真正的香味。如果在烹制的时候，加进了果实香草，它们会夺取香味，严格地讲是不应该加的。"

陶谷《清异录》记载："冲茶时在茶水的表面幻化出物体的形象，是因为茶匠有精湛的手艺。沙门福全生在金乡，长在茶海，注入水入茶时能在水面上幻化成一句诗。如果一起倒上四瓯，那就能组成一首绝句，漂浮在表面。小小的物体，能够清晰地辨认。檀越日那天造门，人们希望看到水中的戏，全自咏诗说：'生成盏里水丹青，巧画工夫学不成。却笑当时陆鸿渐，煎茶赢得好名声'。""茶到唐代才开始盛行。最近有在汤水里使用调羹，施加秘诀，使水的纹路形成物体的形象，禽兽、虫鱼、花草这样的东西，

《东坡煮茶图》

精巧得像画卷一样，但一会儿就散失了，这就是茶水的变化。有人称它为'茶百戏'。""还有漏影春法。用镂空的纸贴在茶杯里，加水去纸，现出图案。加上荔枝的肉做叶子，松实、鸭脚之类珍稀的物品做蕊，加进开水搅拌。"

《煮茶泉品》：我少年时候读过温氏的《茶说》，从中知道有名的泉水20多处。我往西到过巴峡，经过虾蟆窟；往北曾在芜城歇息，汲取过蜀冈井的水；往东游览过故都，一直走到扬子江，在丹阳停留，喝过观音泉的水，还经过无锡品尝过慧山的水。用粉枪禾旗这样的好茶，用兰草桂木这样好的柴火，一边烹煮，一边品尝，那真是回肠荡气，百

病全消，抑郁烦躁挥之而去，神清气爽充满全身。这才理解，那美好气息的感染，那幽静的感觉，即使前辈贤士精湛的说法，都不能达到。过去郦元善著过《水经》，但却不知道茶叶；王肃热衷于喝茶，却没提到过水，要说出茶和水这二者的美好，我可以说当之无愧。

寇准像

魏泰《东轩笔录》：鼎州往北百里远的地方有一座甘泉寺，在路的左侧有眼泉水清澈美味，最适合泡茶。四周绿荫环抱，环境也很幽雅。寇莱公被贬到雷州时，经过这里喝水，在墙壁上题字后才离去。没过多久，丁晋公又经过这里，拜佛题字后才走。天圣年间，范讽作为殿中丞来到安抚湖外，到这座寺观看了上面题留的文字，徘徊感叹，在旁边作诗说："平仲酌泉方顿辔，谓之礼佛继南行。层峦下瞰岚烟路，转使高僧薄宠荣。"

张邦基《墨庄漫录》中记载："元祐六年七夕的时候，苏东坡在扬州任职，跟发运使晁端彦、吴倅晁无咎等人，汲取大明寺塔院西廊井水同下院蜀井的水比较高下，认为塔院的水比较好。""华亭县有寒穴泉，和无锡惠山泉水的味道相同，放在一起品尝，没觉得有什么不同，当地很少有人知道。王荆公曾经有诗说：'神震洌冰霜，高穴雪与平。空山淳千秋，不出呜咽声。山风吹更寒，山月相与清。北客不到此，如何洗烦醒。'"

罗大经《鹤林玉露》：我的同年好友李南金说：《茶经》里记载水开到像鱼的眼睛、像连珠一样往上冒为标准。但是近来很少用鼎镬煮茶，如果用瓶子煮水，很难看到这些。那就应用声音来分辨水一开、二开、三开的程度。另外还有陆羽的方法，是放茶末在鼎镬里煮，所以在水二沸时放茶叶比较合适。如果像现在这样把开水冲进茶壶泡茶，那就应该在二沸和三沸之间，才算合适。为此赋诗说："砌虫唧唧万蝉催，忽有千车捆载来。听得松风并涧水，急呼缥色绿磁杯。"这种说法虽然很精确。但对于茶来说，水应该嫩而不应该老。如果汤嫩的话茶叶的味道就很甜，味道太老就会很苦。如果声音像松风涧水一样再冲茶，不是太老、太苦了吗？只能移掉瓶子去掉火，等它停止沸腾再说，那样水适中，茶叶的味道就很甜美。这是南金没有讲到的。因此补充一首诗："松风桂雨到来初，急引铜瓶离竹炉。待得声闻俱寂后，一瓯春雪胜醍醐。"

赵彦卫《云麓漫钞》：陆羽将天下水的味道，分别列出了有名的品种，刻在石头上流传后代。《列子》说：孔子所说的"淄渑之合，易牙能辨之。"易牙，是齐威公的大夫。淄、渑这两种水，易牙知道它们的味道，威公不相信，多次试探都很灵验。陆羽能得到他遗留的意韵吗？

《黄山谷集》：泸州大云寺偏西的崖石上，有泉水往下滴，周围泉水的味道都比不上它。

林逋《烹北苑茶有怀》：石碾轻飞瑟瑟尘，乳花烹出建溪春。人间绝品应难识，闲对《茶经》忆古人。

《东坡集》："我从汴京到淮水，逆流而上到达蜀地，喝了很多年江淮的水。到了这里，觉得井水的味道非常腥涩，喝了上百天才好一点。由这可知道江水比井水要甜一些。现在来到岭外，从扬子江开始喝江水，到了南康，江水更加清澈，水也更加甘甜，于是又知道南方的江水比北方的江水要好。最近来到清远峡，水的颜色就像碧玉一样，味道更好了。现在游览到了罗浮，喝泰禅师锡杖泉水，清远峡的水又比不上它了。岭外只有惠州的人喜欢比试茶水，此水名不虚传。""惠山寺的东面是观泉亭，有个亭子被称为漪澜，泉水在亭子的中间，二井距离很近，一圆一方两种形状。人们多取圆井里的水，因为方井里的水是流动的而圆井里的水是静的，不动水自然显得清澈，而动就会使水变得浑浊。流过漪澜，从石制的龙口中出来，往下流到大池的水，有泥土的气息，不可汲取。泉水整年都不干涸，张又新称它是天下第二泉。"

《避暑录话》：裴晋公诗中说："饱食缓行初睡觉，一瓯新茗侍儿煎。脱巾斜倚绳床坐，风送水声来耳边。"他作这首诗的时候一定颇为自得，而我在山里居住了7年，已经享受这种生活很长时间了。

冯璧《东坡海南烹茶图》题诗：讲筵分赐密云龙，春梦分明觉亦空。地恶九钻黎火洞，天游两腋玉川风。

《万花谷》："黄山谷中有《井水帖》说：'把井旁十几颗小石子放在瓶子里，可以让水不浑浊。'所以《咏慧山泉》诗中说'锡谷寒泉椭'。石俱，是也。长而圆的石头叫椭圆，所以能澄清水源。""茶家碾茶，必须碾到上面现出白色，才是最好的。曾茶山诗中说：'碾处须看眉上白，分时为见眼中青。'"

《舆地纪胜》：竹泉，在荆州府松滋县的南面。宋代至和年初，苦竹寺的和尚在淘井时得到一支笔。后来黄庭坚被贬到贵州时经过这里，看到笔说："这是我在虾蟆碚那里丢失的。"可知这两个泉水是相通的。他在诗中说："松滋县西竹林寺，苦竹林中甘井泉。巴人谩说虾蟆碚，试裹春茶来就煎。"

当代茶具

周辉《清波杂志》中记载：我家在惠山，泉水和石头都是几案上摆放的东西。亲戚东来，多次问到松竹的情况。到了陆子泉，好茶是少不了的。虽然取了惠山泉水很快就能到汴京，但是也会觉得瓶子中水气不够纯。如果把水用细沙滤过，就会像刚取的一样了，被称为拆洗惠山泉。天台山的竹沥水，是那个地方的人将砍断的竹子弄弯把水装进去的，如果夹杂其他的水就不好了。苏才翁和蔡君谟比茶，蔡君谟的茶好，用惠山泉的水煮，苏才翁的茶不好，用竹沥水煮，苏才翁却取胜了。这种说法在江邻几所写的《嘉祐杂志》可以看到。如果真是这样的话，今天喜欢茶事的人，怎么没有提到过一句呢？双井因为山谷才被重视，苏魏公曾经说："我一生不知荐举了多少人，只有孟安序朝奉的时候送给我一坛双井里的水。"苏魏公从不接受礼物，唯独接受这坛水，可见对它的珍惜。

明·三足鼎炉壶

《东京记》：文德殿的两旁有东西上阁门，所以杜诗中说："东上阁之东，有井泉绝佳。"山谷《忆东坡烹茶》诗中说："阁门井不落第二，竟陵谷帘空误书。"

陈舜俞《庐山记》：康王谷里有水帘，泉水从岩石上飞下有二三十个分流。大约有70多尺宽，水流的高度不可估测。山谷诗中说"谷帘煮甘露"说的就是这里的水。

孙月峰《坡仙食饮录》：唐代的人多用姜煎茶，所以薛能诗中说："盐损添常戒，姜宜著更夸。"根据这种说法，又有用盐煎茶的了。如果现在还用这两种东西煎茶，应该会被人大笑。但是中等的茶，用姜煎应该很好，盐就不可以了。

冯可宾《岕茶笺》：茶叶虽然都出自岕，有像兰花一样香甜的味道，过了雷雨季节经历了秋天以后，再打开坛子烹煮，它的香味会更浓烈，味道同新茶一样。如果茶水颜色很白，就是真正的洞山。其他的品种刚开始的时候也很香，但是到了秋天就会变得索然无味了。

《群芳谱》：人们喜欢的事物不会相同，但对于茶来说10个人中有9个人喜欢。不过是竹炉火候适用得当，再加上好茶碗、清水的缘故。煮了以后有水汽上升，上面浮着白色的水花。不是水的功劳，哪来这么好的茶呢？简单地说，煮茶有五个技巧：一是选择水，二是选用器具，三忌讳混杂，四是小心地蒸煮，五是分辨颜色。

《吴兴掌故录》：湖州的金沙泉，到了元代，中书省派官员祭拜，水一会儿就溢出来了，灌溉了千亩良田，把它赐名为瑞应泉。

《职方志》：广陵蜀冈上有口井，叫作蜀井，据说井里的水是与西蜀相通的。尝过天下水有二十种，而蜀冈的水是第七。

《遵生八笺》：泡茶时，必须先把杯子烘热，那么茶就会在表面聚拢，如果杯子冷茶的颜色会不浮。［燷音胁，就是火烤的意思。］

陈眉公《太平清话》："我曾经喝中泠水，比惠山的水差，不明白为什么。后来进行考证，才知道陆羽原把庐山谷帘泉的水列为第一。《山疏》中说：'陆羽《茶经》中说，泻下很急的瀑布水不要饮用。但这里的瀑布流得十分湍急，却把它列为第一，这是为什么呢？'另外云'液泉在谷帘的旁边，山上有很多云母石，泉水是它的汁水，流得很急，清冽甘冷，远胜过谷帘，却不是第一，这是为什么呢？'还有'碧琳池的东西方向有两眼泉水，都非常甘甜清香，味道都不比惠山差，尤其东面的泉水更好'。"蔡君谟所说的'水应该取嫩而不取老'，都是对团饼的茶叶而言。现在的旗芽枪甲，如果汤水不好茶叶的神韵就不能完全散发出来，茶叶的颜色就会不分明。所以

徐渭的茶诗生活

斗茶要取胜，关键在水开的程度。"

徐渭《煎茶七类》："煮茶不是一件随便的事情，需要煮茶人的人品与茶品相当，所以它的方法传到高流隐逸者那里，就像是烟霞泉水石块都藏在心中一样。""品水的人认为井水是最差的。应选取经常有人饮用的井水，如果汲水的人多，水就是活水。""把水煮到起了泡泡，上面泛出泡沫，再将茶叶放进器具里。开始时倒的水要少，等汤茶相融的时候把水注满，云脚就会渐渐开了，上面浮着乳花，味道自然不同一般。其实以前人们把茶叶做成团饼碾成屑来喝，味道容易出来。茶叶少味道就会淡，过熟的话味道就会不清爽，而且容易沉积在底部。"

张源《茶录》："山顶的泉水清而且轻，山下的泉水清而且重，岩石下流出的水清而且甘甜，沙中的泉水清而且冷冽，土中的泉水清而且厚重。流动的水比静止的水好，背阴的水胜过向阳的。山势峻峭泉水就会少，山俊秀的有神灵。真源没有味道，真水没有香味。在黄石中流出来的水最好，从青石中泻出来的水没有什么用。""煮水时有三种分辨的方法：一是辨形，二是辨声，三是辨捷。形是从里面分辨，声音是从外面分辨，捷是根据气分辨的。像虾眼、蟹眼、鱼目、连珠都是水刚开的样子，直到水开得像波浪一样翻滚的时候，水汽全部没有，才算真熟了。像初声、转身、振声、骇声都是水刚开时鼓荡的声音，直到没有声音的时候，才算真正的熟了。如果气浮成一缕、二缕、三缕，到分辨不清，烟雾缭绕，都是刚开，直到气息贯通，才算真正熟了。""蔡君谟因为古代的人把茶叶碾磨成饼状，就认为水开了茶的神韵就会散发出来。这是用嫩而不用老的原因。现在制造茶叶，不用罗碾，保持原来的形状，水必须很开，茶的内蕴才会完全散发出来。""炉火通红的时候，茶铫子才开始放上去，扇风的时候要轻快，等到开水发出声音，才能扇重一点，这就是指文武的火候。如果太文的话，水性就会过柔，太柔的水就会被茶降伏；过于武，火性太烈的话茶就会受制于水，都不能称为调和，没有得到泡茶的要领。""放茶叶要按一定的次序，不要失去最好的时机。先茶后水，叫作下投；在一半水中放茶，再加满水叫中投；先加水后放茶被称为上投。夏天适合上投，冬天适合下投，春秋适合中投。""不应用腐朽的木头、不好的器具、铜调羹、铜铫子、木桶、柴薪、烟煤、麸炭、粗鲁的童子、凶恶的女婢、不干净的毛巾等做与茶相关的事，也不需要各种果实和香料。"

谢肇淛《五杂俎》："唐朝薛能在《茶诗》中说：'盐损添常戒，姜宜著更夸。'这样煮茶，怎么会有好味道呢？或许这是在陆羽品茶之前吧。到了东坡《和寄茶》诗中说：'老妻稚子不知爱，一半已入姜盐煎。'当时就觉得这样做不对了，但这种习惯至今还在。今天江右和楚人，还有用姜煎茶的，虽说是古代的风气，还是觉得不合规矩。""闽人的难处是很难得到山泉，所以多用雨水煮茶，它的味道比不上山泉，但是比山泉水清。然而淮水以北，雨水多是苦而黑，不能用来煮茶。只有用雪水，冬天的时候收藏起来，到了夏天再用，才是最好的。虽然雪也是雨水凝固而成的，但是雪适合雨水却不适合，这是为什么呢？可以说：因为北方的屋瓦不干净，多把很脏的泥土涂在上面。""古时候的茶，被称为煮、烹、煎。必须水开的像蟹眼一样，茶味才正宗。今天的茶叶只要用开水冲进去，稍微沾上火的颜色就会变黄而且味道苦涩，不适合饮用。才知道古代和现在煮茶的方法是不一样的。""苏才翁斗茶用天台的竹沥水，其实是竹露，不是竹沥。如果像今天的医生用火烤从竹子里面取沥，那就肯定不适合茶了。"

顾元庆《茶谱》：煎茶的四个要诀：一是选择水，二是洗茶，三是候汤，四是择品。点茶的三大要求是：一是器具洗干净，二是烧热茶杯，三是选择果子。

熊明遇《岕山茶记》：烹茶时水的功劳最大。没有山泉就用雨水，秋雨最好，梅雨差一些。秋雨冽而白，梅雨醇而白。雪水是五谷的精华，颜色不可能白。存水时需要将石子放进坛子里，不仅对水有益处，而且白色的石头和清澈的泉水，也会让人觉得赏心悦目。

《雪庵清史》："我生性喜欢清苦，只有与茶的习性相近。幸好靠近茶乡，能够让我随意饮用。我的朋友不能分清三火三沸的做法，我每次过去饮茶，不是太老了，就是太嫩了，使得这样香甜的味道荡然无存，这都是被李南金的说法误导的。只有罗玉露那样的说法，才能把握好火候。朋友说：'我只喜欢读书，游玩山水，做佛事，有时候还醉倒在花前，不喜欢水厄，所以对火候不精通。前人说：去掉体内阻滞和疲劳，一天都会感觉舒服；消耗了精气，对终身的危害才大。获益就说是茶的功劳，得到害处就不说是茶。甘受俗名，就是因为这个缘故。'哎！茶真是冤枉啊。曾听过和尚说：去掉体内阻滞和疲劳，清苦的好处很多；消耗精气，情欲的危害最大。获益的时候不说是因为茶，自己害自己的时候倒说是因为茶才遭殃。如果不懂得把握好火候，不单是茶。如果读书不能得到里面的趣味，赏玩山水不能领会其中的情致，学习佛法不能理解它的根本，好色而不能理解其中的韵味，都是不讲火候。不是我爱茶才为茶出一口气，而是想用这样清苦的味道，和好朋友一起共享。""煮茶的方法有六个要诀：一是辨别，二是水，三是火，四是汤，五是器具，六是饮。茶有粗茶、散茶、末茶、饼茶的区别；有研茶、熬茶、炀茶、春茶的做法。我很幸运学会了做茶的方法，又得到了烹茶的六大要点，一遇到好朋友，就会亲自烹煎。但愿一壶能喝到其中的真谛，不用五千卷文字撑肠挂腹。所以说饮茶的

《煮茶图》扇面

明·金镶玉碗

意义是非常深远的。"

　　田艺蘅《煮泉小品》："茶叶，是南方的嘉木，是每天不可缺少的用品。品质虽然有差别，但要是没有好水，煮的时候方法不得当，那么再好的茶也不会好喝。喝泉水的时候觉得清爽，喝茶的时候会忘记喧嚣，这都不是纨绔子弟可以领悟的。我写《煮泉小品》，是为了与枕石漱流的雅士商榷。""陆羽曾经说：'在出产茶叶的地方煮茶没有不好的，这是因为水土适宜。'这种说法很对，因为边采摘、边制作，在两道工序中茶叶都是新鲜的。所以《茶谱》中说：'如果得到一两蒙山之中最好的茶，用当地的水煎服，能够去掉积存很久的疾病。'的确是这样的。现在武林那些泉水，只有龙泓还可以，茶叶也只有龙泓山的最好。因为龙泓山山高林密，山川秀丽，是两山之中最好的。所以那里的水清寒而且甘香，适合煮茶。虞伯生诗中说：'但见瓢中清，翠影落群岫。烹煎黄金芽，不取韵雨后。'姚公绶诗中说：'品尝顾渚风斯下，零落《茶经》奈尔何。'那样就知道风味了，否则怎么能成为葛仙翁炼丹的地方呢？比这个地方好的是老龙泓，寒碧比它更好，这个地方出产的茶叶是南北两山的绝品。陆鸿渐认为钱塘天竺灵隐寺的水最差，我没有试过。《郡志》里面也只说宝云、香林、白云等茶，都不如龙泓清香隽永。""有水有茶，不可以没有火，并不是说真的没有火，只是说掌握火候的问题。李约说'茶必须用活火煎'，活火是指有焰的炭火。东坡的诗中说'活水仍将活火烹'，确实如此。我却认为如果山中不是经常有炭的话，那都是死火，不如用枯枝。遇到很冷的天气，多拾点松枝放在房子里存起来，用它煮茶更好。""人们只知道候汤，却不知道火候。火烧下去能使水蒸干，所以试火应该在试水的前面。《吕氏春秋》中伊尹说汤有五种味道：'九沸九交，关键在于火候的把握。'"

　　许次纾《茶疏》："用来煮茶的甘甜泉水，最好是随取随用，这样煮茶的效果才会好，可是住在城里，又怎么能够随时得到呢？所以应多汲取一些，放在大坛子里储存起来，但是不要用新器具，因为它的火气还没有退尽，容易败坏水质，也容易生虫。用久的器具才好，但就怕把它用作其他的用途。水最忌讳木头，尤其是松杉。用木桶储存水，它的危害很快就显露出来了，用瓶子装是最好的。""水开得快，就会显得鲜嫩风逸。水开得迟，则容易太熟昏钝。所以水放进锅里，就要马上煮。等到发出像松涛一样的声音，就掀开锅的盖子，可以平息它的老钝。泛出蟹眼般的气泡之后，水翻腾起来，这是最适合的时候。声音鼎沸，然后没有声音，那就是过时了。过了时间的老汤，绝对不能用。""茶注、茶铫、茶瓯，最好常洗涤。饮完以后，喝剩下的残叶，必须全部去掉。如果茶叶还留在里面，再用时就会夺走茶的香气败坏茶的味道。每天早晨，一定要用开水洗过，用特别软的麻布擦干杯子的里面，扣在竹架子上晾干，烹茶的时候再拿出来用。""味道像龙泓泉水，清香隽永。我曾经一一试过，想找到茶叶和水都非常好的地方，但两浙一带很少有泉水。""山厚泉水也厚，山奇泉水也奇，山清泉水也清，山幽泉水也幽，都是很好的品种。不厚就薄，不奇就蠢，不清就浑浊，不幽静就喧哗，肯定是不好的水。""江，是公共的，所有的水都汇进里面。汇集成的水的味道就会很杂，因此说饮用江水差一点。应到离人远的地方取水，离人越远，水就会清湛而且没有杂物漂浮。""严陵濑，又叫七里滩，这是因为沙石上被称为濑、被称为滩，总称为浙江。但江的潮汐影响不到这里，水深而且清，所以被陆羽品为好水。我曾经在清秋的时候将船停在钓台下，拿出囊中武夷、金华两种茶进行比较，虽然是同一种水，武夷茶显得黄而燥冽，金华就显得碧绿而清香，才知道选择水也应当选择茶。鸿渐认为婺州差一点，而清臣认为白乳比武夷要差一点，现在这种优劣已经倒过来了。如果把它分开说的话，水的功劳占到了一半。""如果离泉水太远，那就不能天天去汲取了。就要让很诚实的山里孩子去取，避免发生像石头城下取水充数的事情。苏子瞻喜欢玉女河里的水，让和尚拿调水符去取，仍然为不能听着水泉睡觉而觉得惋惜。所以曾茶山在《谢送惠山泉》诗中有'旧时水递费经营'这样的句子。""如果水开得不够则茶的味道就出不来，水开得太过茶就会老。只有开到恰到好处才好。""三人以上，只需要一炉。如果是五六个人，就应当用两个鼎炉，专门让一个童子来做，才能调出好茶。如果让人兼做，就会出现差错。""用坚木炭烧火是最好的。如果木头没有烧透，还有剩余的烟味，烟气到了汤里，汤就被毁了。所以先把木柴烧红去掉里面的烟焰，再用很猛烈的火力，水才容易沸腾。炭红了以后，再放上烧水的器具，马上用扇子去扇，越快越好，手不要停。停过火的汤，宁可放弃再烹制。""茶叶不适合靠近阴暗的房间、厨房、喧闹的地方、小儿啼哭的地方、性格很粗犷的人、仆人打闹的地方、很热的房子。"

罗廪《茶解》："茶叶的颜色发白，味道甘鲜，香气扑鼻，是很好的品种。茶叶中的精品是，茶淡时颜色是白的，茶浓时颜色也是白的，刚做出来的时候是白色，放置时间长了仍然是白色的，它的香味四处飘溢，色香味三者就都有了。近来有好事的人担心茶的颜色太重，一注的水只放几片茶叶，味道不够，香气也不浓，只能被讥讽是水的灾难，尽管这样，选择水还是特别重要。""香味是兰花的最好，蚕豆花要差一点。""煮茶时必须用甘甜的泉水，其次才是雨水。梅雨就像膏一样，所有的物体都依赖它生长，它的味道非常甘甜。

清·金农《玉川先生煎茶图》

梅雨以后就不能喝了。将梅雨用大坛子装起来，在里面放一片伏龙肝，把水澄清，也就是灶中心的干土块，趁热的时候放进去。""李南金说，水在二沸和三沸之间的时候最合适。这是真正的行家的话。罗鹤林怕汤老了，在水大沸以后，移开瓶子去掉炭火，等到停止沸腾的时候再说。这样的说法也不一定准确。要知道汤已经老了，即使去了火又如何挽救呢？""储水瓶必须放在阴暗的屋子里，上面盖上纱布，遮挡白天的阳光，承接夜晚的露水，那样茶的精华就不会消散，灵气就可以长期保留。假如在上面压土木石，封上纸和竹叶，在阳光底下晒，那样瓶里就会封闭，外面就会耗尽水的精气，水的神韵就没有了，水的味道也就坏了。"

《考槃余事》："今天茶叶的品种同《茶经》里所说的完全不同，烹制的方法，也跟蔡襄、陆羽这些人所说的不一样。""开始有像鱼的眼睛一样的气泡、微微沸腾的声音是一沸，锅的边缘涌出像连珠一样的气泡是二沸，奔腾溅出是三沸。这种方法只有活火才能做到。如果柴火刚点着，锅刚烧热，就急忙取来泡茶，水气还没有消散，被称为嫩。如果等人休息好了，水已经过了十沸，才取用，汤就失去了灵性，已经老了。水老和水嫩都不好。"

《夷门广牍》：虎丘的石泉，以前排在第三位，陆羽将它排为第五。石泉里储存的水，都是由雨水积存起来渗透形成的。何况当时盖墓道，多半石工被闷死了，很多和尚住在山上，不可能没有污秽渗透进去。虽然名叫陆羽泉，其实并不是天然的水。道家服用，最忌讳的就是有尸气。

《六砚斋笔记》："武林的西湖水，取来以后储存在大缸里，放置六七天。遇到风雨的时候就盖上，晴天的时候再打开，让它受到日月星辰的灵气。用它烹茶，会甘醇美味，不比慧麓的差。因为溪谷里的水流很快，能够浸润，不只一处水源，取了多处的精华，味道自然很好。由此可知凡是有湖泊浸润的地方，都可以收集储藏、澄清，绝对胜过浅流阴井的水。那些水带有异味，不能泡茶饮用。""古人因为好奇，饮用时放很多花在水里，还有一种叫作五色饮，放进冰蜜、糖药各种东西。我认为都不应该提倡。如果没有好茶叶，可以用松枝烧水泡汤，能喝就行。"

《竹懒茶衡》：处处都有茶叶，只是茶的好处没能品评出来。正如短暂接触几天的道士所说：虎丘的气味芳香而且有些淡，刚放进杯里的时候上面浮着青色的叶子，鼻端飘着淡淡的兰花香味，喝的时候也很舒服，但必须是惠麓的水，水的甘醇能够辅佐茶的清淡。龙井的味道很浓厚，颜色淡黄，气味也不是很显露，但喝下去之后，才觉得特别鲜腴润滑，又必须借深山里的冷泉，喝下去才会觉得隽永滋润，没有昏滞的感觉。

清·紫砂提梁壶

松雨斋《运泉约》：在雪后的竹林里，阵阵松风吹着脸颊，我们暂时放饮人间，终日道遥物外。没到过名山，怎么能告别世俗的生活呢？但是搜集提炼奇警的句子，汗体淋漓思绪枯竭，所以洗去迟滞昏蒙，甘泉香茗不断。有月团三百，高兴地拆开包茶叶的鱼纸封缄，燃起槐枝烧成的篝火，把泉水煮到翻起蟹眼。根据陆羽的论述，已经奉为经典；张又新的主张也不能不加鼓吹。以前卫公官至中书，非常怕递水；杜老潜居在夔峡，它很险要叫作湿云。今天离惠麓山超不过两百里的路程，在松陵渡口雇一条船，不用三四天就到了。登新弃旧，转手就像辘轳一样，取用方便价钱便宜，比用吊杆打水还省力。像我们这样的清士，都赶着去赴嘉盟。运惠水：每一坛要付船工三分的银钱，水坛和坛盖的价钱还不在内。取到水以后，通知各位朋友，让人来抬。每月的上旬收钱，中旬运水。每个月运一次，可以让水清新。愿意的人把名字写在左面，便于登记注册，并写明所要的坛数，按照数量付银子。某月某日付款。松雨斋主人谨订。

《岕茶汇钞》："烹茶时先用上好的泉水洗净烹制的器具，必须清洁干净。然后用热水洗涤茶叶，如果水开的时间长了，一洗就会损害它的味道，应该用竹制的筷子在器具中反复地清洗，将茶叶里尘土、黄叶、老梗这些东西全部去掉，再用手拧干，放在洗好的器具里盖上。一会儿再打开来看，颜色清香甘洌，马上取开水倒在上面。夏天先放水后放茶叶，冬天先放茶叶后倒水。""茶叶的颜色以白色为好，但是白色也不难。水清、瓶子干净、叶子好、用水洗、烹煮以后马上饮用，它的颜色是白色，但是味道就不知道了，只是中看而已。如果取青绿色，那天池、松萝及岕茶是最差的，虽然是冬天，颜色仍然像苔衣一样，很难说好。像我收藏的真洞山茶叶，在谷雨后的 5 天，用开水煮过晾干，储存在壶里很长时间，它的颜色像白玉一样。到了冬天就会嫩绿，味甘色白，气味甘醇，就像婴儿的体香。而且上面浮荡的芳香，是虎丘茶所没有的。"

《洞山茶系》：岕茶的品性很全面，关键在于洗控。水开了以后再浇在茶叶上，再立即拿出来，沥干了水。水开到可以下指的时候，马上放下去洗涤，洗净里面的沙子和粉末。再拿出来，用指捏干，盖在容器中等待冲泡。只是其他的茶叶应该按照时间分别投煮，只有岕茶洗涤以后，纹理很清晰，只需立即冲泡即可。

《天下名胜志》："宜兴县的湖汶镇，有一眼地下泉水，洞穴有 2 尺多宽，形状像井一样。它的源头跟水源相通，味道非常甘洌，唐代时准备的贡茶，就是用这里的泉水。""洞庭缥缈峰的西北，有一座水月寺，寺的东面进小青坞的地方，有眼泉水清澈甘凉，长年不干涸，宋朝的大将李弥将它命名为无碍泉。""安吉州的碧玉泉最好，清澈得可以看见头发，香味可以比得上煮茶。"

徐献忠《水品》："甘甜的泉水，如果去称量它一定很厚重，这是源远流长的原因。江中的南零水，从岷江发源流经几千里，在两石之间澄清，它的性质也很厚重，而且很甜美。""处士的《茶经》讲，茶事不但要选择水，烧火也要用炭或硬木。如果炭被腥气沾染，或柴是朽木败器，都不可以用。古代人辨别柴火的气味，也是有要诀的。""山雄伟高大，挺拔秀丽的，一定会出佳泉。"

张大复《梅花笔谈》：茶叶的内蕴必须在水中发散出来，八分的茶叶遇到十分的水，茶也会变成了十分。八分的水去泡十分的茶叶，那茶也只有八分了。

《岩栖幽事》："黄山谷有赋说：'那种汹汹的气势，就像清风吹过松林一样；浩大的样子，就像白云在天空走过。'可说是得到了煎茶的要诀。""扫叶煎茶也是很雅致的事，必须要人品和茶品相得益彰。所以煎茶的方法多半传给高人雅士，胸怀烟霞山川的人。"

《涌幢小品》："天下第四泉在上饶县北面的茶山寺里。唐代陆羽居住在那里，在山上种茶，用泉水烹制后饮用，将泉水评为第四。当地人尚书杨麒曾在这里读书，所以用以为号。""我在京城 3 年，用德胜门外面的水烹茶最好。""皇宫里用的井水，也是西山泉水的水脉，真是天下第一品种，陆羽却没有记载。""俗话说：'芒种逢壬便立霉'。梅雨之后积水烹茶，味道香冽，可以长久贮藏，到了夏至就不同了。试过以后很灵验。""家里很难得到泉水，就用普通的水煮开，装到大瓷缸里，放在院里避免光照。等月亮皎洁的时候，再打开瓷缸接受露水，只要三个晚上，水就会变得清澈见底了。下面积存两三寸厚的污垢，取出来，用坛子把水装起来，用它来煮茶跟惠泉的水没什么两样。"

闻龙《它泉记》：我的家乡四面都是山，泉水到处都有，清淡却不甘甜。只要被称为泉的水，源头出自四明，自洞流下超过 300 多里，水的颜色蔚蓝。干净的沙子白色的石头，水清澈得可以见底。水质清寒甘滑，是郡中最好的。

《玉堂丛语》："黄谏曾认为京师有品质的泉水，郊外的玉泉是其中之一，京城文华殿里的东大庖井是其中之一。后来谪守广州，品泉认为鸡爬井也是一个，于是将它更名为学士泉。""吴鹜说：'武夷南山的泉水，味道甘冽但太淡。北山泉水的味道就完全不同。两座山虽然看起来很相像但有着本质的区别。'我曾经带着茶具访问了 39 处泉水，就是最差的泉水也没有硬冽的气质。"

王新城《陇蜀余闻》：百花潭里有三块巨石，水在里面流淌，取回来煎茶，清冽的味道和其他的水不一样。

《居易录》：济源县段少司空园，是玉川子煎茶的地方。里面有两处泉水，也可叫玉泉，离盘谷不到 10 里，门外有一条河叫作漭水，源自王屋山。按照《通志》记载，玉泉在漭水的上游，卢仝曾在这里煎茶，现在的《水经注》里没有记载。

《分甘余话》：一水，是水的名字，郦道元在《水经注·渭水》里记载："渭水向东流与一水合流，一水发源于吴山。"《地理志》中记载："吴山，就是古代的汧山，山下有石穴，水从石头的缝隙里流出来，水源很猛烈。"这样说来这就是一水的发源地了，在灵应峰下，所谓的"西镇灵湫"就是了。我丙子年祭告西镇的时候，常在这里品茶，味道跟西山玉泉水差不多。

清·素三彩鸭形壶

《古夫于亭杂录》：唐代的刘伯刍品水，认为中泠的水最好，惠山虎丘的水差一点。陆羽则认为康王谷的水是最好的，惠山的水排在它后面。从古到今，大都认可这个定论。其实两人见到的，不过是江南几百里内的水而已，最远的也只到虾蟆碚，仅仅见到一次。不知道大江的北面像我们这里，到处都是泉水，著名的就有 72 处。用它们来烹茶，都不在惠泉之下。宋代的李文叔字格非，本郡人，曾经作《济南水记》，当时和《洛阳名园记》齐名。可惜《水记》没有保留下来，不能补充这两人的疏漏。谢在杭品评平生所见的水，认为济南趵突泉的水最好，其次是益都孝妇泉〔在颜神镇〕、青州的范公泉，但是没有看见章丘的百脉泉。这都是我郡的水，刘伯刍和陆羽两人又何曾见过呢！我曾为王苹的"二十四泉草堂"题诗："翻怜陆鸿渐，跬步限江东。"就是这个意思。

天下第一泉——中泠泉

陆次云在《湖壖杂记》中记载：龙井泉从龙口中流出。水在池子里，气息很平静。如果游人看的时间长，就会发现它会突然泛出波澜，像要下雨的样子。

张鹏翮《奉使日记》：葱岭乾涧的旁边有两口旧井，在井的旁边往地下挖七八尺，得到的水非常甘洌，可以煮茶。被人称为"塞外第一泉"。

《广舆记》："永平滦州有扶苏泉，非常甘洌。秦朝的太子扶苏曾在这里休息。""在江宁摄山千佛岭的下面，石壁上刻着六个隶书大字：'白乳泉试茶亭'。""钟山水的8种作用在于：一是清、二是冷、三是香、四是柔、五是甘、六是净、七是不饐、八是去病。""丹阳的玉乳泉，唐代的刘伯刍称这里的水是天下第四。""宁州的双井在黄山谷的南面，汲取它做茶，绝对比其他地方的要好。""杭州孤山的下面有金沙泉，唐代的白居易品尝过这里的泉水，觉得甘美可爱。看到这里地上的沙子就像金子一样光灿灿的，所以这样命名。""安陆府沔阳有陆子泉，又称为文学泉。唐代的陆羽喜欢喝茶，曾品尝此泉，其名由此而来。"

《增订广舆记》：玉泉山的水是从石头罅缝间流出来的，因开凿石头作为龙头，泉水就从龙口中流出来，味道特别的甘美。把水流下的地方造成池，方圆3丈，东面横跨一座小石桥，叫作玉泉垂虹。

《武夷山志》：山南面的虎啸岩语儿泉，浓得就像停止在那里的膏体，放在杯子里面可以看见毛发，味道非常甘甜，喝下去有柔顺的感觉。其次就是天柱的三敲泉，茶园的喊泉又跟它相似。北山的泉水味道很特别。名为小桃源的泉水，高出地面差不多有1尺，怎么取都不会干涸，被称为高泉。味道纯远，韵味十足，越喝越深远，没有办法说清楚。其次就是相连的仙掌露，这里是最差的泉，也没有硬洌的气息。

《中山传信录》：中国台湾泡茶的方法，往碗里放进少量的茶末。开水半瓯，用小扫帚在里面搅拌几十次，让泡沫充满了整个瓯面，用来敬献给客人。还有用大螺壳煮茶的。

《随见录》：安庆府宿松县东门外的玉孚山下福昌寺旁边的井，被称为龙井，水的味道非常甘甜，用它来泡茶比较好，只是水质同溪泉相比比较重。

六、茶之饮

【原文】

卢仝《茶歌》：日高丈五睡正浓，军将扣门惊周公。口传谏议送书信，白绢斜封三道印。开缄宛见谏议面，手阅月团三百片。闻道新年入山里，蛰虫惊动春风起。天子未尝阳羡茶，百草不敢先开花。仁风

卢仝《七碗茶歌》

暗结珠蓓蕾，先春抽出黄金芽。摘鲜焙芳旋封裹，至精至好且不奢。至尊之余合王公，何事便到山人家。柴门反关无俗客，纱帽笼头自煎吃。碧云引风吹不断，白花浮光凝碗面。一碗喉咙润；二碗破孤闷；三碗搜枯肠，惟有文字五千卷；四碗发轻汗，平生不平事，尽向毛孔散；五碗肌骨清；六碗通仙灵；七碗吃不得也，惟觉两腋习习清风生。

唐冯贽《记事珠》：建人谓斗茶曰茗战。

《荈赋》云："茶能调神、和内、解倦、除慵。"

《续博物志》：南人好饮茶，孙皓以茶与韦曜代酒，谢安诣陆纳，设茶果而已。北人初不识此，唐开元中，泰山灵岩寺有降魔师教学禅者以不寐法，令人多作茶饮，因以成俗。

《大观茶论》："点茶不一，以分轻清重浊，相稀稠得中，可欲则止。《桐君录》云：'茗有饽，饮之宜人，虽多不为贵也。'""夫茶以味为上，香甘重滑为味之全。惟北苑、壑源之品兼之。卓绝之品，真香灵味，自然不同。""茶有真香，非龙麝可拟。要须蒸及熟而压之，及干而研，研细而造，则和美具足。入盏则馨香四达，秋爽洒然。""点茶之色，以纯白为上真，青白为次，灰白次之，黄白又次之。天时得于上，人力尽于下，茶必纯白。青白者，蒸压微生。灰白者，蒸压过熟。压膏不尽则色青暗。焙火太烈则色昏黑。"

《苏文忠集》："予去黄十七年，复与彭城张圣途、丹阳陈辅之同来。院僧梵英葺治堂宇，比旧加严洁，茗饮芳冽。予问：'此新茶耶？'英曰：'茶性新旧交则香味复。'予尝见知琴者言，琴不百年，则桐之生意不尽，缓急清浊常与雨旸寒暑相应。此理与茶相近，故并记之。""王焘集《外台秘要》有《代茶饮子》诗云，格韵高绝，

苏轼品茗

惟山居逸人乃当作之。予尝依法治服，其利膈调中，信如所云。而其气味乃一贴煮散耳，与茶了无干涉。""《月兔茶》诗：环非环，玦非玦，中有迷离玉兔儿，一似佳人裙上月。月圆还缺缺还圆，此月一缺圆何年。君不见，斗茶公子不忍斗小团，上有双衔绶带双飞鸾。"

坡公尝游杭州诸寺，一日，饮酽茶七碗，戏书云："示病维摩原不病，在家灵运已忘家。何须魏帝一丸药，且尽卢仝七碗茶。"

《侯鲭录》：东坡论茶：除烦已腻。世固不可一日无茶，然暗中损人不少，故或有忌而不饮者。昔人云，自茗饮盛后，人多患气、患黄，虽损益相半，而消阴助阳，益不偿损也。吾有一法，常自珍之，每食已，辄以浓茶漱口，烦腻既去，而脾胃不知。凡肉之在齿间。得茶漱涤，乃尽消缩，不觉脱去，毋须挑刺也。而齿性便苦，缘此渐坚密，蠹疾自已矣。然率用中茶，其上者亦不常有。间数日一啜，亦不为害也。此大是有理，而人罕知者，故详述之。

白玉蟾《茶歌》：味如甘露胜醍醐，服之顿觉沉疴苏。身轻便欲登天衢，不知天上有茶无。

唐庚《斗茶记》：政和三年三月壬戌，二三君子相与斗茶于寄傲斋。予为取龙塘水烹之，而第其品。吾闻茶不问团铐，要之贵新；水为问江井，要之贵活。千里致水，伪固不可知，就令识真，已非活水。今我提瓶走龙塘，无数千步。此水宜茶，昔人以为不减清远峡。每岁新茶，不过三月至矣。罪庚之余，

苏轼雕像

得与诸公从容谈笑于此，汲泉煮茗，以取一时之适，此非吾君之力欤！

蔡襄《茶录》：茶色贵白，而饼茶多以珍膏油［去声］。其面，故有青黄紫黑之异。善别茶者，正如相工之视人气色也，隐然察之于内，以肉理润者为上。既已末之，黄白者受水昏重，青白者受水鲜明，故建安人斗试，以青白胜黄白。

张淏《云谷杂记》：饮茶不知起于何时。欧阳公《集古录跋》云："茶之见前史，盖自魏晋以来有之。"予按《晏子春秋》，婴相齐景公时，食脱粟之饭，炙三弋五卵，茗菜而已。又汉王褒《僮约》有"五阳［一作武都］买茶"之语，则魏晋之前已有之矣。但当时虽知饮茶，未若后世之盛也。

考郭璞注《尔雅》云："树似栀子，冬生，叶可煮作羹饮。"然茶至冬味苦，岂可作羹饮耶？饮之令人少睡，张华得之，以为异闻，遂载之《博物志》。非但饮茶者鲜，识茶者亦鲜。至唐陆羽著《茶经》三篇，言茶甚备，天下益知饮茶。其后尚茶成风。回纥入朝，始驱马市茶。德宗建中间，赵赞始兴茶税。兴元初虽诏罢，贞元九年，张滂复奏请，岁得缗钱四十万。今乃与盐酒同佐国用，所入不知几倍于唐矣。

《品茶要录》："余尝论茶之精绝者，其白合未开，其细如麦，盖得青阳之轻清者也。又其山多带砂石，而号佳品者，皆在山南，盖得朝阳之和者也。余尝事闲，乘暑景之明净，适亭轩之潇洒，一一皆取品试。既而神水生于华池，愈甘而新，其有助乎。""昔陆羽号为知茶，然羽之所知者，皆今之所谓茶草。何哉？如鸿渐所论蒸笋并叶，畏流其膏，盖草茶味短而淡，故常恐去其膏。建茶力厚而甘，故惟欲去其膏。又论福建为未详，往往得之，其味极佳。由是观之，鸿渐其未至建安欤。"

谢宗《论茶》：候蟾背之芳香，观虾目之沸涌。故细沤花泛，浮饽云腾，昏俗尘劳，一啜而散。

《黄山谷集》：品茶一人得神，二人得趣，三人得味，六七人是名施茶。

沈存中《梦溪笔谈》：芽茶古人谓之雀舌、麦颗，言其至嫩也。今茶之美者，其质素良，而所植之土又美，则新芽一发，便长寸余，其细如针。惟芽长为上品，以其质干、土力皆有余故也。如雀舌、麦颗者，极下材耳。乃北人不识，误为品题。予山居有《茶论》，且作《尝茶》诗云："谁把嫩香名雀舌，定来北客未曾尝；不知灵草天然异，一夜风吹一寸长。"

《遵生八笺》：茶有真香，有佳味，有正色。烹点之际，不宜以珍果香草杂之。夺其香者，松子、柑橙、莲心、木瓜、梅花、茉莉、蔷薇、木樨之类是也。夺其色者，柿饼、胶枣、火桃、杨梅、橘饼之类是也。凡饮佳茶，去果方觉清绝，杂之则味无辨矣。若欲用之，所宜则惟核桃、榛子、瓜仁、杏仁、榄仁、栗子、鸡头、银杏之类，或可用也。

徐渭《煎茶七类》："茶入口，先须灌漱，次复徐啜，俟甘津潮舌，乃得真味。若杂以花果，则香味俱夺矣。""饮茶宜凉台静室，明窗曲几，僧寮道院，松风竹月，晏坐行吟，清谈把卷。""饮茶宜翰卿墨客，缁衣羽士，逸老散人，或轩冕中之超轶世味者。""除烦雪滞，涤醒破睡，谭渴书倦，是时茗碗策勋，不减凌烟。"

王安石像

许次杼《茶疏》："握茶手中，俟汤入壶，随手投茶，定其浮沉，然后泻啜，则乳嫩清滑，而馥郁于鼻端。病可令起，疲可令爽。""一壶之茶，只堪再巡。初巡鲜美，再巡甘醇，三巡则意味尽矣。余尝与客戏论，初巡为'婷婷袅袅十三余'，再巡为'碧玉破瓜年'，三巡以来，'绿叶成阴'矣。所以茶注宜小，小则再巡已终，宁使余芬剩馥尚留叶中，犹堪饭后供啜嗽之用。""人必各手一瓯，毋劳传送。再巡之后，清水涤之。""若巨器屡巡，满中泻饮，待停少温，或求浓苦，何异农匠作劳但资口腹，何论品赏，何知风味乎？"

《煮泉小品》："唐人以对花啜茶为煞风景，故王介甫诗云'金谷千花莫漫煎'。其意在花，非在茶也。余意以为金谷花前，信不宜矣；若把一瓯对山花啜之，当更助风景，又何必羔儿酒也。""茶如佳人，此论最妙，但恐不宜山林间耳。昔苏东坡诗云'从来佳茗似佳人'，曾茶山诗云'移人尤物众谈夸'，是也。若欲称之山林，当如毛女麻姑，自然仙风道骨，不浇烟霞。若夫桃脸柳腰，亟宜屏诸销金帐中，毋令污我泉石。""茶之团者、片者，皆出于碾硙之末，既损真味，复加油垢，即非佳品。总不若今之芽茶也，盖天然者自胜耳。曾茶山《日铸茶》诗云'宝锉自不乏，山芽安可无'，苏子瞻《壑源试焙新茶》诗云'要知玉雪心肠好，不是膏油首面新'，是也。且末茶瀹之有屑，滞而不爽，知味者当自辨之。""煮茶得宜，而饮非其人，犹汲乳泉以灌蒿莸，罪莫大焉。饮之者一吸而尽，不暇辨味，俗莫甚焉。""人有以梅花、菊花、茉莉花荐茶者，虽风韵可赏，究损茶味。如品佳茶，亦无事此。今人荐茶，类下茶果，此尤近俗。是纵佳者能损茶味，亦宜去之。且下果则必用匙，若金银，大非山居之器，而铜又生锃，皆不可也。若旧称北人和以酥酪，蜀人入以白土，此皆蛮饮，固不足责。"

罗廪《茶解》："茶通仙灵，然有妙理。""山堂夜坐，汲泉煮茗，至水火相

茶道修习的法则——静

战，如听松涛，倾泻入杯，云光激滟。此时幽趣，故难与俗人言矣。"

顾元庆《茶谱》：品茶八要：一品，二泉，三烹，四器，五试，六候，七侣，八勋。

张源《茶录》："饮茶以客少为贵，众则喧，喧则雅趣乏矣。独啜曰幽，二客曰胜，三四曰趣，五六曰泛，七八曰施。""酾不宜早，饮不宜迟。酾早则茶神未发，饮迟则妙馥先消。"

《云林遗事》：倪元镇素好饮茶，在惠山中，用核桃、松子肉和真粉成小块如石状，置于茶中饮之，名曰清泉白石茶。

闻龙《茶笺》：东坡云："蔡君谟嗜茶，老病不能饮，日烹而玩之。可发来者之一笑也。"孰知千载之下有同病焉。余尝有诗云："年老耽弥甚，脾寒量不胜。"去烹而玩之者几希矣。因忆老友周文甫，自少至老，茗碗薰炉，无时暂废。饮茶日有定期：旦明、晏食、禺中、晡时、下春、黄昏，凡六举，而客至烹点不与焉。寿八十五，无疾而卒。非宿植清福，乌能毕世安享？视好而不能饮者，所得不既多乎！尝蓄一龚春壶，摩挲宝爱，不啻掌珠。用之既久，外类紫玉，内如碧云，真奇物也，后以殉葬。

《快雪堂漫录》：昨同徐茂吴至老龙井买茶，山民十数家，各出茶。茂吴以次点试，皆以为赝，曰：真者甘香而不冽，稍冽便为诸山赝品。得一二两以为真物，试之。果甘香若兰。而山民及寺僧反以茂吴为非，吾亦不能置辩。伪物乱真如此。茂吴品茶，以虎丘为第一，常用银一两余购其斤许。寺僧以茂吴精鉴，不敢相欺。他人所得虽厚价，亦赝物也。子晋云：本山茶叶微带黑，不甚青翠。点之色白如玉，而作寒豆香，宋人呼为白云茶。稍绿便为天池物。天池茶中杂数茎虎丘，则香味迥别。虎丘其茶中王种耶！岕茶精者，庶几妃后；天池、龙井便为臣种，其余则民种矣。

熊明遇《岕山茶记》：茶之色重、味重、香重者，俱非上品。松萝香重；

六安味苦，而香与松萝同；天池亦有草莱气，龙井如之。至云雾则色重而味浓矣。尝啜虎丘茶，色白而香似婴儿肉，真称精绝。

邢士襄《茶说》：夫茶中着料，碗中着果，譬如玉貌加脂，蛾眉染黛，翻累本色矣。

冯可宾《岕茶笺》：茶宜无事、佳客、幽坐、吟咏、挥翰、徜徉、睡起、宿酲、清供、精舍、会心、赏鉴、文僮。茶忌不如法、恶具、主客不韵、冠裳苟礼、荤肴杂陈、忙冗、壁间案头多恶趣。

谢杭在《五杂俎》："昔人谓：'扬子江心水，蒙山顶上茶。'蒙山在蜀雅州，其中峰顶尤极险秽，虎狼蛇虺所居，采得其茶，可瘳百疾。今山东人以蒙阴山下石衣为茶当之，非矣。然蒙阴茶性亦冷，可治胃热之病。""凡花之奇香者，皆可点汤。《遵生八笺》云：'芙蓉可为汤。'然今牡丹、蔷薇、玫瑰、桂、菊之属，采以为汤，亦觉清远不俗，但不若茗之易致耳。""北方柳芽初苗者，采之入汤，云其味胜茶。曲阜孔林楷木，其芽可以烹饮。闽中佛手、柑、橄榄为汤，饮之清香，色味亦旗枪之亚也。又或以绿豆微炒，投沸汤中顷之，其色正绿，香味亦不减新茗。偶宿荒村中觅茗不得者，可以此代也。"

《谷山笔麈》：六朝时，北人犹不饮茶，至以酪与之较，惟江南人食之甘。至唐始兴茶税。宋元以来，茶目遂多，然皆蒸干为末，如今香饼之制，乃以入贡，非如今之食茶，止采而烹之也。西北饮茶不知起于何时。本朝以茶易马，西北以茶为药，疗百病皆瘥，此亦前代所未有也。

《金陵琐事》：思屯乾道人，见万镒手软膝酸，云："系五藏皆火，不必服药，惟武夷茶能解之。"茶以东南枝者佳，采得烹以涧泉，则茶竖立，若以井水即横。

《六研斋笔记》："茶以芳洌洗神，非读书谈道，不宜亵用。然非真正契道之士，茶之韵味，亦未易评量。尝笑时流持论，贵嘶声之曲，无色之茶。嘶近于哑，古之绕梁遏云，竟成钝置。茶若无色，芳洌必减，且芳与鼻触，洌以舌受，色之有无，目之所审。根境不相摄，而取衷于彼，何其悖耶，何其谬耶！""虎丘以有芳无色，擅茗事之品。顾其馥郁不胜兰芷，与新剥豆花同调，鼻之消受，亦无几何。至于入口，淡于勺水，清泠之渊，何地不有，乃烦有司章程，作僧流棰楚哉。"

《紫桃轩杂缀》："天目清而不醲，苦而不螫，正堪与缁流漱涤。笋蕨、石濑则太寒俭，野人之饮耳。松萝极精者方堪入

辽墓壁画《备茶图》

供，亦浓辣有余，甘芳不足，恰如多财贾人，纵复蕴藉，不免作蒜酪气。分水贡芽，出本不多。大叶老根，泼之不动，入水煎成，番有奇味。荐此茗时，如得千年松柏根作石鼎薰燎，乃足称其老气。""'鸡苏佛'、'橄榄仙'，宋人咏茶语也。鸡苏即薄荷，上口芳辣。橄榄久咀回甘。合此二者，庶得茶蕴，曰仙、曰佛，当于空玄虚寂中，嘿嘿证入。不具是舌根者，终难与说也。""赏名花不宜更度曲，烹精茗不必更焚香，恐耳目口鼻互牵，不得全领其妙也。""精茶不宜泼饭，更不宜沃醉。以醉则燥渴，将灭裂吾上味耳。精茶岂止当为俗客啬？倘是日汩汩尘务，无好意绪，即烹就，宁俟冷以灌兰，断不令俗肠污吾茗君也。""罗山庙后岕精者，亦芬芳回甘。但嫌稍浓，乏云露清空之韵。以兄虎丘则有余，以父龙井则不足。""天地通俗之才，无远韵，亦不致呕秽寒月。诸茶晦黯无色，而彼独翠绿媚人，可念也。""屠赤水云：'茶于谷雨候、晴明日采制者，能治痰嗽、疗百疾。'"

《类林新咏》：顾彦先曰："有味如臛，饮而不醉；无味如茶，饮而醒焉。"醉人何用也。

徐文长《秘集致品》：茶宜精舍，宜云林，宜磁瓶，宜竹灶，宜幽人雅士，宜衲子仙朋，宜永昼清谈，宜寒宵兀坐，宜松月下，宜花鸟间，宜清流白石，宜绿藓苍苔，宜素手汲泉，宜红妆扫雪，宜船头吹火，宜竹里飘烟。

《芸窗清玩》：茅一相云："余性不能饮酒，而独耽味于茗。清泉白石可以濯五脏之污，可以澄心气之哲。服之不已，觉两腋习习，清风自生。吾读《醉乡记》，未尝不神游焉。而间与陆鸿渐、蔡君谟上下其议，则又爽然自释矣。"

《三才藻异》：雷鸣茶产蒙山顶，雷发收之，服三两换骨，四两为地仙。

《闻雁斋笔记》：赵长白自言："吾生平无他幸，但不曾饮井水耳。"此老于茶，可谓能尽其性者。今亦老矣，甚穷，大都不能如曩时，犹摩挲万卷中作《茶史》，故是天壤间多情人也。

袁宏道《瓶花史》：赏花，茗赏者上也，谭赏者次也，酒赏者下也。

《茶谱》：《博物志》云："饮真茶令人少眠。"此是实事，但茶佳乃效，且须末茶饮之。如叶烹者，不效也。

明·沈周《清园图》

《太平清话》：琉球国亦晓烹茶。设古鼎于几上，水将沸时投茶末一匙，以汤沃之。少顷奉饮，味清香。

《藜床瀋余》：长

安妇女有好事者，曾侯家睹彩笺曰："一轮初满，万户皆清。若乃狎处衾帏，不惟辜负蟾光，窃恐嫦娥生妒。涓于十五、十六二宵，联女伴同志者，一茗一炉，相从卜夜，名曰'伴嫦娥'。凡有冰心，伫垂玉允。朱门龙氏拜启。"［陆浚原］

清·杨晋《豪家佚乐图》（部分）

沈周《跋茶录》：樵海先生真隐君子也。平日不知朱门为何物，日偃仰于青山白云堆中，以一瓢消磨半生。盖实得品茶三味，可以羽翼桑苧翁之所不及，即谓先生为茶中董狐可也。

王晫《快说续记》：春日看花，郊行一二里许，足力小疲，口亦少渴。忽逢解事僧邀至精舍，未通姓名，便进佳茗，踞竹床连啜数瓯，然后言别，不亦快哉。

卫泳《枕中秘》：读罢吟余，竹外茶烟轻扬；花深酒后，铛中声响初浮。个中风味谁知，卢居士可与言者；心下快活自省，黄宜州岂欺我哉。

江之兰《文房约》："诗书涵圣脉，草木栖神明。一草一木，当其含香叶艳，倚槛临窗，真足赏心悦目，助我幽思。亟宜烹蒙顶石花，悠然啜饮。""扶舆沆瀣，往来于奇峰怪石间，结成佳茗。故幽人逸士，纱帽笼头，自煎自吃。车声羊肠，无非火候，苟饮不尽，且漱弃之，是又呼陆羽为茶博士之流也。"

高士奇《天禄识余》：饮茶或云始于梁天监中，见《洛阳伽蓝记》，非也。按《吴志·韦曜传》："孙皓每宴飨，无不竟日，曜不能饮，密赐茶荈以当酒。"如此言，则三国时已知饮茶矣。逮唐中世，榷茶遂与煮梅相抗，迄今国计赖之。

《中山传言录》：琉球茶瓯颇大，斟茶止二三分，用果一小块贮匙内。此学中国献茶法也。

王复礼《茶说》：花晨月夕，贤主嘉宾，纵谈古今，品茶次第，天壤间更有何乐？奚俟脍鲤包羔，金罍玉液，痛饮狂呼，始为得意也？范文正公云："露芽错落一番荣，缀玉含珠散嘉树。斗茶味兮轻醍醐，斗茶香兮薄兰芷。"沈心斋云："香含玉女峰头露，润带珠帘洞口云。"可称岩茗知己。

陈鉴《虎丘茶经注补》：鉴亲采数嫩叶，与茶侣汤愚公小焙烹之，真作豆花香。昔之鬻虎丘茶者，尽天池也。

陈鼎《滇黔记游》：贵州罗汉洞，深十余里，中有泉一泓，其色如黝，甘香清冽。煮茗则色如渥丹，饮之唇齿皆赤，七日乃复。

《瑞草论》云:茶之为用,味寒。若热渴、凝闷胸、目涩、四肢烦、百节不舒,聊四五啜,与醍醐甘露抗衡也。

《本草拾遗》:"茗味甘微寒,无毒,治五脏邪气,益意思,令人少卧,能轻身、明目、祛痰、消渴、利水道。""蜀雅州名山茶有露铵芽、篯芽,皆云火之前者,言采造于禁火之前也。火后者次之。又有枳壳芽、枸杞芽、枇杷芽,皆治风疾。又有皂荚芽、槐芽、柳芽,乃上春摘其芽,和茶作之。故今南人输官茶,往往杂以众叶,惟茅芦、竹箬之类,不可以入茶。自余山中草木、芽叶,皆可和合,而椿、柿叶尤奇。真茶性极冷,惟雅州蒙顶出者,温而主疗疾。"

李时珍《本草》:服葳灵仙、土茯苓者,忌饮茶。

《群芳谱》:疗治方二:气虚、头痛,用上春茶末,调成膏,置瓦盏内覆转,以巴豆四十粒,作一次烧,烟熏之,晒干碾细,每服一匙。别入好茶末,食后煎服立效。又赤白痢下,以好茶一斤,炙捣为末,浓煎一二盏服,久痢亦宜。又二便不通,好茶、生芝麻各一撮,细嚼,滚水冲下,即通。屡试立效。如嚼不及,擂烂,滚水送下。

《随见录》:《苏文忠集》载,宪宗赐马总治泄痢腹痛方:以生姜和皮切碎如粟米,用一大钱并草茶相等煎服。元祐二年,文潞公得此疾,百药不效,服此方而愈。

【译文】

卢仝《茶歌》:太阳高照我还在熟睡中,将军的敲门声惊醒了我的美梦。仆人传话说谏议来信了,白色绢布上斜斜地盖了三个大封印,打开就如同见到谏议的人一样,用手抚摩三百片月团新茶。信中说新年过后进到山里,天上开始打雷刮春风,连皇上都还没有品尝过阳羡茶,百草也不敢擅自开花。柔风吹过蓓蕾暗结,刚开春就抽出了黄金芽。趁新鲜摘下来焙好密封包裹,又精致又美好而且不显得浪费。王公贵族这样的人士,为了什么事情来到普通人家呢?反关柴门不让俗气的客人进来,纱帽还戴在头上就自己煎茶吃起来,清风吹拂下,茶的白花浮在碗里就像有一层光似的。一碗能滋润人的喉咙；两碗能消除人的孤寂；三碗能激发人的灵感，搜索枯肠只有5000字的文章；四碗能让人发出一点汗水，生平所有的不平之事，都从毛孔散发出去了；五碗能使筋骨清爽；六碗简直可以直通仙境；七碗就不能再喝了，只感觉两边腋下清风习习。

唐冯贽《记事珠》里记载：建人把斗茶叫作茗战。

《舜赋》中说：喝茶能调节精神、调解脾胃、消除困乏、去除慵懒。

《续博物志》记载：南方人喜欢喝茶。孙皓以茶水给韦曜代酒，谢安造访陆纳，只摆出茶水和水果。北方人开始的时候不懂喝茶，唐朝开元年间，泰山灵岩寺有降魔法师教学禅的人不睡觉的方法，就是让人多喝茶，因此就成了风俗。

苏轼像及其《一夜帖》
苏轼，宋代著名文学家。《一夜帖》是苏轼写给朋友的信。信中提到他寄一饼团茶给友人。可见宋时人们问茶、饮茶之风甚盛。

《大观茶论》："泡的茶水不同，可分为轻、清、重、浊，看起来稀稠适合，就可以了。《桐君录》中说：喝茶对人来说有好处，而且也很便宜。""对于茶来说味道最重要，香、甘、重、滑就算是味之全了。只有北苑、壑源这样的品种才有。好的品种，是真正的香味，当然就不一样了。""茶真正的香味，不是龙麝的香味可以相比的。需要蒸熟后压榨它，等到干了的时候再碾细，碾细后再进行制作，这样一来就会调和美味了。放进杯子里到处弥漫着醉人的香气，让人感觉非常清爽。""浸泡的茶水，颜色纯白是最好的，青白的略微差一点，灰白的比青白的差，黄白的就更差了。能得到好时节，有一定的制茶技艺，茶叶必会纯白。如果是青白，是因为蒸压得有点生。灰白的，是蒸压得过熟了。如果蒸压的茶叶膏不干的话，颜色就变得青暗。如果焙火烧得太大，颜色就会变得昏黑。"

《苏文忠集》里载有："我到黄冈17年，同彭城的张圣途、丹阳的陈辅之一起来到寺院。和尚梵英修整的屋子，比以前更干净了，茶水也芳香清冽。我问：'这是新茶叶吗？'梵英说：'茶叶在新旧交替的时候香味会更浓。'我曾经听懂琴的人说，琴不超过百年，桐木生机就没有失尽，琴的音色常跟天气和季节的变化相呼应。这个道理跟茶很相近，所以就一起记下来了。""王焘收集了《外台秘要》，有一首《代茶饮子》的诗，格调高雅，只有隐居的雅士才能这样做。我按照这个方法做过，它的确能调和机理，我才相信了这种说法。而它的气味只要一次就煮得散失了，同茶没有什么关系。""《月兔茶》诗中说：'环非环，玦非玦，中有迷离玉兔儿，一似佳人裙上月。月圆还缺缺还圆，此月一缺圆何年。君不见，斗茶公子不忍斗小团，上有双衔绶带双飞鸾。'"苏东坡游览过杭州各个寺庙，一天，喝了七碗浓茶，就写下了："示病维摩原不病，在家灵运已忘家。何须魏帝一丸

《茶录书卷》

药，且尽卢仝七碗茶。"

《侯鲭录》：东坡说茶，认为茶可以除去烦恼和油腻。虽然世上不可以一天没有茶，但是茶暗中也害了不少人，所以就有人顾及这个不去饮茶。前人说：自从喝茶这种风气盛行后，人们就容易患上呼吸和气色上的疾病，虽说损益参半但是消阴壮阳，益不偿损。我有一个方法，可以保护自己，每次吃饭以后，就用浓茶漱口，夹杂的油腻也一起没有了，而且脾脏和肠胃不受影响。如果牙齿之间还残留肉等杂物的话，经过茶的过滤，就会全部消缩，不知不觉就去掉了，不用再挑了。这样一来牙齿就成苦性的了，就会越来越坚固致密，里面的疾病就可以痊愈了。平时就用普通的茶，最好的茶也不常有。隔几天喝一次，也没有什么危害。这很有好处，但是知道的人很少，所以在这里详细地记述。

白玉蟾在《茶歌》中说：味道像甘露一样比醍醐还好，喝下以后顿时觉得其他的杂物都沉积下去了。一身清爽飘飘欲仙，不知道天上有没有茶叶。

唐庚《斗茶记》记载：政和三年三月壬戌的时候，几个人相约到寄傲斋去斗茶。我特意用龙塘水烹煮，可以提高茶的品味。我听说茶的外形从来不重视是团还是銙（銙，古代附在腰间的装饰品），主要是要求新茶；不用江水，只要活水。到千里以外去弄水，这样做虽然不知道是否可行，但是就算是真的，也不是活水了。现在我提着瓶子走到龙塘，距离还没有千步。这里的水适合泡茶，古人认为不比清远峡的水差。每年的新茶上市，3月就开始了。罪戾以外，能够同各位在这里从容谈笑，打水煮茶，可以痛快一时，这其实不是我的原因，是茶的缘故啊。

蔡襄在《茶录》中说：白色的茶叶最难得，但是饼状的茶叶多是用珍膏涂在它上面，所以有青黄紫黑这些颜色的变化。善于识茶的人，就像相士辨别人的气色一样，默然观察它的内部，有肉理那样滋润的是上品。其他的都差一些，黄白色的受水以后变得昏重，青白色的受水以后颜色就会很清晰，所以建安时期的人比试茶叶，是青白胜过黄白。

据张淏《云谷杂记》记载：不知道是从什么时候兴起喝茶的。欧阳修《集古录跋》里说："历史上有关茶的记载，是魏晋以后才有的。"我根据《晏子春秋》的记载，婴相齐景公的时候，吃的也不过是米饭、鸡蛋、蔬菜和茶水。另外汉朝王褒的《僮约》里面有"五阳（原注：有的说是武都）买茶"这句话，这样看来，魏晋以前就有茶了。但是当时虽然知道饮茶，却没有后来这样风行。考证到郭璞注释的《尔雅》里有这样的句子："树似栀子，冬生，叶

这是北宋青白瓷盖托，景德镇窑出产。

可煮作羹饮。"但是茶叶到了冬天味道就会变苦，又怎么能作为汤饮用呢？喝茶后，会让人睡眠减少，张华得到茶叶后，认为是奇闻，就把它写进了《博物志》。说明当时不但喝茶的人少，能够认识茶叶的人也很少。到唐代陆羽所著的《茶经》三篇，说茶能够滋补身体，人们才渐渐知道饮茶了。直到后来成了风气。回纥人来到京城，开始用马换茶。德宗建中年间，从赵赞开始征收茶税。兴元初年皇上准奏免了茶税，贞元九年，张滂再上奏恢复，一年就得到茶税钱40万两。现在茶税同盐酒税一起交给国家，所得到的收入不知道是唐朝的多少倍啊！

《品茶要录》中说：我曾说过茶叶最精绝的，是白色的叶子还没有开，像麦芽一样细，这是因为青阳轻清。又因为那里的山多是砂石为土的，而能称为上等茶叶的，都在山的南面，有充足的阳光照耀。我曾在空闲的时候找到一处很明净的地方，在亭轩里歇息，把茶拿来一一品尝。感觉从华池取来的水，又甘甜又清澈，对发挥茶性有帮助。""以前听说陆羽精通茶，但陆羽知道的茶，都是今天所说的茶草。为什么呢？如果像陆羽说的那样蒸煮茶笋和叶子，不让它里面的汁水流失，这是因为茶草的味道很淡，所以怕去掉它里面的汁水。建茶后劲很足而且很甘甜，所以要去掉它里面的汁水。福建的茶知道的不大详细，得到的茶叶，味道都很好。这样看来，陆羽并没有到过建安。"

炒青绿茶加工揉捻工艺以冷揉为主，可保持色泽与香气。

谢宗《论茶》：等到水像蟾背发出芳香以后，看到泛出虾眼大的水泡。水花泛起，云气蒸腾，所有的烦恼和疲惫，喝一口香茶就可以消散了。

《黄山谷集》中记载：一个人品茶可以品到其中的神韵，两个人品茶可以品出茶的趣味，三个人品茶可以品出茶的味道，六七个人那就是喝茶了。

沈存中在《梦溪笔谈》中说：古人把茶叶叫作雀舌、麦颗，这是说茶叶非常鲜嫩。现在的好茶，质量好，加上种植茶叶的土壤很肥沃，新芽只要一出来，就有一寸多长，像针一样细。只有芽长的茶才是最好的，这跟它的水分、土壤的状况都有关系。像雀舌、麦颗这样的茶，只不过是最次的了。只是北方人不会辨别茶叶，误认为它是上好的茶叶才这样说。我住山里时曾作过《茶论》，而且还有《尝茶》诗："谁把嫩香名雀舌，定来北客未曾尝。不知灵草天然异，一夜风吹一寸长。"

《遵生八笺》记载：茶叶很香，味道也非常好，有很好的颜色。烹煮泡茶的时候，不应该在里面夹上水果。会夺走它香味的东西有松子、柑橙、莲心、木瓜、梅花、茉莉、蔷薇、木樨等。会污染它颜色的东西有柿饼、胶枣、火桃、杨梅、橘饼之类。凡是想喝到好茶的，去除果子才觉得清爽，掺杂了其他的东西，味道就没有办法辨认了。如果实在想用，只能用核桃、榛子、瓜仁、杏仁、榄仁、栗子、鸡头、银杏这些东西。

徐渭在《煎茶七类》中说："要先用第一口茶漱口，然后再喝，这样才能品出它真正的味道。如果掺进其他花果，香味就会被夺走。""喝茶适合在凉台静室里，窗明几净，和尚和道士居住的地方，有风中松林和月下的竹影，端坐伴唱，读书清谈。""喝茶适宜文人雅士，脱离尘世的修炼的人，潇洒闲逸的人，或是满腹诗书的超凡脱俗的人。""消除烦恼去掉污垢，解渴提神，去除疲倦，都是茶的功效，那时的雅兴不比唐代'天子画读烟云阁'差啊！"

许次杼在《茶疏》中说："手里拿着茶叶，将开水倒进壶里，随手也把茶叶放进去。茶叶沉淀到底以后，再倒出来喝，那样茶水就会很清爽，香气会萦绕在鼻子的周围。可以去病，也可消除疲劳。""一壶茶，只能泡两次，第一次味道鲜美，第二次味道甘醇，第三次味道就没了。我曾跟客人开玩笑说，第一次就像是婷婷袅袅的13岁少女，第二次就像是刚嫁为人妇的小家碧玉，三次以后就像是生了一堆孩子，已绿叶成荫了。所以泡茶时每次应少泡，少的话再喝就没有了，宁可让残留的香味留在叶子当中，还可以在饭后漱口用。""一人一个茶杯，不能传送。喝过第二遍，用清水洗干净。""如果装茶的器具太大，倒满了会不容易喝完，放置的时间太长水就会冷了，味道就会浓苦，这就和农民劳作累了后为了解渴喝茶没有什么区别，哪里还谈得上品尝，又怎么能知道它的味道呢？"

《煮泉小品》中记载："唐代的人认为对着花喝茶是很煞风景的，所以王介甫有这样的诗：'金谷千花莫漫煎。'人的心在花上而不在茶上。我不赞同这种说法；如果拿着茶杯对着山花品赏，应当更有助于风景，为什么还要喝酒呢？""茶就像是美人，这种比喻很好，但只怕不适合山林间。以前苏东坡曾经有诗：'从来佳茗似佳人'，曾茶山有诗说：'移人尤物众谈夸'，都是这个意思。如果这样的比喻用在山野林间，那就只有像尼姑那样的人，仙风道骨，不会玷污烟霞了。如果是桃面柳腰的女子，那就赶快放进销金帐中吧，不要污染了我的泉石。""茶叶中的团、片都是由碾碎后的粉末做成的，损失了它真正的味道，再加上油垢，不会是好茶。无论如何也比不上今天的茶叶，是以天然品质取胜。曾茶山有诗《日铸茶》这样说：'宝銙自不乏，山芽安可无'，苏子瞻《壑源试焙新茶》诗中说：'要知玉雪心肠好，不是膏油首面新'，说的就是这个意思。如果是不好的茶，冲的时候会有细末，喝起来口感不清爽，懂喝茶的人应该注意分辨。""茶煮得好但喝茶的人不懂得品尝，就像把甘甜的泉水浇灌了野草一样，罪过太大了。如果喝茶的人一饮而尽，不去辨别它的味道，那就太俗气了。""有人将梅花、菊花、茉莉花放在茶中，虽然风韵还值得欣赏，但是会损害茶的味道。如果想品尝真正的好茶，就不要这样做。现在的人烹茶还有放果子的，这是最低俗的做法。再好的东西只要会损茶的味道，都应该去掉。况且放果子在里面，必须用勺子，如果是金银的话，又不是山里人可以用的，但铜又容易生锈气，都不可以用。如果像从前的北方人那样往里面加进酥酪，或者像蜀地的人那样往里面加进白土，都是野蛮的喝法，不值得提倡。"

罗廪《茶解》中说："茶有仙人的灵气，的确有很奇妙的道理。""晚上坐在依山的屋子里，打水煮茶。这样可以水火相互作用，就像听着松涛的声音一样，倒入杯中，云光激滟。此时情趣的幽雅，是无法与普通人说清楚的。"

顾元庆《茶谱》中说：品茶有八大要素：一是品，二是水，三是烹，四是器具，五是试茶，六是火候，七是茶伴，八是功劳。

张源在《茶录》里说：喝茶的时候人少为最好，人多了就会有些吵闹，如果吵闹，就一点情调都没有了。一个人喝茶可以称为幽；两个人可以称为胜；三四个人称为趣，五六个人就感觉多了，七八个人的话就是喝茶了。""倒茶的时候不应该太早，喝的时候不应该太迟，过早的话，茶的神韵还没有发出来，喝迟了的话那些美妙的味道已经挥发尽了。"

《云林遗事》中记载：倪元镇向来喜欢喝茶，在惠山的时候，用核桃、松子肉加上真粉一起做成像石头一样的块状，放在茶叶里喝，取名清泉白石茶。

闻龙《茶笺》里记载：苏东坡说："蔡君谟喜欢喝茶，老了以后因为病痛的原因不能喝茶，每天烹茶玩。可以博得宾客一笑。"怎么会知道千年以后有人跟他同病相怜呢！我曾经有这样的诗："年老耽弥甚，脾寒量不胜。"煮茶为了玩的人很少。所以想起了老友周文甫，从小时候到现在，茶碗熏炉，几乎没有停止过。每天喝茶有时间：天明、早餐、上午、中餐、下午、黄昏，这六个时间一定要烹茶，客人来了泡茶除外。活到了 85 岁，没有得病而老死。如果不是整天享受这样的清福，又怎么能安享晚年呢？看着茶好却不能喝的，所得到的不也是很多吗？他曾经有一个供春茶壶，平日爱不释手，就像掌上明珠。用得久了，外面像紫玉，里面像碧玉一样，真是件奇特的物品啊！后来跟着他一起安葬了。

《快雪堂漫录》：昨天和徐茂吴一同到老龙井买茶叶，那里几十家山民都种植茶叶。茂吴逐个品尝，都是不好的品种，他说：真的甘甜清香却不冽口，略微有一点冽的就是这些山上的赝品。得到了一二两真的茶叶，试过，果然甘甜香美像兰花一样。但是山民和寺庙里的和尚都说茂吴的说法是不正确的，我也不能辨别谁对谁错。假的东西就能够冒充到这种程度。茂吴品尝茶叶，认为虎丘最好，常常花 1 两多银子买 1 斤左右的茶叶。寺庙中的和尚知道茂吴善于鉴定真假，都不敢欺骗他。别人得到的茶叶虽然价格昂贵，但仍然是假货。子晋说：本山的茶叶略微带着一点黑色，不是特别的青翠。冲泡了之后颜色白得像玉一样，叫作寒豆香，宋朝的人称它为白云茶。再绿的就是天池。在天池茶中夹杂一些虎丘茶香味就会很特别。虎丘茶难道是茶中的王种吗？茶中的精品，简直可以称为茶叶中的皇后，天池、龙井都是臣种，其他的茶就好比是普通的老百姓。

熊明遇《岕山茶记》中记载：颜色太深、味道太重、香气太浓的茶叶，都不是上好的品种。松萝的茶香气很重；六安的茶味道很苦涩，但是香气类似于松萝；天池中仍有丛生的野草的气味，龙井跟它一样；至于云雾的颜色就是太深而且味道很浓。曾喝过虎丘茶，颜色又白又香就像婴儿的肌肤一样，真可谓是绝品了。

邢士襄《茶说》：如果茶叶中放调料，碗中放果子，就像在美丽的外表涂蜡抹粉，描眉画目，相反却失去了原来的颜色。

在中国古代，茶是道家最为主要的修行辅助物之一。

冯可宾《岕茶笺》中记载：喝茶适合在闲暇的时候、有尊贵的客人的时候、单独坐着的时候、吟诵诗歌的时候、写字的时候、徜徉的时候、睡醒的时候、睡觉之前、清供的时候、在精美的房子里、心情好的时候、鉴赏的时候、写文章的时候。喝茶最忌讳的是不注重要领、使用粗俗的茶具、主人和客人都没有雅兴、衣冠不整、荤菜杂放、匆忙的时候、房间案头摆放不高尚东西的时候。

谢在杭在《五杂俎》中说："古人曾说'扬子江心水，蒙山顶上茶。'蒙山在蜀地的雅州，它的峰顶是最险峻的，老虎、豺狼、毒蛇都爱居住在那里，采到那里的茶，可治百病。现在的山东人用蒙阴山下的石衣冒充茶叶，其实那不是。但是蒙阴茶性质很冷，可以治愈胃热的毛病。""凡是很香的花，都可以泡成茶水。《遵生八笺》说：'芙蓉可以做成汤'。像牡丹、蔷薇、玫瑰、桂、菊之类的花，采摘下来泡茶，也会觉得清远不俗，但是不像茶叶那样容易冲泡出香味来。""北方的柳芽刚萌发时，采摘之后煮水，据说味道比茶还好。曲阜孔林里的楷木，它的新芽也可以泡茶喝。福建的佛手、柑、橄榄都可以泡成茶水，喝下之后感觉味道清香，颜色和味道也不比旗枪差。也可以把绿豆微微翻炒，放到开水中，它的颜色很绿，香味也不比新茶次。偶尔在荒村里找不到茶叶的时候，可以用这个来代替。"

《谷山笔麈》记载：六朝的时候，北方人还不爱喝茶，都是用酥酪来代替的，只有江南人喝完觉得很甘甜。一直到唐代才开始征收茶税。宋代和元代以来，茶叶的品种逐渐变得多了，但都是把它蒸干成为粉末，现在制作的这种饼制的茶叶，都是用来作贡品的，并不像今天我们喝的茶，只要采来就可以喝。不知道西北地方的人是什么时候开始喝茶的。我朝用茶叶去换马，西北却把茶当药，能够治很多病，这是从前没有过的。

《金陵琐事》中记载：思屯乾道人，看见万镒手软膝酸，就说："那是因为你五脏里都是火气，不用服用药物，只需要喝武夷的茶叶就可以消除此时的症状。"长在东南方向的茶叶最好，采来用山涧里的水煮，茶叶就会竖立起来，如果用井水煮就横起来。

《六研斋笔记》记载："茶因为芳香纯洌能够修身养神，不是读书养神，不应随便亵渎去用。就是真正能够悟道的人，茶的韵味，也不应该做轻易的评论。如果笑谈时议论流言，喜欢喧闹的音乐，茶也会显得没有颜色。嘶声接近于哑，即使古代绕梁遏云的高声也会停止。如果茶叶没有颜色，香气一定会减少，而且香气是用鼻子来闻的，味道是用舌头来感受的，有没有颜色，那是要用眼睛来看的。相互排斥的，如果非把它们放在一起，多么的反常、多么的荒谬啊！""虎丘茶因为有香味而没有颜色，是茶叶中的出众者。它的芳香比不上兰芷，和新剥的豆花放在一起调制，用鼻子闻起来，也差不了什么。至于到了口中，像水一样淡，清冷的水，哪里没有呢？还要劳烦这么烦琐的程序，僧流棰楚呢！"

图为清代掐丝珐琅缠枝莲茶具。清宫内院初期以调饮（奶茶）为主，后期才逐渐改为清饮。

《紫桃轩杂缀》里这样说："天目茶清而不淡，苦却不涩，正好可以用来漱洗。笋蕨、石濑就太寒酸了，那是乡下人喝的。松萝茶的精品可以充当贡品，不过茶味太浓，甘香不足，就像很有钱财的商贾，再怎么掩饰，也难免会有铜臭气。分水贡芽，出产的不多。大叶的老根，用开水泼它它也不动，放进水里煎，更具有一番风味。制造这种茶叶的时候，如果得到了千年的松柏根来熏烧石鼎，就可以烹出茶叶的老气来。""'鸡苏佛'、'橄榄仙'，宋朝的人这样赞赏茶。鸡苏就是薄荷，进口之后会感觉有些香辣。橄榄多咀嚼一会儿就会变得甘甜。把这两样合起来，才算得到了茶叶蕴藏的风味。要说仙啊、佛的应该在很玄妙孤寂的时候，默默求证的。不都是舌头根部的感觉，最终很难说清楚。""欣赏名花时不应该演奏音乐，煮名茶不应该烧香，主要是怕耳朵、眼睛、嘴巴、鼻子互相牵制，不能领会到其中最美妙的地方。""好茶不适合浇饭，更不适合大醉的时候喝。因为醉酒后干燥口渴，肯定要损坏好茶的味道。上等的茶岂只对普通的客人小气呢？如果整天忙碌在世俗的事务中，没有好的情绪，即使煮好了茶，宁可让它冷却后浇灌兰花，也千万不可以让凡夫俗子玷污了茶君。""罗山庙后的茶是茶中的精品，也同样芬芳甘甜。但是过浓了一点，缺乏白云、露水这样的神韵。和它的兄弟虎丘相比要好，但要跟它的父亲龙井相比就差了。""天地之间通俗的东西没有雅趣，但也不致弄脏了寒月。其他的茶叶都晦暗没有色，它却独独翠绿动人，令人感叹啊。""屠赤水说：'茶叶在谷雨节气中天气晴朗的日子里、晴月时采摘的，能够治疗咳嗽，有利于治愈百病。'"

《类林新咏》载：顾彦先说："有味道的东西像肉汤，喝了以后也不会醉；无味道的饮品像茶，喝了以后能使人头脑清醒。"喝醉了的人还有什么用。

徐文长在《秘集致品》中说：喝茶应该在精舍、云林中，用瓷瓶、竹灶，适合文人雅士、同要好的朋友彻夜清谈，也可以独自坐在寒冷的夜晚，在松树月光下、花鸟间，辅以清澈的河水，洁白的石头，绿色的苔藓，用干净的手去汲取泉水，浓妆后去扫雪，在船头上吹火，竹子里飘烟。

《芸窗清玩》里记载：茅一相说："我天生不能喝酒，但却沉醉迷恋于品茶。清泉白石可以洗清五脏里的污垢，可以澄清心底里的浮躁。喝完，感觉两边的腋下习习生风。我读《醉乡记》，何尝不神游其间，与陆羽、蔡君谟这些人一起谈论，又觉得很痛快。"

《三才藻异》里记载：雷鸣茶出产在蒙山的顶部，春雷响后采摘它，喝下3两就感

袁宏道像

觉像脱胎换骨了一样，4两简直就可以羽化成仙了。

《闻雁斋笔记》记载：赵长白自言自语："我平生没有别的幸事，就是没有喝过井水。"他对于茶，可以说是品尝到了它的本性。现在他已经老了，还很穷，很多时候不能跟从前一样，但仍从许多书中整理而作《茶史》，因此是天地之间的多情之人。

袁宏道《瓶花史》中说：对于赏花，喝着茶赏花是最好的，清谈差一点，喝酒是最不好的。

《茶谱》中记载："《博物志》中说："喝纯正的茶能使人少睡觉。"这是真实的事情，但必须是好茶才有效果，而且要碾碎了喝。烹煮叶子的，没有效果。

《太平清话》中记载有：台湾人也知道煮茶。将古鼎放在茶几上，水煮沸后再放进一调羹茶末，用开水调和。过一会儿再倒出来喝，感觉味道特别清香。

《藜床瀋余》中记载有：长安有好事的妇女，在王侯家看到彩色的请柬上说："月亮圆的时候，所有的地方都会明亮。如果到我们那里去玩，就算不上辜负大好时光，就怕天上的嫦娥也会妒忌。请于十五、十六两天的晚上，和女伴一起，一茶一炉，相伴来过夜，名叫'伴嫦娥'。如果你不嫌弃的话，还请答应。朱门姓龙的邀请。"

沈周在《跋茶录》中说：樵海先生是真正的隐君子。平日不知道富贵是什么东西，每天看着青山白云，用喝茶来消磨时间。实在是领会到了茶中真正的韵味，可以说陆羽都比不上他，所以就把他称为茶中的董狐。

王晫在《快说续记》中说：春天看花，往野外走一二里，脚步有些疲倦，口中也有点渴。偶尔遇到好心的和尚被邀请到他住的地方，还没有相互告诉姓名就上了好茶，坐在竹床上连喝了几杯，然后道别出来，非常高兴。

卫泳《枕中秘》中说：读书以外的闲余时候，竹子外面的茶烟轻轻飞扬；在鲜花深处喝酒后，锅中的声音开始响起。这中间的风味又有谁能知道呢？卢居士是可以领会的；心里的快乐自得，黄宜州怎么能比得上我呢？

江之兰《文房约》中说：诗书中包含着非常深刻的道理，草木中也蕴藏着神明。一草一木，当它含着香气开放，倚靠着栏杆看着窗外，真的可以称为赏心悦目，有助于我内心的思绪。此时的情景非常适合煮蒙顶石花这样的好茶悠闲地品尝。""乘着车子沐浴着露水，在奇峰怪石之间来回走，为了摘到好茶叶。所以隐士贤人，头上戴着帽子，自己煎茶自己喝。车子走在羊肠般的小道上，也不注重什么火候，如果不能喝完，就把它倒掉，这些是叫陆羽为茶博士之类的人。"

高士奇在《天禄识余》中说：有人说喝茶开始于梁朝天监中，见《洛阳伽蓝记》，其实不是。按照《吴志·韦曜传》所说："孙皓每天都会宴请客人，没有一天间断，因为韦曜不会喝酒，孙皓暗中赏赐茶当作酒。"按照这样的说法，三国的时候，就已经知道喝茶了。后来到了唐代中期喝茶就可以和煮梅抗衡了，到如今国家生计都要依靠它。

《中山传言录》记载：台湾的茶瓶非常大，斟茶时到二三分就可以，将一小块果子放在调羹上，这是学习我们这里进献茶的方法。

王复礼《茶说》中记载：花晨月下，圣明的君主和这样好的客人，一起纵谈古今，品味茶叶的好坏，天地之间还有其他的乐趣吗？难道必须要脍鱼炖肉、金樽美酒、痛饮狂欢，才算正合心意吗？范仲淹说："露芽错落一番荣，缀玉含珠散嘉树。斗茶味兮轻醍醐，斗茶香兮薄兰芷。"沈心斋说："香含玉女峰头露，润带珠帘洞口云。"可以说是岩茶的知音。

陈鉴所著《虎丘茶经注补》记载：我亲自采摘一些鲜嫩的茶叶与茶友汤愚公一起用小火煮，发出了豆花一样的香味。以前卖虎丘茶的，全是天池了。

陈鼎在《滇黔记游》中说：贵州的罗汉洞，有十几里深，中间有一汪清泉，颜色很黑，气味香甜甘冽。煮出的茶水颜色如同渥丹一样，喝完唇部和牙齿都变黑了，一个星期以后才能恢复。

《瑞草论》中说："茶叶的味道略微寒冷，如果燥热口渴，胸闷，目光青涩，四肢乏力，身体不舒服，喝下四五杯，可以与甘露抗衡。"

《本草拾遗》中说：茶叶味道稍微有点苦寒，没有什么毒害，可以调治五脏里的邪气，对身心有好处，能减少人的睡眠，还能使人浑身轻松、眼睛明亮、消痰、解渴、利尿。""蜀地雅州著名的茶叶有露钑芽、篯芽，都说是火前茶，就是说采摘在禁火以前。火后茶要差一点。还有枳壳芽、枸杞芽、枇杷芽，都能治疗风疾。还有皂荚芽、槐芽、柳芽，开春摘下它的芽，跟茶叶一起制作。所以今天南方送官茶的人，平常夹杂一些其他的叶子，只有茅庐、竹叶这些东西，不可以加进茶里。其他的像山中的草木、芽叶，都可以和在一起，特别是椿树、柿树的叶子更加特别。真正的茶叶是凉性的，只有雅州蒙顶山出产的茶叶，才是暖性的，可以治疗疾病。"

李时珍在《本草纲目》中说：服用了葳灵仙、土茯苓的人，不能喝茶。

《群芳谱》里面记载：治病方子：气虚、头痛，用春天的茶末，调制成膏，放在瓦罐里反复搅动，用40粒巴豆，一次烧了，用烟熏它，晒干碾碎，每次服用一调羹。要是用好的茶叶，饭后煎了冲服很快就能有疗效。还有赤白痢下，将1斤好茶叶捣成碎末，煎成很浓的一两杯，冲服后，病很快就好了。如果是大小便不通的话，用上等茶叶、生芝麻各一小撮，慢慢咀嚼，用开水冲服，马上见效。此方多次试用都很有效。若来不及咀嚼，也可以捣烂和开水一起服用。

《随见录》中说：《苏文忠集》中记载，宪宗赐给马总治泻痢、腹痛的方法：用生姜和皮一起切碎成粟米大小，用一大钱跟一样多的草茶一起煎服。元祐二年，文潞患了这个病，所有的药都不见效，服用这个方子很快就痊愈了。

七、茶之事

【原文】

《晋书》：温峤表遣取供御之调，条列真上茶千片，茗三百大簿。

《洛阳伽蓝记》：王肃初入魏，不食羊肉及酪浆等物，常饭鲫鱼羹，渴饮茗汁。京师士子道肃一饮一斗，号为漏卮。后数年，高祖见其食羊肉酪粥甚多，谓肃曰："羊肉何如鱼羹？茗饮何如酪浆？"肃对曰："羊者是陆产之最，鱼者乃水族之长，

《洛阳伽蓝记》书影

所好不同，并各称珍，以味言之，甚是优劣。羊比齐鲁大邦，鱼比邾莒小国，惟茗不中，与酪作奴。"高祖大笑。彭城王勰谓肃曰："卿不重齐鲁大邦，而爱邾莒小国，何也？"肃对曰："乡曲所美，不得不好。"彭城王复谓曰："卿明日顾我，为卿设邾莒之食，亦有酪奴。"因此呼茗饮为酪奴，时给事中刘缟慕肃之风，专习茗饮。彭城王谓缟曰："卿不慕王侯八珍，而好苍头水厄。海上有逐臭之夫，里内有学颦之妇，以卿言之，即是也。"盖彭城王家有吴奴，故以此言戏之。后梁武帝子西丰侯萧正德归降时，元乂欲为设茗，先问："卿于水厄多少？"正德不晓乂意，答曰："下官生于水乡，而立身以来，未遭阳侯之难。"元乂与举座之客皆笑焉。

《海录碎事》：晋司徒长史王濛，字仲祖，好饮茶，客至辄饮之。士大夫甚以为苦，每欲候濛，必云："今日有水厄。"

《续搜神记》：桓宣武有一督将，因时行病后虚热，更能饮复茗，一斛二斗乃饱，才减升合，便以为不足，非复一日。家贫，后有客造之，正遇其饮复茗，亦先闻世有此病，仍令更进五升，乃大吐，有一物出如升大，有口，形质缩皱，状似牛肚。客乃令置之于盆中，以一斛二斗复浇之，此物噏之都尽，而止觉小胀。又增五升，便悉混然从口中涌出。即吐此物，其病遂瘥，或问之："此何病？"客答云："此病名斛二瘕。"

《潜确类书》：进士权纾文云："隋文帝微时，梦神人易其脑骨，自尔脑痛不止。后遇一僧曰：'山中有茗草，煮而饮之当愈。'帝服之有效，由是人竞采啜。因为之赞。其略曰：'穷《春秋》，演河图，不如载茗一车。'"

唐·鸳鸯莲瓣纹金碗

《唐书》："太和七年，罢吴蜀冬贡茶。太和九年，王涯献茶，以涯为榷茶使，茶之有税自涯始。十二月，诸道盐铁转运榷茶使令狐楚奏：'榷茶不便于民。'从之。""陆龟蒙嗜茶，置园顾渚山下，岁取租茶，自判品第。张又新为《水说》七种，其二惠山泉、三虎丘井、六淞江水。人助其好者，虽百里为致之。日登舟设篷席，赍束书、茶灶、笔床、钓具往来。江湖间俗人造门，罕觏其面。时谓江湖散人，或号天随子、甫里先生，自比涪翁、渔父、江上丈人。后以高士征，不至。"

《国史补》："故老云，五十年前多患热黄，坊曲有专以烙黄为业者。灞浐诸水中，常有昼坐至暮者，谓之浸黄。近代悉无，而病腰脚者多，乃饮茶所致也。""韩晋公滉闻奉天之难，以夹练囊盛茶末，遣健步以进。""常鲁使西番，烹茶帐中，番使问：'何为者？'鲁曰：'涤烦消渴，所谓茶也。'番使曰：'我亦有之。'取出以示曰：'此寿州者，此顾渚者，此蕲门者。'"

唐赵璘《因话录》：陆羽有文学，多奇思，无一物不尽其妙，茶术最著。始造煎茶法，至今鬻茶之家，陶其像，置炀突间，祀为茶神，云：宜茶足利。巩县为瓷偶人，号"陆鸿渐"，买十茶器得一鸿渐，市人沽茗不利，辄灌注之。复州一老僧是陆僧弟子，常诵其《六羡歌》，且有《追感陆僧》诗。

唐何晦《摭言》：郑光业策试，夜有同人突入，吴语曰："必先必先，可相容否？"光业为掇半辅之地。其人曰："仗取一勺水，更托煎一碗茶。"光业欣然为取水、煎茶。居二日，光业状元及第，其人启谢曰："既烦取水，更便煎茶。当时不识贵人，凡夫肉眼；今日俄为后进，穷相骨头。"

唐李义山《杂纂》：富贵相：捣药碾茶声。

唐冯贽《烟花记》：建阳进茶油花子饼，大小形制各别，极可爱。宫嫔缕金于面，皆以淡妆，以此花饼施于鬓上，时号北苑妆。

唐《玉泉子》：崔蠡知制诰丁太夫人尤，居东都里第时，尚苦节啬，四方寄遗茶药而已，不纳金帛，不异寒素。

《颜鲁公帖》：廿九日南寺通师设茶会，咸来静坐，离诸烦恼，亦非无益。

颜真卿法帖

足下此意，语虞十一，不可自外耳。颜真卿顿首顿首。

《开元遗事》：逸人王休居太白山下，日与僧道异人往还。每至冬时，取溪冰敲其晶莹者煮建茗，供宾客饮之。

《李邺侯家传》：皇孙奉节王好诗，初煎茶加酥椒之类，遗泌求诗，泌戏赋云："旋沫翻成碧玉池，添酥散出琉璃眼。"奉节王即德宗也。

《中朝故事》：有人授舒州牧，赞皇公李德裕谓之曰："到彼郡日，天柱峰茶可惠数角。"其人献数十斤，李不受。明年罢郡，用意精求，获数角投之。李阅而受之曰："此茶可以消酒食毒。"乃命烹一瓯，沃于肉食内，以银合闭之。诘旦视其肉，已化为水矣。众服其广识。

段公路《北户录》：前朝短书杂说，呼茗为薄，为夹。又梁《科律》有薄茗、千夹云云。

唐苏鹗《杜阳杂编》：唐德宗每赐同昌公主馔，其茶有绿华、紫英之号。

《凤翔退耕传》：元和时，馆阁汤饮待学士者，煎麒麟草。

温庭筠《采茶录》：李约字存博，汧公子也。一生不近粉黛，雅度简远，有山林之致。性嗜茶，能自煎，尝谓人曰："当使汤无妄沸，庶可养茶。始则鱼目散布，微微有声；中则四际泉涌，累累若贯珠；终则腾波鼓浪，水气全消。此谓老汤三沸之法，非活火不能成也。"客至不限瓯数，竟日爇火，执持茶器弗倦。曾奉使行至陕州硖石县东，爱其渠水清流，旬日忘发。

《南部新书》："杜豳公悰，位极人臣，富贵无比。尝与同列言平生不称意有三，其一为澧州刺史，其二贬司农卿，其三自西川移镇广陵，舟次瞿塘，为骇浪所惊，左右呼唤不至，渴甚，自泼汤茶吃也。""大中三年，东都进一僧，年一百二十岁。宣皇问服何药而至此，僧对曰：'臣少也贱，不知药。性本好茶，至处惟茶是求。或出，日过百余碗，如常日亦不下四五十碗。'因赐茶五十斤，令居保寿寺，名饮茶所曰茶寮。""有胡生者，失其名，以钉铰为业，居雪溪而近白萍洲。去厥居十余步有古坟，胡生每渝茗必奠酹之。尝梦一人谓之曰：'吾姓柳，平生善为诗而嗜茗。及死，葬室在于今居之侧，常衔子之惠，无以为报，欲教子为诗。'胡生辞以不能，柳强之曰：'子但率言之，当有致矣。'既寤，试构思，果若有冥助者。厥后遂工焉，时人谓之'胡钉铰诗'。柳当是柳恽也。又一说，列子终于郑，今墓在效薮，谓贤者之迹，而或禁其樵牧焉。里有胡生者，性落魄。家贫，少为洗镜、铰钉之业。遇有甘果名茶美醯，辄祭于列御寇之祠垄，以求聪慧而思学道。历稔，忽梦一人，取刀划其腹，以一卷书置于心腑。及觉，而吟咏之意，皆工美之词，所得不由于师友也。既成卷轴，尚不弃于猥贱之业，真隐者之风。远近号为'胡钉铰'云。"

张又新《煎茶水记》：代宗朝，李季卿刺湖州，至维扬逢陆处士鸿渐。李素熟陆名，有倾盖之欢，因之赴郡，泊扬子驿，将食，李曰："陆君善于茶，盖天下闻名矣，况扬子南零水又殊绝。今者二妙，千载一遇，何旷之乎？"命军士谨信者操舟挈瓶，深诣南零。陆利器以俟之。俄水至，陆以勺扬其水曰："江则江矣，非南零者，似临岸之水。"使曰："某操舟深入，见者累百，敢虚绐乎？"陆不言，既而倾诸盆，至半，陆遽止之，又以勺扬之曰："自此南零者矣。"使蹶然大骇，服罪曰："某自南零赍至岸，舟荡覆半，至，惧其少，挹岸水增之，处士之鉴，神鉴也，其敢隐乎。"李与宾从数十人皆大骇愕。

《茶经》本传：羽嗜茶，著《经》三篇。时鬻茶者，至陶羽形置炀突间，祀为茶神。有常伯熊者，因羽论，复广著茶之功。御史大夫李季卿宣慰江南，次临淮，知伯熊善煮茗，召之。伯熊执器前，季卿为再举杯。其后尚茶成风。

《金銮密记》：金銮故例，翰林当直学士，春晚人困，则日赐成像殿茶果。

《梅妃传》：唐明皇与梅妃斗茶，顾诸王戏曰："此梅精也，吹白玉笛，作惊鸿舞，一座光辉，斗茶今又胜吾矣。"妃应声曰："草工之戏，误胜陛下。设使调和四海，烹饪鼎鼐，万乘自有宪法，贱妾何能较胜负也。"上大悦。

"陆卢遗风"

杜鸿渐《送茶与杨祭酒书》：顾渚山中紫笋茶两片，一片上太夫人，一片充昆弟同饮，此物但恨帝未得尝，实所叹息。

《白孔六帖》：寿州刺史张镒，以饷钱百万遗陆宣公贽。公不受，止受茶一串，曰："敢不承公之赐。"

《海录碎事》：邓利云："陆羽，茶既为癖，酒亦称狂。"

《侯鲭录》：唐右补阙綦毋㫜，[音英]博学有著述才，性不饮茶，尝著《伐茶饮序》，其略曰："释滞消壅，一日之利暂佳；瘠气耗精，终身之累斯大。获益则归功茶力，贻患则不咎茶灾。岂非为福近易知，为祸远难见欤？"㫜在集贤，无何以热疾暴终。

刘禹锡像

《苕溪渔隐丛话》：义兴贡茶非旧也。李栖筠典是邦，僧有献佳茗，陆羽以为冠于他境，可荐于上。栖筠从之，始进万两。

《合璧事类》：唐肃宗赐张志和奴婢各一人，志和配为夫妇，号渔童、樵青。渔童捧钓收纶，芦中鼓枻；樵青苏兰薪桂，竹里煎茶。

《万花谷》：《顾渚山茶记》云："山有鸟如鸲鹆而小，苍黄色，每至正二月作声云'春起也'，至三四月作声云'春去也'。采茶人呼为报春鸟。"

董逌《陆羽点茶图跋》：竟陵大师积公嗜茶久，非渐儿煎烹不向口。羽出游江湖四五载，师绝于茶味。代宗召师入内供奉，命宫人善茶者烹以饷，师一啜而罢。帝疑其诈，令人私访，得羽召入。翌日，赐师斋，密令羽煎茗遗之，师捧瓯喜动颜色，且赏且啜，一举而尽。上使问之，师曰："此茶有似渐儿所为者。"帝由是叹师知茶，出羽见之。

《蛮瓯志》：白乐天方斋，刘禹锡正病酒，乃以菊苗虀、芦菔鲊馈乐天，换取六斑茶以醒酒。

《诗话》：皮光业字文通，最耽茗饮。中表请尝新柑，筵具甚丰，簪绂丛集。才至，未顾尊罍，而呼茶甚急，径进一巨觥，题诗曰："未见甘心氏，先迎苦口师。"众噱云："此师固清高，难以疗饥也。"

《太平清话》：卢仝自号癖王，陆龟蒙自号怪魁。

《潜确类书》：唐钱起，字仲文，与赵莒为茶宴，又尝过长孙宅，与朗上人作茶会，俱有诗纪事。

《湘烟录》：闵康侯曰："羽著《茶经》，为李季卿所慢，更著《毁茶论》。其名疾，字季疵者，言为季所疵也。事详传中。"

《吴兴掌故录》：长兴啄木岭，唐时吴兴、毗陵二太守造茶修贡，会宴于此。上有境会亭，故白居易有《夜闻贾常州崔湖州茶山境会欢宴》诗。

包衡《清赏录》：唐文宗谓左右曰："若不甲夜视事，乙夜观书，何以为君？"尝召学士于内庭，论讲经史，较量文章，宫人以下侍茶汤饮馔。

《名胜志》：唐陆羽宅在上饶县东五里。羽本竟陵人，初隐吴兴苕溪，自号桑苎翁，后寓新城时，又号东冈子。刺史姚骥尝诣其宅，凿沼为溟渤之状，积石为嵩华之形。后隐士沈洪乔葺而居之。

《饶州志》：陆羽茶灶在余干县冠山石峰。羽尝品越溪水为天下第二，故思居禅寺，凿石为灶，汲泉煮茶。曰丹炉，晋张氲作，大德时总管常福生，从方士搜炉下，得药二粒，盛以金盒，及归开视，失之。

《续博物志》：物有异体而相制者，翡翠屑金，人气粉犀，北人以针敲冰，南人以线解茶。

《太平山川记》：茶叶寮，五代时于履居之。

《类林》：五代时，鲁公和凝，字成绩，在朝率同列，递日以茶相饮，味劣者有罚，号为汤社。

《浪楼杂记》：天成四年，度支奏，朝臣乞假省觐者，欲量赐茶药，文班自左右常侍至侍郎，宜各赐蜀茶三斤，蜡面茶二斤，武班官各有差。

马令《南唐书》：丰城毛炳好学，家贫不能自给，入庐山与诸生留讲，获镪即市酒尽醉。时彭会好茶，而炳好酒，时人为之语曰："彭生作赋茶三片，毛氏传诗酒半升。"

《十国春秋·楚王马殷世家》：开平二年六月，判官高郁请听民售茶，北客收其征以赡军，从之。秋七月，王奏运茶河之南北，以易缯纩、战马，仍岁贡茶二十五万斤，诏可。由是属内民得自摘山造茶而收其算，岁入万计。高另置邸阁居茗，号曰八床主人。

《荆南列传》：文了，吴僧也，雅善烹茗，擅绝一时。武信王时来游荆南，延住紫云禅院，日试其艺，王大加欣赏，呼为汤神，奏授华亭水大师。人皆目为乳妖。

《谈苑》：茶之精者北苑，名白乳头。江左有金蜡面。李氏别命取其乳作片，或号曰"京挺""的乳"二十余品。又有研膏茶，即龙品也。

释文莹《玉壶清话》：黄夷简雅有诗名，在钱忠懿王俶幕中，陪樽俎二十年。开宝初，太宜赐俶"开吴镇越崇文耀武功臣制诰"。俶遣夷简入谢于朝，归而称疾，于安溪别业保身潜遁。著《山居》诗，有"宿雨一番蔬甲嫩，春山几焙茗旗香"之句。雅喜治宅，咸平中，归朝为光禄寺少卿，后以寿终焉。

《五杂俎》：建人喜斗茶，故称茗战。钱氏子弟取雪上瓜，各言其中子之的数，剖之以观胜负，谓之瓜战。然茗犹堪战，瓜则俗矣。

《潜确类书》：伪闽甘露堂前，有茶树两株，郁茂婆娑，宫人呼为清人树。每春初，嫔嫱戏于其下，采摘新芽，于堂中设倾筐会。

《宋史》："绍兴四年初，命四川宣抚司支茶博焉。""旧赐大臣茶有龙凤饰，明德太后曰：'此岂人臣可得。'命有司别制入香京挺以赐之。"

《宋史·职官志》：茶库掌茶，

唐·刻花玉杯

江、浙、荆、湖、建、剑、茶茗，以给翰林诸司赏赉出鬻。

《宋史·钱俶传》：太平兴国三年，宴俶长春殿，令刘鋹、李煜预坐。俶贡茶十万斤，建茶万斤，及银绢等物。

《甲申杂记》：仁宗朝，春试进士集英殿，后妃御太清楼观之。慈圣光献出饼角以赐进士，出七宝茶以赐考官。

《玉海》：宋仁宗天圣三年，幸南御庄观刈麦，遂幸玉津园，宴群臣，闻民舍机杼，赐织妇茶彩。

陶谷《清异录》："有得建州茶膏，取作耐重儿八枚，胶以金缕，献于闽王鏻，遇通文之祸，为内侍所盗，转遗贵人。""符昭远不喜茶，尝为同列御史会茶，叹曰：'此物面目严冷，了无和美之态，可谓冷面草也。'""孙樵《送茶与焦刑部书》云：'晚甘侯十五人遣侍斋阁。此徒皆乘雷而摘，拜水而和，盖建阳舟山碧水之乡，月涧云龛之品，慎勿贱用之。'""汤悦有《森伯颂》，盖名茶也。方饮而森然严乎齿牙，既久，而四肢森然，二义一名，非熟乎汤瓯境界者谁能目之。""吴僧梵川，誓愿燃顶供养双林。传大士自往蒙顶山上结庵种茶，凡三年，味方全美。得绝佳者曰'圣杨花''吉祥蕊'，共不逾五斤，持归供献。""宣城何子华邀客于剖金堂，酒半，出嘉阳严峻所画陆羽像悬之，子华因言：'前代惑骏逸者为马癖，泥贯索者为钱癖，爱子者有誉儿癖，耽书者有《左传》癖，若此叟溺于茗事，何以名其癖？'杨粹仲曰：'茶虽珍，未离草也，宜追目陆氏为甘草癖。'一座称佳。"

《类苑》："学士陶谷得党太尉家姬，取雪水烹团茶以饮，谓姬曰：'党家应

宋·佚名《卖浆图页》图绘六商贩在卖茶之余休息品茶的情景。众人皆头系软巾，身穿齐膝短衣，捋袖至肘。有的端杯细品，有的凝神注目，有的提壶注茶，有的提桶回首，形神各异，栩栩如生，道出了商贩们生活的细节，为反映民俗生活的特写佳作。

不识此'？姬曰：'彼粗人安得有此，但能于销金帐中浅斟低唱，饮羊膏儿酒耳。'陶深愧其言。""胡峤《飞龙涧饮茶》诗云：'沾牙旧姓余甘氏，破睡当封不夜侯。'陶穀爱其新奇，令犹子彝和之。彝应声云：'生凉好唤鸡苏佛，回味宜称橄榄仙。'彝时年十二，亦文词之有基址者也。"

《延福宫曲宴记》：宣和二年十二月癸巳，召宰执亲王学士曲宴于延福宫，命近侍取茶具，亲手注汤击拂。少顷，白乳浮盏面，如疏星淡月，顾诸臣曰："此自烹茶。"饮毕，皆顿首谢。

《宋朝纪事》：洪迈选成《唐诗万首绝句》，表进，寿皇宣谕："阁学选择甚精，备见博洽，赐茶一百铸，清馥香一十贴，薰香二十贴，金器一百两。"

《乾淳岁时纪》：仲春上旬，福建漕司进第一纲茶，名"北苑试新"，方寸小铸，进御止百铸，护以黄罗软盝，借以青箬，裹以黄罗，夹复臣封朱印，外用朱漆小匣镀金锁，又以细竹丝织笈贮之，凡数重。此乃雀舌水芽，所造一铸之值四十万，仅可供数瓯之啜尔。或以一二赐外邸，则以生线分解转遗，好事以为奇玩。

《南渡典仪》：车驾幸学，讲书官讲讫，御药传旨宣坐赐茶。凡驾出，仪卫有茶酒班殿侍两行，各三十一人。

《司马光日记》：初除学士待诏李尧卿宣召称："有敕。"口宣毕，再拜，升阶，与待诏坐，啜茶。盖中朝旧典也。

欧阳修《龙茶录后序》：皇祐中，修《起居注》，奏事仁宗皇帝，屡承天问，以建安贡茶并所以试茶之状谕臣，论茶之舛谬。臣追念先帝顾遇之恩，览本流涕，辄加正定，书之于石。以永其传。

司马光像

《随手杂录》："子瞻在杭时，一日中使至，密谓子瞻曰：'某出京师辞官家，官家曰：辞了娘娘来。某辞太后殿，复到官家处，引某至一柜子旁，出此一角密语曰：赐与苏轼，不得令人知。遂出所赐，乃茶一斤，封题皆御笔。'子瞻具札，附进称谢。""潘中散适为处州守，一日作醮，其茶百二十盏皆乳花，内一盏如墨，诘之，则酌酒人误酌茶中。潘焚香再拜谢过，即成乳花，僚吏皆惊叹。"

《石林燕语》故事：建州岁贡大龙凤、团茶各二斤，以八饼为斤。仁宗时，蔡君谟知建州，始别择茶之精者为小龙团，十斤以献，斤为十饼。仁宗以非故事，命劾之，大臣为请，因留而免劾，然自是遂为岁额。熙宁中，贾清为福建运使，又取小团之精者为密云龙，以二十饼为斤，而双袋谓之双角团茶。大小团袋皆用绯，通以为赐也。密云龙独用黄盖，专以奉玉食。其后又有瑞云翔龙者。宣和后，团茶不复贵，皆以为赐，亦不复如向日之精。后取其精者为铐茶，岁赐者不同，不可胜纪矣。

《春渚记闻》：东坡先生一日与鲁直、文潜诸人会，饭既，食骨馇儿血羹。客有须薄茶者，因就取所碾龙团遍啜座客。或曰："使龙茶能言，当须称屈。"

魏了翁《先茶记》：眉山李君铿，为临邛茶官，吏以故事，三日谒先茶。君诘其故，则曰："是韩氏而王号，相传为然，实未尝请命于朝也。"君曰："饮食皆有先，而况茶之为利，不惟民生食用之所资，亦马政、边防之攸赖。是之弗图，非忘本乎！"于是撤旧祠而增广焉，且请于郡，上神之功状于朝，宣赐荣号，以侈神赐。而驰书于靖，命记成役。

《拊掌录》：宋自崇宁后复榷茶，法制日严。私贩者固已抵罪，而商贾官券清纳有限，道路有程。纤悉不如令，则被击断，或没货出告。昏愚者往往不免。其侪乃目茶笼为草大虫，言伤人如虎也。

《苕溪渔隐丛话》：欧公《和刘原父扬州时会堂绝句》云："积雪犹封蒙顶树，惊雷未发建溪春。中州地暖萌芽早，入贡宜先百物新。"［时会堂即造贡茶所也。］余以陆羽《茶经》考之，不言扬州出茶，惟毛文锡《茶谱》云："扬州禅智寺，隋之故官，寺傍蜀冈，其茶甘香，味如蒙顶焉。"第不知入贡之因，起何时也。

《卢溪诗话》：双井老人以青沙蜡纸裹细茶寄人，不过二两。

宋神宗

《青琐诗话》：大丞相李公昉尝言，唐时目外镇为粗官，有学士贻外镇茶，有诗谢云："粗官乞与真虚掷，赖有诗情合得尝。"［外镇即薛能也。］

《玉堂杂记》：淳熙丁酉十一月壬寅，必大轮当内直，上曰："卿想不甚饮，比赐宴时，见卿面赤。赐小春茶二十铐，叶世英墨五团，以代赐酒。"

陈师道《后山丛谈》："张忠定公令崇阳，民以茶为业。公曰：'茶利厚，官将取之，不若早自异也。'命拔茶而植桑，民以为苦。其后榷茶，他县皆失业，而崇阳之桑皆已成，其为绢而北者，岁百万匹矣。""文正李公既薨，夫人诞日，宋宣献公时为侍从。公与其僚二十余人诣第上寿，拜于帘下，宣献前曰：'太夫人不饮，以茶为寿。'探怀出之，注汤以献，复拜而去。"

张芸叟《画墁录》："有唐茶品，以阳羡为上供，建溪、北苑未著也。贞元中，常衮为建州刺史，始蒸焙而研之，谓研膏茶。其后稍为饼样，而穴其中，故谓之一串。陆羽所烹，惟是草茗尔。迨本朝建溪独盛，采焙制作，前世所未有也，士大夫珍尚鉴别，亦过古先。丁晋公为福建转运使，始制为凤团，后为龙团，贡不过四十饼，专拟上供，即近臣之家，徒闻之而未尝见也。天圣中，又为小团，其品迥嘉于大团。赐两府，然止于一斤，惟上大斋宿两府，八人共赐小团一饼，缕之以金。八人析归，以侈非常之赐，亲知瞻玩，赓唱以诗，故欧阳永叔有《龙茶小录》。或以大团赐者，辄刲方寸，以供佛、供仙、奉家庙，已而奉亲并待客享子弟之用。熙宁末，神宗有旨，建州制密云龙，其品又加于小团。自密云龙出，则二团少粗，以不能两好也。予元祐中详定殿试，是年分为制举考第，各蒙赐三饼，然亲知分遗，殆将不胜。""熙宁中，苏子容使北，姚麟为副，曰：'盍载些小团茶乎？'子容曰：'此乃供上之物，畴敢与北人。'未几有贵公子使北，广贮团茶以往，自尔北人非团茶不纳也，非小团不贵也。彼以二团易蕃罗一匹，此以一罗酬四团，少不满意，即形言语。近有贵貂守边，以大团为常供，密云龙为好茶云。"

《鹤林玉露》：岭南人以槟榔代茶。彭城《黑客挥犀》："蔡君谟，议茶者莫敢对公发言，建茶所以名重天下，由公也。后公制小团，其品尤精于大团。一日，福唐蔡叶丞秘教召公啜小团，坐久，复有一客至，公啜而味之曰：'此非独小团，必有大团杂之。'丞惊，呼童诘之，对曰：'本碾造二人茶，继有一客至，造不及，即以大团兼之。'丞神服

《鹤林玉露》书影

公之明审。""王荆公为学士时，尝访君谟，君谟闻公至，喜甚，自取绝品茶，亲涤器，烹点以待公，冀公称赏。公于夹袋中取消风散一撮，投茶瓯中，并食之。君谟失色，公徐曰：'大好茶味'。君谟大笑，且叹公之真率也。"

鲁应龙《闲窗括异志》：当湖德藏寺有水陆斋坛，往岁富民沈忠建每设斋，施主虔诚，则茶现瑞花，故花俨然可睹，亦一异也。

周辉《清波杂记》：先人尝从张晋彦觅茶，张答以二小诗云："内家新赐密云龙，只到调元六七公。赖有山家供小草，犹堪诗老荐春风。""仇池诗里识焦坑，风味官焙可抗衡。钻余权幸亦及我，十辈谲前公试烹。"诗总得偶病，此诗俾其子代书，后误刊《于湖集》中。焦坑产庾岭下，味苦硬，久方回甘。如"浮石已干霜后水，焦坑新试雨前茶"，东坡《南还回至章贡显圣寺》诗也。后屡得之，初非精品，特彼人自以为重，包裹钻权幸，亦岂能望建溪之胜？

《东京梦华录》：旧曹门街北山子茶坊内，有仙洞、仙桥，仕女往往夜游，吃茶于彼。

《五色线》：骑火茶，不在火前，不在火后故也。清明改火，故曰骑火茶。

《梦溪笔谈》：王东城素所厚惟杨大年。公有一茶囊，惟大年至，则取茶囊具茶，他客莫与也。

《华夷花木考》：宋二帝北狩，到一寺中，有二石金刚并拱手而立。神像高大，首触桁栋，别无供器，止有石盂、香炉而已。有一胡僧出入其中，僧揖坐问：“何来？”帝以南来对。僧呼童子点茶以进，茶味甚香美。再欲索饮，胡僧与童子趋堂后而去。移时不出，入内求之，寂然空舍。惟竹林间有一小室，中有石刻胡僧像，并二童子侍立，视之俨然如献茶者。

马永卿《嫩真子录》：王元道尝言：陕西子仙姑，传云得道术，能不食，年约三十许，不知其实年也。陕西提刑阳翟李熙民逸老，正直刚毅人也，闻人所传甚异，乃往青平军自验之。既见道貌高古，不觉心服，因曰：“欲献茶一杯可乎？”姑曰：“不食茶久矣，今勉强一啜。”既食，少顷垂两手出，玉雪如也。须臾，所食之茶从十指甲出，凝于地，色犹不变。逸老令就地刮取，且使尝之，香味如故，因大奇之。

《朱子文集·与志南上人书》：偶得安乐茶，分上廿瓶。

《陆放翁集·同何元立蔡肩吾至丁东院汲泉煮茶》诗云：云芽近自峨眉得，不减红囊顾渚春。旋置风炉清樾下，他年奇事属三人。

《周必大集·送陆务观赴七闽提举常平茶事》诗云：暮年桑苎毁《茶经》，应为征行不到闽。今有云孙持使节，好因贡焙祀茶人。

《梅尧臣集》：有晏成绩太祝遗双井茶五品，茶具四枚，近诗六十篇，因赋诗为谢。

《黄山谷集》：有《博士王扬休碾密云龙，同事十三人饮之戏作》。

《晁补之集·和答曾敬之秘书招能赋堂烹茶》诗：一碗分来百越春，玉溪小暑却宜人。红尘他日同回首，能赋堂中偶坐身。

《苏东坡集》:《送周朝议守汉川诗》云：“茶为西南病，岷俗记二李。何人折其锋，矫矫六君子。[二李，杞与稷也。六君

梅尧臣像

子谓师道与侄正儒、张永徽、吴醇翁、吕元钧、宋文辅也。盖是时蜀茶病民，二李乃始敝之人，而六君子能持正论者也。]"仆在黄州，参寥自吴中来访，馆之东坡。一日，梦见参寥所做诗，觉而记其两句云：'寒食清明都过了，石泉槐火一时新。'后七年，仆出守钱塘，而参寥始仆居西湖智果寺院，院有泉出石缝间，甘冷宜茶。寒食之明日，仆与客泛湖自孤山来谒参寥，汲泉钻火烹黄檗茶。忽悟所梦诗，兆于七年之前。众客皆惊叹。知传记所载，非虚语也。"

茶的天然韵味以及冲饮过程中所能给人的恬淡、幽远意境，与文人名士修养心性、体味不凡的追求不谋而合。

东坡《物类相感志》："芽茶得盐，不苦而甜。"又云："吃茶多腹胀，以醋解之。"又云："陈茶烧烟，蝇速去。"

《杨诚斋集·谢傅尚书送茶》：远饷新茗，当自携大瓢，走汲溪泉，束涧底之散薪，然折脚之石鼎，烹玉尘，啜香乳，以享天上故人之惠。愧无胸中之书传，但一味搅破菜园耳。

郑景龙《续宋百家诗》：本朝孙志举，有《访王主簿同泛菊茶》诗。

吕元中《丰乐泉记》：欧阳公既得酿泉，一日会客，有以新茶献者。公敕汲泉瀹之。汲者道仆覆水，伪汲他泉。公知其非酿泉，诘之，乃得是泉于幽谷山下，因名丰乐泉。

《侯鲭录》：黄鲁直云："烂蒸同州羊，沃以杏酪，食之以匕，不以箸。抹南京面作槐叶冷淘，糁以襄邑熟猪肉，饮共城香稻，用吴人鲙松江之鲈。既饱，以康山谷帘泉烹曾坑斗品。少焉，卧北窗下，使人诵东坡《赤壁》前后赋，亦足少快。"

《苏舜钦传》：有兴则泛小舟出盘、阊二门，吟啸览古，渚茶野酿，足以消忧。

《过庭录》：刘贡父知长安，妓有茶娇者，以色慧称。贡父惑之，事传一时。贡父被召至阙，欧阳永叔去城四十五里迓之，贡父以酒病未起。永叔戏之曰："非独酒能醉人，茶亦能醉人多矣。"

《合璧事类》："觉林寺僧志崇制茶有三等：待客以惊雷荚，自奉以萱草带，供佛以紫茸香。凡赴茶者，辄以油囊盛余沥。""江南有驿官，以干事自任。白太守曰：'驿中已理，请一阅之'。刺史乃往，初至一室为酒库，诸酝皆熟，其外悬一画神，问：'何也？'曰：'杜康。'刺史曰：'公有余也。'又至一室为茶库，诸茗毕备，复悬画神，问：'何也？'曰：'陆鸿渐。'刺史益喜。又至一室为菹库，诸菹咸具，亦有画神，问：'何也？'曰：'蔡伯喈。'刺史大笑，曰：'不必置此。'""江浙间养蚕，皆以盐藏其茧而缲丝，恐蚕蛾之生也。每缲毕，即煎茶叶为汁，捣米粉搜之。筛于茶汁中煮为粥，谓之洗缸粥。聚族以啜之，谓益明年之蚕。"

《经锄堂杂记》：松声、涧声、禽声、夜虫声、鹤声、琴声、棋声、落子声、雨滴阶声、雪洒窗声、煎茶声，皆声之至清者。

《松漠纪闻》：燕京茶肆设双陆局，如南人茶肆中置棋具也。

《梦粱录》：茶肆列花架，安顿奇松、异桧等物于其上，装饰店面，敲打响盏。又冬月添卖七宝擂茶、馓子葱茶。茶肆楼上专安着妓女，名曰花茶坊。

《南宋市肆记》："平康歌馆，凡初登门，有提瓶献茗者。虽杯茶，亦犒数千，谓之点花茶。""诸处茶肆，有清乐茶坊、八仙茶坊、珠子茶坊、潘家茶坊、连三茶坊、连二茶坊等名。""谢府有酒名胜茶。"

宋《都城纪胜》：大茶坊皆挂名人书画，人情茶坊本以茶汤为正。水茶坊，乃娼家聊设果凳，以茶为由，后生辈甘于费钱，谓之干茶钱。又有提茶瓶及蘸茶名色。

《臆乘》：杨炫之作《洛阳伽蓝记》，曰食有酪奴，盖指茶为酪粥之奴也。

《琅環记》：昔有客遇茅君，时当大暑，茅君于手巾内解茶叶，人与一叶，客食之五内清凉。茅君曰："此蓬莱穆陀树叶，众仙食之以当饮。"又有宝文之蕊，食之不饥，故谢幼贞诗云："摘宝文之初蕊，拾穆陀之坠叶。"

杨南峰《手镜》载：宋时姑苏女子沈清友，有《续鲍令晖香茗》。

孙月峰《坡仙食饮录》：密云龙茶极为甘馨，宋廖正，一字明略，晚登苏门，子瞻大奇之。时黄、秦、晁、张号苏门四学士，子瞻待之厚，每至必令侍妾朝云取密云龙烹以饮之。一日，又命取密云龙，家人谓是四学士，窥之乃明略也。山谷诗有"乔云龙"，亦茶名。

《嘉禾志》：煮茶亭在秀水县西南湖中，景德寺之东禅堂。宋学士苏轼与文长老尝三过湖上，汲水煮茶，后人因建亭以识其胜。今遗址

辽·《备茶图》

尚存。

《名胜志》：茶仙亭在滁州琅琊山，宋时寺僧为刺史曾肇建，盖取杜牧《池州茶山病不饮酒》诗"谁知病太守，犹得做茶仙"之句。子开诗云："山僧独好事，为我结茅茨。茶仙榜草圣，颇宗樊川诗。"盖绍圣二年肇知是州也。

陈眉公《珍珠船》：蔡君谟谓范文正曰："公《采茶歌》云：黄金碾畔绿尘飞，碧玉瓯中翠涛起。今茶绝品，其色甚白，翠绿乃下者耳，欲改为'玉尘飞''素涛起'，如何？"希文曰"善"。"又，蔡君谟嗜茶，老病不能饮，但把玩而已。"

《潜确类书》："宋绍兴中，少卿曹戬之母喜茗饮。山初无井，戬乃斋戒祝天，斫地才尺，而清泉溢涌，因名孝感泉。大理徐恪，建人也，见贻乡信铤子茶，茶面印文曰'玉蝉膏'，一种曰'清风使'。""蔡君谟善别茶，建安能仁院有茶生石缝间，盖精品也。寺僧采造得八饼，号石岩白。以四饼遗君谟，以四饼密遣人走京师遗王内翰禹玉。岁余，君谟被召还阙，过访禹玉，禹玉命子弟于茶筒中选精品碾以待蔡，蔡捧瓯未尝，辄曰：'此极似能仁寺石岩白，公何以得之？'禹玉未信，索帖验之，乃服。"

《月令广义》：蜀之雅州名山县蒙山有五峰，峰顶有茶园，中顶最高处曰上清峰，产甘露茶。昔有僧病冷且久，尝遇老父询其病，僧具告之。父曰："何不饮茶？"僧曰："本以茶冷，岂能止乎？"父曰："是非常茶，仙家有所谓雷鸣者，而亦闻乎？"僧曰："未也。"父曰："蒙之中顶有茶，当以春分前后多构人力，俟雷之发声，并手采摘，以多为贵，至三日乃止。若获一两，以本处水煎服，能祛宿疾。服二两，终身无病。服三两，可以换骨。服四两，即为地仙。但精洁治之，无不效者。"僧因之中顶筑室，以俟及期，获一两余，服未竟而病瘥。惜不能久住博求。而精健至八十余岁，气力不衰。时到城市，观其貌若年三十余者，眉发绀绿。后入青城山，不知所终。今四顶茶园不废，惟中顶草木繁茂，重云积雾，蔽亏日月，鸷兽时出，人迹罕到矣。

《太平清话》：张文规以吴兴白苎、白萍洲、明月峡中茶为三绝。文规好学，有文藻。苏子由、孔武仲、何正臣诸公，皆与之游。

夏茂卿《茶董》："刘煜，字子仪，尝与刘筠饮茶，问左右：'汤滚也未？'众曰：'已滚。'筠云：'佥曰鲧哉。'煜应声曰：'吾与点也。'""黄鲁直以小龙团半铤，题诗赠晁无咎，有云：'曲几蒲团听煮汤，煎成车声绕羊肠。鸡苏胡麻留渴羌，不应乱我官焙香。'东坡见之曰：'黄九恁地怎得不穷。'"

陈诗教《灌园史》："杭妓周韶有诗名，好蓄奇茗，尝与蔡公君谟斗胜，题品风味，君谟屈焉。""江参，字贯道，江南人，形貌清癯，嗜香茶以为生。"

《博学汇书》：司马温公与子瞻论茶墨云："茶与墨二者正相反，茶欲白，墨欲黑；茶欲重，墨欲轻；茶欲新，墨欲陈。"苏曰："上茶妙墨俱香，是其德同也；皆坚，是其操同也。"公叹以为然。

元耶律楚材诗《在西域作茶会值雪》，有"高人惠我岭南茶，烂赏飞花雪没车"之句。

《云林遗事》：光福徐达左，构养贤楼于邓尉山中，一时名士多集于此。元镇为尤数焉，尝使童子入山担七宝泉，以前桶煎茶，以后桶濯足。人不解其意，或问之，曰："前者无触，故用煎茶，后者或为泄气所秽，故以为濯足之用。"其洁癖如此。

陈继儒《泥古录》：至正辛丑九月三日，与陈征君同宿愚庵师房，焚香煮茗，图石梁秋瀑，脩然有出尘之趣。黄鹤山人王蒙题画。

周叙《游嵩山记》：见会善寺中有元雪庵头陀茶榜石刻，字径三寸，遒伟可观。

钟嗣成《录鬼簿》：王实甫有《苏小郎夜月贩茶船》传奇。

《吴兴掌故录》：明太祖喜顾渚茶，定制岁贡止三十二斤，于清明前二日，县官亲诣采茶，进南京奉先殿焚香而已，未尝别有上供。

《七修汇稿》：明洪武二十四年，诏天下产茶之地，岁有定额，以建宁为上，听茶户采进，勿预有司。茶名有四：探春、先春、次春、紫笋，不得碾揉为大小龙团。

明太祖朱元璋曾诏令："诏建宁岁贡上供茶，罢造龙团……天下茶额惟建宁为上，其品有四：探春、先春、次春、紫笋，置茶户五百，免其役。"

杨维桢《煮茶梦记》：铁崖道人卧石床，移二更，月微明，及纸帐梅影，亦及半窗，鹤孤立不鸣。命小芸童汲白莲泉，燃槁湘竹，授以凌霄芽为饮供。乃游心太虚，恍兮入梦。

陆树声《茶寮记》：园居敞小寮于啸轩埤垣之西，中设茶灶，凡瓢汲、罂注、濯、拂之具咸庀。择一人稍通茗事者主之，一人佐炊汲。客至，则茶烟隐隐起竹外。其禅宾过从予者，与余相对结跏趺坐，啜茗汁，举无生话。时秒秋既望，适园无净居士，与五台僧演镇、终南僧明亮，同试天池茶于茶寮中。

《墨娥小录》：千里茶，细茶一两五钱，孩儿茶一两，柿霜一两，粉草末六钱，薄荷叶三钱。右为细末调匀，炼蜜丸如白豆大，可以代茶，便于行远。

汤临川《题饮茶录》：陶学士谓"汤者，茶之司命"，此言最得三昧。冯祭酒精于茶政，手自料涤，然后饮客。客有笑者，余戏解之云："此正如美人，又如古法书名画，度可着俗汉手否！"

陆钛《病逸漫记》：东宫出讲，必使左右迎请讲官。讲毕，则语东宫官云："先生吃茶。"

《玉堂丛语》：愧斋陈公，性宽坦，在翰林时，夫人尝试之。会客至，公呼："茶！"夫人曰："未煮。"公曰："也罢。"又呼曰："干茶！"夫人曰："未买。"公曰："也罢。"客为捧腹，时号"陈也罢"。

沈周《客坐新闻》：吴僧大机所居古屋三四间，洁净不容唾。善瀹茗，有古井清冽为称。客至，出一瓯为供饮之，有涤肠渰胃之爽。先公与交甚久，亦嗜茶，每入城必至其所。

沈周《书岕茶别论后》：自古名山，留以待羁人迁客，而茶以资高士，盖造物有深意。而周庆叔者为《岕茶别论》，以行之天下。度铜山金穴中无此福，又恐仰屠门而大嚼者未必领此味。庆叔隐居长兴，所至载茶具，邀余素瓯黄叶间，共相欣赏。恨鸿渐、君谟不见庆叔耳，为之覆茶三叹。

冯梦桢《快雪堂漫录》：李于鳞为吾浙按察副使，徐子与以岕茶之最精饷之。比遇子与于昭庆寺问及，则已赏皂役矣。盖岕茶叶大梗多，于鳞北士，不遇宜也。纪之以发一笑。

闵元衡《玉壶冰》：良宵燕坐，篝灯煮茗，万籁俱寂，疏钟时闻，当此情景，对简编而忘疲，彻衾枕而不御，一乐也。

《瓯江逸志》："永嘉岁进茶芽十斤，乐清茶芽五斤，瑞安、平阳岁进亦如之。""雁山五珍：龙湫茶、观音竹、金星草、山药、官香鱼也。茶即明茶。紫色而香者，名玄茶，其味皆似天池而稍薄。"

王世懋《二酉委谭》：余性不耐冠带，暑月尤甚，豫章天气蚤热，而今岁尤甚。春三月十七日，觞客于滕王阁，日出如火，流汗接踵，头涔涔几不知所措。归而烦闷，妇为具汤沐，便科头裸身赴之。时西山云雾新茗初至，张右伯适以见遗，茶色白大，作豆子香，几与虎邱埒。余时浴出，露坐明月下，亟命侍儿汲新水烹尝之。觉沆瀣入咽，两腋风生。念此境味，都非宦路所有。琳泉蔡先生老而嗜茶，尤甚于余。时已就寝，不可邀之共啜。晨起复烹遗之，然已作第二义矣。追忆夜来风味，书一通

明·青玉灵芝耳寿字乳丁纹杯

以赠先生。

《涌幢小品》：王琎，昌邑人，洪武初，为宁波知府。有给事来谒，具茶。给事为客居间，公大呼："撤去！"给事惭而退。因号"撤茶太守"。

《临安志》：栖霞洞内有水洞，深不可测，水极甘洌，魏公尝调以瀹茗。

《西湖志余》：杭州先年有酒馆而无茶坊，然富家燕会，犹有尊供茶事之人，谓之茶博士。

《潘子真诗话》：叶涛诗极不工而喜赋咏，尝有《试茶》诗云"碾成天上龙兼凤，煮出人间蟹与虾。"好事者戏云："此非试茶，乃碾玉匠人尝南食也。"

董其昌《容台集》："蔡忠惠公进小团茶，至为苏文忠公所讥，谓与钱思公进姚黄花同失士气。然宋时君臣之际，情意蔼然，犹见于此。且君谟未尝以贡茶干宠，第点缀太平世界一段清事而已。东坡书欧阳公滁州二记，知其不肯书《茶录》。余以苏法书之，为公忏悔。否则蛰龙诗句，几临汤火，有何罪过。凡持论不大远人情可也。""金陵春卿署中，时有以松萝茗相贻者，平平耳。归来山馆得啜尤物，询知为闵汶水所蓄。汶水家在金陵，与余相及，海上之鸥，舞而不下，盖知希为贵，鲜游大人者。昔陆羽以精茗事，为贵人所侮，作《毁茶论》，如汶水者，知其终不作此论矣。"

李日华《六研斋笔记》：摄山栖霞寺有茶坪，茶生榛莽中，非经人剪植者。唐陆羽入山采之，皇甫冉作诗送之。

《紫桃轩杂缀》：泰山无茶茗，山中人摘青桐芽点饮，号女儿茶。又有松苔，极饶奇韵。

《钟伯敬集》：《茶讯》诗云："犹得年年一度行，嗣音幸借采茶名。"伯敬与徐波元叹交厚，吴楚风烟相隔数千里，以买茶为名，一年通一讯，遂成佳话，谓之茶讯。""尝见钱谦益《茶供说》云：娄江逸人朱汝圭，精于茶事，将以茶隐，欲求为之记，愿岁岁采渚山青芽，为余作供。余观楞严坛中设供，取白牛乳、砂糖、纯蜜之类。西方沙门婆罗门，以葡萄、甘蔗浆为上供，未有以茶供者。鸿渐长于芯筲者也，杼山禅伯也，而鸿渐《茶经》、杼山《茶歌》俱不云供佛。西土以贯花燃香供佛，不以茶供，斯亦供养之缺典也。汝圭益精心治办茶事，金芽素瓷，清净供佛，他生受报，往生香国。经诸妙香而作佛事，岂但如丹丘羽人饮茶，生羽翼而已哉。余不敢当汝圭之茶供，请以茶供佛。后之精于茶道者，以采茶供佛、为佛事，则自余之谂汝圭始，爰作《茶供说》以赠上。"

《五灯会元》："摩突罗国有一青林枝叶茂盛地，名曰优留茶。""僧问如宝禅师曰：'如何是和尚家风？'师曰：'饭后三碗茶。'僧问谷泉禅师曰：'未审客来，如何祗待？'师曰：'云门胡饼赵州茶'。"

《渊鉴类函》："郑愚《茶诗》：'嫩芽香且灵，吾谓草中英。夜臼和烟捣，寒炉对雪烹。'因谓茶曰草中英。""素馨花曰禆茗，陈白沙《素馨记》以其能少禆于茗耳。一名那悉茗花。'"

《佩文韵府》：元好问诗注："唐人以茶为小女美称。"

元好问像

《黔南行记》："陆羽《茶经》纪黄牛峡茶可饮，因令舟人求之。有媪卖新茶一笼，与草叶无异，山中无好事者故耳。""初余在峡州问士大夫黄陵茶，皆云粗涩不可饮。试问小吏，云：'惟僧茶味善。'令求之，得十饼，价甚平也。携至黄牛峡，置风炉清樾间，身自候汤，手擩得味。既以享黄牛神，且酌元明尧夫云：'不减江南茶味也。'乃知夷陵士大夫以貌取之耳。"

《九华山录》：至化城寺，谒金地藏塔，僧祖瑛献土产茶，味可敌北苑。

冯时可《茶录》：松郡佘山亦有茶，与天池无异，顾采造不如。近有比丘来，以虎丘法制之，味与松萝等。老衲亟逐之曰："毋为此山开膛径而置火坑。"

冒巢民《岕茶汇钞》："忆四十七年前，有吴人柯姓者，熟于阳羡茶山，每桐初露白之际，为余入岕，箬笼携来十余种，其最精妙者，不过斤许数两耳。味老香深，具芝兰金石之性。十五年以为恒。后宛姬从吴门归余，则岕片必需半塘顾子兼，黄熟香必金平叔，茶香双妙，更入精微。然顾、金茶香之供，每岁必先虞山柳夫人、吾邑陇西之倩姬与余共宛姬，而后他及。""金沙于象明携岕茶来，绝妙。金沙之于精鉴赏，甲于江南，而岕山之棋盘顶，久归于家，每岁其尊人必躬往采制。今夏携来庙后、棋顶、涨沙、本山诸种，各有差等，然道地之极真极妙，二十年所无。又辨水候火，与手自洗，烹之细洁，使茶之色香性情，从文人之奇嗜异好，一一淋漓而出。诚如丹丘羽人所谓饮茶生羽翼者，真衰年称心乐事也。""吴门七十四老人朱汝圭，携茶过访。与象明颇同，多花香一种。汝圭之嗜茶自幼，如世人之结斋于胎年，十四入岕，迄今，春夏不渝者百二十番，夺食色以好之。有子孙为名诸生，老不受其养。谓不嗜茶，为不似阿翁。每辣骨入山，卧游虎虺，负笼入肆，啸傲瓯香。晨夕涤瓷洗叶，啜弄无休，指爪齿颊与语言激扬赞颂之津津，恒有喜神妙气与茶相长养，真奇癖也。"

《岭南杂记》：潮州灯节，饰姣童为采茶女，每队十二人或八人，手挈花篮，迭进而歌，俯仰抑扬，备极妖研。又以少长者二人为队首，擎彩灯，缀以

清·吴昌硕《品茗图》
吴昌硕爱梅也爱茶，常将茶与梅作为题材，造成奇特的意境。在这幅《品茗图》中，一丛梅枝斜出，生动有致；作为画面主角的茶壶、茶杯则充满拙趣。所题"梅梢春雪活火煎，山中人兮仙乎仙"，则表达了作者希望摆脱人间尘杂，与二三子品茗赏梅的内心世界。

扶桑、茉莉诸花。采女进退作止，皆视队首。至各衙门或巨室唱歌，赍以银钱、酒果。自十三夕起至十八夕而止。余录其歌数首，颇有《前溪》《子夜》之遗。

郎瑛《七修类稿》："歙人闵汶水，居桃叶渡上，予往品茶其家，见其水火皆自任，以小酒盏酌客，颇极烹饮态，正如德山担青龙钞，高自矜许而已，不足异也。秣陵好事者，尝诮闽无茶，谓闽客得闽茶咸制为罗囊，佩而嗅之以代旃檀。实则闽不重汶水也。闽客游秣陵者，宋比玉、洪仲韦辈，类依附吴儿强作解事，贱家鸡而贵野鹜，宜为其所诮欤。三山薛老亦秦淮汶水也。薛尝言汶水假他味作兰香，究使茶之真味尽失。汶水而在，闻此亦当色沮。薛尝住乌崶，自为剪焙，遂欲驾汶水上。余谓茶难以香名，况以兰定茶，乃驵侩尺见也，颇以薛老论为善。""延邵人呼制茶人为碧竖，富沙陷后，碧竖尽在绿林中矣。""蔡忠惠《茶录》石刻在瓯宁邑庠壁间。予五年前拓数纸寄所知，今漫漶不如前矣。""闽酒数郡如一，茶亦类是。今年予得茶甚夥，学坡公义酒事，尽合为一，然与未合无异也。"

李仙根《安南杂记》：交趾称其贵人曰翁茶。翁茶者，大官也。

《虎丘茶经补注》："徐天全自金齿谪回，每春末夏初，入虎丘开茶社。""罗光玺作《虎丘茶记》，嘲山僧有'替身茶'。""吴匏庵与沈石田游虎丘，采茶手煎对啜，自言有茶癖。"

《渔洋诗话》：林确斋者，亡其名，江右人。居冠石，率子孙种茶，躬亲畚锸负担，夜则课读《毛诗》《离骚》。过冠石者，见三四少年，头着一幅布，赤脚挥锄，琅然歌出金石，窃叹以为古图画中人。

《尤西堂集》有《戏册茶为不夜侯制》。

朱彝尊《日下旧闻》：上巳后三日，新茶从马上至，至之日宫价五十金，外价二三十金。不一二日，即二三金矣。见《北京岁华记》。

《曝书亭集》：锡山听松庵僧性海，制竹火炉，王舍人过而爱之，为作山水横幅，并题以诗。岁久炉坏，盛太常因而更制，流传都下，群公多为吟咏。顾梁汾典籍仿其遗式制炉，及来京师，成容若侍卫以旧图赠之。丙寅之秋，梁汾携炉及卷过余海波寺寓，适姜西溟、周青士、孙恺似三子亦至，坐青藤下，烧炉试武夷茶，相与联句成四十韵，用书于册，以示好事之君子。

蔡方炳《增订广舆记》：湖广长沙府攸县，古迹有茶王城，即汉茶陵城也。

葛万里《清异录》："倪元镇饮茶用果按者，名清泉白石。非佳客不供。有客请见，命进此茶。客渴，再及而尽，倪意大悔，放盏入内。""黄周星九烟梦读《采茶赋》，只记一句云：施凌云以翠步。"

《别号录》：宋曾几吉甫，别号茶山。明许应元子春，别号茗山。

《随见录》：武夷五曲朱文公书院内有茶一株，叶有臭虫气，及焙制出时，香逾他树，名曰臭叶香茶。又有老树数株，云系文公手植，名曰宋树。

《西湖游览志》："立夏之日，人家各烹新茗，配以诸色细果，馈送亲戚比邻，谓之七家茶。""南屏谦师妙于茶事，自云得心应手，非可以言传学到者。"

刘士亨有《谢璘上人惠桂花茶》诗云：金粟金芽出焙篝，鹤边小试兔丝瓯。叶含雷信三春雨，花带天香八月秋。味美绝胜阳羡种，神清如在广寒游。玉川句好无才续，我欲逃禅问赵州。

李世熊《寒支集》：新城之山有异鸟，其音若箫，遂名曰箫曲山。山产佳茗，亦名箫曲茶。因作歌纪事。

《禅玄显教篇》：徐道人居庐山天池寺，不食者九年矣。畜一墨羽鹤，尝采山中新茗，令鹤衔松枝烹之。遇道流，辄相与饮几碗。

张鹏翀《抑斋集》有《御赐郑宅茶》云：青云幸接于后尘，白日捧归乎深殿。从容步缓，膏芬齐出螭头；肃穆神凝，乳滴将开蜡面。用以濡毫，可媲文章之草；将之比德，勉为精白之臣。

【译文】

《晋书》：中说温峤上奏要求调取御用所需要的茶叶，在上面列举了真正上好的茶叶上千种，茶名写了300大簿。

《洛阳伽蓝记》中说：王肃刚刚到魏国的时候，不吃羊肉和酪浆之类的东西，常常将鲫鱼羹当饭吃，渴了就喝茶水。京师里面的人说王肃一喝就是一斗，被称为有漏洞的盛茶器。几年后，高祖看见他吃羊肉和酪粥很多，就对王肃说："羊肉跟鱼羹相比哪样更好些呢？茶跟酪浆相比怎么样呢？"王肃回答说："羊是陆地上所出产最好的，而鱼是水中的灵长，两者的特点不同，并且各有自己珍贵的地方，根据味道来说，那更是有很大的区别了。羊就好比是齐鲁大国，鱼就好比邾莒小国，只有茗不重用，所以才成为了酪的奴隶。"高祖大笑。彭城王回答王肃说："你不重视齐鲁大国，却偏偏爱邾莒小国，这是为什么呢？"王肃回答说："自己的故土才是最好的。"彭城王又说："你明日到我家，我为你设邾莒之食，也有酪奴。"因此叫茗饮为酪饮。那时候给事中刘缟因为仰慕王肃的为人，因此专门向他学习，也来喝茶。彭城王又对刘缟说："你不仰慕王侯将相的珍馐佳肴，却去爱好什么苍头的水厄。海上有追逐臭味的人，市井有效颦的妇人，听了你的话看来你就是这样的人。"因为彭城王家里有吴地的奴隶，所以才出此戏言。后来梁武帝的儿子西丰侯萧正德归降，那时元义想为他设置茶水，先问他："你需要多少水厄呢？"正德不明白元义话中所包含的意思，回答说："下官生于水乡，但是出生以来，从来就没有遭受阳侯这样的灾难。"元义和在座所有的客人都笑了起来。

《海录碎事》记载：晋朝的司徒长史王濛，字仲祖，喜欢喝茶，来了客人总是让他们饮茶。士大夫觉得喝茶很苦，所以每次要去见王濛的时候就会说："今天有水灾了。"

晋朝的司徒长史王濛，来了客人总是让他们饮茶。士大夫们觉得喝茶很苦，所以每次要去见王濛的时候就会说："今日有水厄。"

《续搜神记》中说：桓宣武有一个有名的督将，因生病后身体虚热，更能够喝茶了。要喝1斛2斗才行，才少喝了十分之一，就觉得没有喝足，像这样已经不止一天了。家里贫穷以后，一天有客人来造访，正好碰见他正在喝茶，在此之前，客人听说了他有这种毛病，便让他再喝5升，于是他大吐，吐出了一个像升那样大的物体，而且还长着嘴巴，看起来全身收缩褶皱，就像牛的肚子一样。客人叫他把它放进盆中，再加上1斛2斗的水，这东西都将它喝干了，看起来才有点胀。再增加5升，那它就再也喝不下去了。吐出了这个东西之后，他的病很快就好了，有人问："这是什么病呢？"客人回答说："这种病的名字就叫作'斛二瘕'。"

《潜确类书》载：进士权纾文说："隋文帝年轻时，梦见神人改变了他的脑骨，从此脑袋开始不断地疼痛。后来遇见了一个和尚说：'山里面有一种茗草，煮了喝之后应该可以痊愈'。隋文帝饮用之后果然有效，于是大家就竞相去采摘饮用。因此有人写诗赞叹，大概说：'穷春秋，演河图，还比不上载茗一车。'"